U0156151

向中华人民共和国70华诞献礼

向中国营造学社创立90周年致敬

中国古建筑图典

（下）

Pictionary of Ancient Chinese Architecture

范有信　台　枫　王铁成　朱智超◎编著

清華大学出版社
北　京

目录

第一章　原始社会时期的建筑遗迹　1

一、住宅及陶器纹样　4

第二章　夏、商、西周、春秋时期的建筑　9

第三章　战国、秦、两汉、三国时期的建筑　17

一、宫殿、庭院及建筑构件　23

二、阙、画像石、画像砖　37

三、陶俑、石雕、砖雕、浮雕　47

四、瓦当　56

五、画像石墓　94

第四章　两晋、南北朝时期的建筑　99

一、建筑细部及柱、墓表　106

二、古塔　110

三、石窟、石雕、龛、楣、藻井纹样　121

四、陶俑、石雕　165

第五章　隋、唐、五代时期的建筑　169

一、宫殿、寺庙、庭院及建筑结构　176

二、柱础、屋脊、基座　185

三、栏杆、栏板、石雕及纹样　188

四、古塔及塔浮雕　192

五、石窟、藻井、边饰纹样　204

六、石雕及陶俑　232

七、墓室及装饰纹样　243

第六章　宋、辽、金时期的建筑　249

一、宫殿、寺庙、民居　257

二、隔扇、栏杆　273

三、吻兽　276

四、斗拱　284

五、彩绘纹样　293

六、古塔、幢　304

七、栏板栏杆、石雕及台基　321

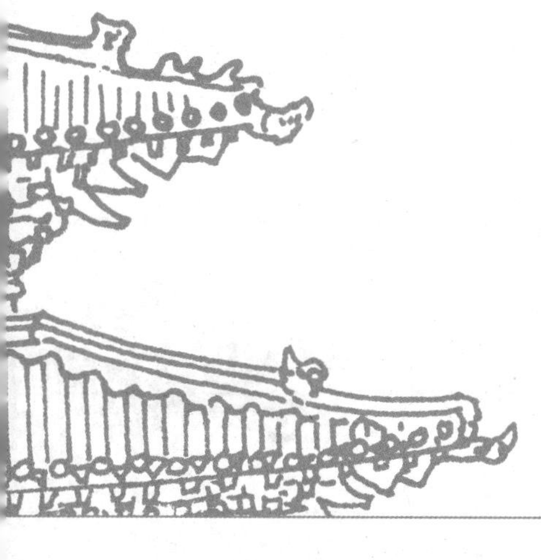

目录

第七章　元、明、清时期的建筑　327

一、殿阁　342

二、民居　348

三、斗拱及雀替式样　375

四、台基、浮雕纹样　405

五、柱、柱础、垂柱　418

六、花门、格门、棂窗、透窗纹样　437

七、栏杆　456

八、隔扇、栏板纹样　470

九、门飞罩木雕　478

十、天花及梁柱彩绘纹样　496

十一、屋山、宝顶、吻兽　534

十二、垂花门、照壁、洞门　543

十三、亭、廊、楼阁　559

十四、牌楼、牌坊　574

十五、桥　611

十六、古塔　618

十七、寺庙　626

十八、碑、石人、石兽　633

附录一　少数民族建筑装饰纹样　643

一、窗首、窗间、窗棂　644

二、方砖、瓷砖　648

三、横梁　652

四、横梁方圆饰花　654

五、梁首饰花纹样　661

六、门侧墙壁饰纹　665

七、门窗边框饰纹　667

八、门及门首饰纹　671

九、室内顶梁组合饰纹　674

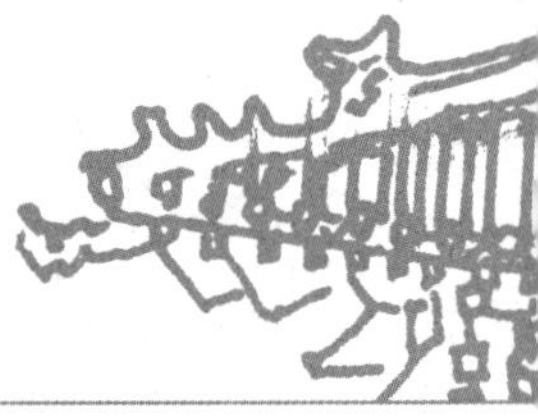

十、室内墙壁上部饰纹 676
十一、室内墙壁中部龛形饰纹 682
十二、室内及室外墙壁饰纹 688
十三、墙顶部饰纹 694
十四、屋檐饰纹 696
十五、柱基及柱身纹饰 699
十六、柱头及柱围纹饰 707

附录二 **苏州园林建筑** 711
一、鸟瞰及单体建筑式样 716
二、园亭纵横图 722
三、单体建筑剖面图 725
四、建筑结构与构件 730
五、格门、洞门、透窗 736
六、木雕地罩 754
七、栏杆及栏板 757

附录三 **部分手稿** 765

参考文献 794

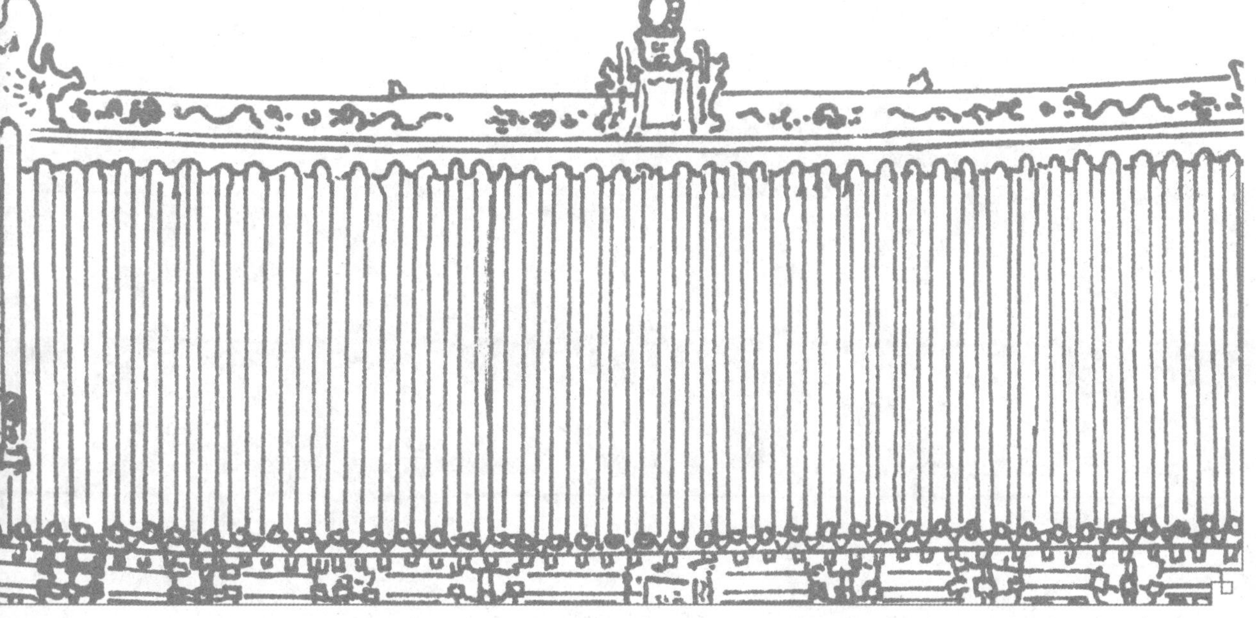

第七章

元、明、清时期的建筑

元大都和大都宫殿

在城市建设方面，大都（今北京）是自唐长安以来的又一个规模巨大、规划完整的都城。

大都是元朝首都，这里自战国到唐一直是北方的一个重镇，辽曾在此建南京，金扩建为中都，忽必烈即大汗位以后，自上都迁都于此，着手大规模建设。

元朝宫殿是大都城中的主要建筑。皇城中包括有三组宫殿和太液池、御苑。宫城位于全城中轴线的南端，是主要宫殿所在地。宫城之西是太液池，池西南部是太后居住的西御苑，北部是太子居住的兴圣宫等，皇城的东西两侧建有太庙和社稷坛。这是继承《考工记》的“左祖右社”的布局方法。

宫城前后左右四座门，四角并建有角楼。宫城内有以大明殿、延春阁为主的两组宫殿。元朝宫殿多由前后两组宫殿所组成，每组各有独立的院落。中间用穿廊连成工字形殿，前为朝会部分，后为居住部分，殿后往往建有香阁。这是继承的宋、金的建筑布局形式。

大都宫殿多用稀有贵重材料，如紫檀、楠木和各种色彩的琉璃等。宫殿用方柱，涂以红色并绘金龙。宫城内还有若干盝顶殿及维吾尔殿、棕毛殿等，这是以往宫殿所未有的。

元朝的宗教建筑

在统一的元帝国中，由于民族众多，而各民族有着不同的宗教和文化，经过相互交流，各种宗教并存发展。元朝建造了很多大型庙宇，如大都的护国寺、妙应寺、东岳庙等。原来只流行于西藏的喇嘛教，这时在内地开始传播，建了不少寺塔，一直延续到明清两代。这时，伊斯兰教建筑由沿海地区向全国各地扩展，基督教也得到较大发展。

佛教、道教和祀祠建筑

山西洪洞的广胜寺是元代佛教建筑的重要遗迹。河北曲阳北岳庙德宁殿和位于广胜寺旁的水神庙都是元代的重要作品。水神庙大殿殿前庭院很大，供当时公共集会和露天看戏之用。中国戏曲在元代有很大发展，许多公共建筑正对着大殿建造戏台，成为元朝以来祀祠建筑的特有形式。元代戏台为了适应戏曲表演的要求，平面尺度基本一致，没有固定的前后台分隔，演出时中间挂幔帐以区隔前后。到明清时期戏曲进一步发展，舞台乐器增多，戏台才分出前后台和左右伴奏的地方。

山西永济永乐宫是元朝道教建筑的典型，也是当时道教中全真派的一个重要据点。主要的大殿，三清殿体积最大，前面的院落空间也最大；自此往后，建筑的体积逐渐缩小，三清殿立面各部分比例和谐，稳重而清秀，仍保持宋代建筑结构的特点。屋顶使用黄绿二色琉璃瓦，台基的处理手法很新颖，是元代建筑中的精品。永乐宫三座主要殿堂都保留有精美的壁画，尤其是三清殿的壁画构思宏伟，题材丰富，线条流畅生动，不愧为元代壁画的代表作品。

喇嘛教和伊斯兰教建筑

喇嘛教是佛教中发展于西藏的一个支派，由于得到元朝统治者的提倡，西藏宗教首领被封为法王，使政权和宗教密切结合起来，从而使喇嘛教建筑发展得更快。萨迦寺和日喀则的夏鲁万户府是两个典型实例。

这时内地也兴建若干喇嘛教的建筑，妙应寺塔就是其中极为重要的遗物之一。塔高 50.86 米，全部砖造，外抹石灰，刷成白色。此塔各部分的比例十分匀称，虽塔身不用雕饰，但轮廓雄浑，气势磅礴，是喇嘛塔中最杰出的创作。

元代伊斯兰教建筑有一部分采用中亚的形式，如新疆霍城的吐虎玛札、福建泉州的清净寺等。

从元代起，出现了以汉族传统建筑布局和结构体系为基础，结合伊斯兰教特有的功能要求，创造出的中国伊斯兰教建筑形式。

元末农民大起义推翻了蒙古统治阶级的政权，明太祖（朱元璋）于 1368 年建立了明朝。经过 267 年的统治，明朝到 1644 年被推翻。同年，满族入主中原，建立清朝。1661 年，清灭南明，统一了中国。

明、清时期的建筑，沿着中国古代建筑的传统道路继续向前发展，获得了明显的成就，成为中国古代建筑史上的又一个高峰。

明、清的都城及宫苑

明、清时期的北京城是一座典型封建王朝的都城。它是在继承历代都城建设经验的基础上创造出来的。明朝原定都南京，明成祖（朱棣）夺取帝位以后，为了防御蒙古统治者的南扰，把首都迁到北京。

明朝的北京是在元大都的基础上改建和扩建而成。为了加强京城的防卫和保护城南的手工业及商业区，又在城南加筑了一个外城。外城主要是手工业区和商业区及规模较大的天坛和先农坛。内城、南面三座门，东、北、西各两座门。这些城门都有瓮城，建有城楼和箭楼。内城的东南和西南两个城角上并建有角楼。

皇城位于内城的中心偏南，呈不规则的方形。城四向开门，南面的门就是天安门。在它的前边还有一座皇城的前门。皇城的主要建筑是宫苑、庙社、寺观、衙署、仓库等。

皇城中的宫城，四面都有高大的城门。城的四角建有形制华丽的角楼。宫城内是明清两朝皇帝听政和居住的宫室。

明清北京城的布局鲜明地体现了中国封建社会都城以宫室为主体的规划思想。它继承过去的传统，以一条自南而北长达 7.5 千米的中轴线为全城的骨干，所有城内的宫殿及其他重要建筑物都沿着这条轴线，这条轴线南端以外城永定门为起点，最后以形体高大的钟楼、鼓楼作中轴线的终点。这种布局满足了统治阶级附会古代制度和方便统治的要求。

内城的街巷，大体沿用元大都的规划，分布在皇宫衙署的两侧。与正阳门并列的东为崇文门，西为宣武门。在两门内各有一条宽阔大道，与东直门、西直门内两条大街相交。大干道如脊椎，形如栉比的胡同则分散在干道两旁；在胡同与胡同之间再配以南北向或东西向的次要干道。这种相互垂直的方格形，也是中国古代城市街道传统的规划方式。大小干道上散布着各种各样的商店和作坊。胡同小巷则是市民居住区。

北京故宫是明清两朝皇帝的宫殿，是明成祖（朱棣）集中全国匠师，征调二三十万民工和军工，经过14年时间建成的规模宏大的宫殿组群。清朝沿用以后，只是部分经过重建和改建，总体布局基本上没有变动。

明清故宫全部建筑分为外朝和内廷两大部分，外面用宫城（紫禁城）围绕。宫城的正门——午门不仅是宫门，还是一座献俘和颁布诏令的殿宇。外朝以太和、中和、保和三殿为主，前面有太和门，两侧又有文华、武英两组宫殿。内廷以乾

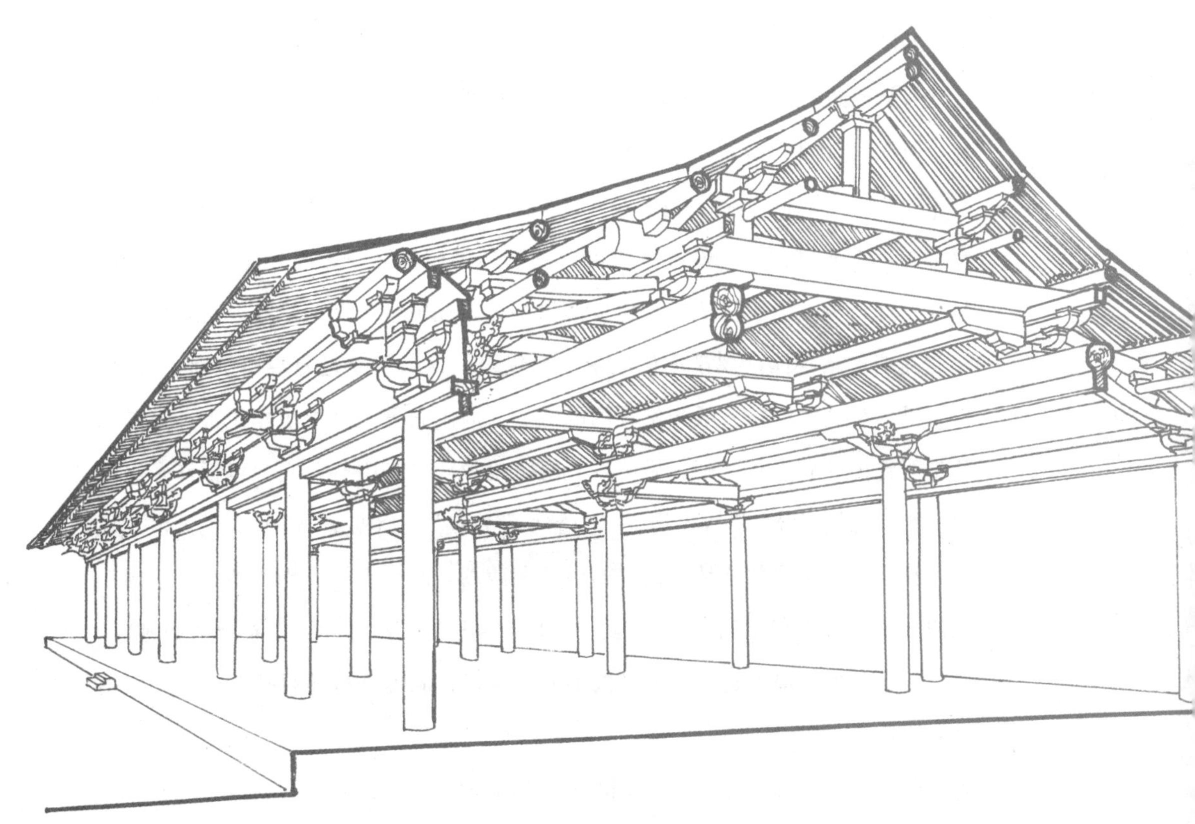

清宫、交泰殿、坤宁宫为主，在明朝是帝后居住的地方。这组宫殿的两侧有居住用的东西六宫和宁寿宫、慈宁宫等；最后还有一座御花园。宫城内还有禁军的值房和一些服务性建筑以及太监、宫女居住的矮小房屋。朝房外，东为太庙、西为社稷坛。宫城北部的景山则是附属于宫殿的另一组建筑群。

中国封建社会宗法观念的等级制度，在明清故宫中得到典型的表现。太和殿是当时最高等级的建筑，采用重檐庑殿的屋顶，三层白石台基；屋顶走兽和斗拱出挑的数目最多；御路和栏杆上的雕刻，彩画与藻井图案使用龙、凤等题材；色彩中用了大量的金色；月台上的日晷、嘉量、铜龟、铜鹤等也只有这里才可以陈设。至于红色的墙、柱和装修的黄色琉璃瓦，则是皇宫建筑所专有的色彩。

总之，明清故宫建筑的空间组织和立体轮廓统一中又有变化，反映了中国古代建筑艺术成就。同时，它也是世界上优秀的建筑群之一。

苑囿是以园林为主的皇帝行宫，明朝的禁苑主要是紫禁城西面的西苑。清朝苑囿建筑得到空前发展。除了继续扩建西苑外，更在西北郊风景优美的地带兴建著名的圆明园及长春园、万春园、静明园、静宜园、清漪园等。京城以外最大的行宫有承德的避暑山庄。在清朝苑囿中，圆明园是被称为“万园之园”的著名园林，但在1860年被英法等帝国主义侵略军所焚毁。

颐和园位于北京城西北约10千米的地方，共分为四个部分。第一部分是万寿山东部的东宫门、仁寿殿等所组成的朝廷供应部分。这部分建筑布局严谨，具有宫廷气概，但居住部分的建筑体量不大，住宅气息比较浓厚。这些建筑的东北建造的谐趣园，规模小但风景十分优美。第二部分是万寿山的前山部分。这里以体型高大的排云殿和佛香阁为重心，周围布置十几组小建筑群。第三部分是万寿山的后山和后湖。后山以一组喇嘛教庙宇为中心，其中包括许多富有藏族建筑特色的台、塔等，周围有少量小型建筑群；后湖是一条曲折的溪流，风景幽雅自然。第四部分是昆明湖的南湖和西湖。水中点缀岛屿，岛上有不同形式的建筑，其中龙王庙岛、十七孔桥和万寿山遥望相对，控制着开阔的湖面。湖西一条长堤，堤上建有6座形式不同的桥，在湖堤垂柳的衬托下，宛如江南水乡的景色。

和其他清代的苑囿一样，颐和园也使用大量宫式建筑，但具有不同的体形，而且通过巧妙的组合与地形、山石树木互相配合，创造一种富丽堂皇而饶有变化的艺术风格，表现了苑囿建筑的特点。

明清一般城镇、住宅

明、清时期，城市的数量比前代有了更大增长，城市面貌也更加繁荣。城市建设，按行政级位分为省城、府城、州城、县城数级。各级城市在地理分布上大体有一定制度；城市的规模和布局一般取决于行政级位。这反映了明清时期政治上高度的中央集权和政令的统一。

明朝制定了严格的住宅等级制度：“一品二品厅堂五间九架……三品五品厅堂五间七架……六品至九品厅堂三间七架……庶民庐舍不过三间五架，不许用斗拱，饰色彩。”

这时期的住宅仍随着民族、地区和阶级的不同，产生了很大差别，但总的来说，无论在教量和质量上都有了不少发展。这里只对几种主要住宅类型，作简单介绍。

北方住宅以北京的四合院为代表。四合院的个体建筑，经过长期的经验积累，形成了一套成熟的结构和造型。住宅大门位于东南角上。门内迎面建影壁，自此转西至前院。南侧倒座通常作客房、书塾、杂用间或男仆的住所。经二门进入面积较大的后院。院北正房供长辈居住，东西厢房是晚辈的住处，周围用走廊连接，成为全宅核心部分。

屋顶样式以歇山式居多，次要房屋则用平顶式单庇顶。除贵族府第外不得使用琉璃瓦、朱红门墙和金色装饰，一般住宅色彩以大面积灰青色墙面和屋顶为主，而在大门、二门、走廊与主要住房等处施色彩，大门、影壁、墀头、屋脊等砖面上加若干雕饰，获得良好的艺术效果。

长江下游江南地区的住宅，以封闭式院落为单位。其中大型住宅建门厅、轿厅、大厅及住房，再置客厅、书房、次要住房和厨房、杂屋等，成为左、中、右三组纵列院落组群。后部住房常为二层建筑，楼上宛转相通，并在各组之间，设置“备弄”（夹道），围以高墙，同时在院墙上开漏窗，房屋也前后开窗……构成幽静的庭院。

江南住宅的结构，一般用穿斗式木构架，或穿斗式与抬梁式的混合结构，形制秀美而富于变化。梁架与装修仅加少数精致的雕刻，涂栗、褐、灰色等，不施彩绘。房屋外部的木构部分用褐、黑、墨绿等色，与白墙、灰瓦相组合，色调雅素明净，是一个重要特点。

浙江、四川等处的山区住宅。房屋结构通常用穿斗式木构架，高一层至三层不等。墙壁材料有砖、石、夯土、木板、竹笆等。屋顶形式一般用悬山式，前坡短，后坡长，出檐与两山挑出很大，偶用一部分歇山式屋顶。房屋外墙用白色，木构部分多为木料本色，或柱涂黑色，门窗涂浅褐色或枣红色，与高低起伏的灰色屋顶相结合，形成朴素而富于生气的外观。

客家住宅沿着五岭南麓，分布于福建西南部及广东、广西二省的北部。由于长期以来客家聚族而居，因而产生体形巨大的群体住宅。这种住宅的布局有两种形式。一种是大型院落式住宅，平面前方后圆，内部由中、左、右三部分组成，院落重叠，屋宇参差。另一种为平面方形、矩形或圆形的砖楼与土楼。其中最大的土楼，直径达 70 余米，用三层环形房屋相套，

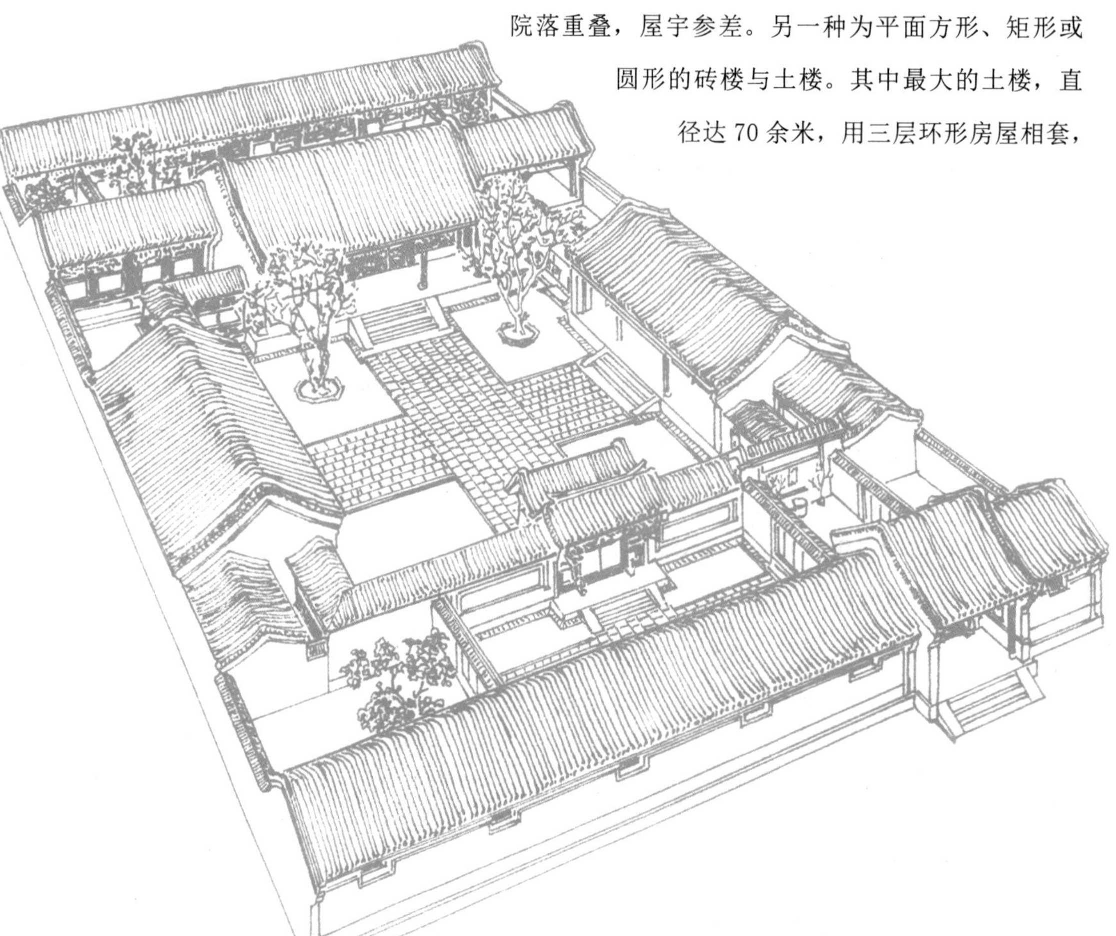

房间达 300 余间。外环房屋高四层，底层作厨房及杂用间，二层储藏粮食，三层以上住人。其他房屋仅高一层。中央建堂，供族人议事、婚丧典礼及其他活动之用。外墙用厚达 1 米以上的夯土承重墙，外墙下部不开窗，故外观坚实雄伟，很像一座堡垒。

河南、山西、陕西、甘肃等省的黄土地区，人们为了适应地质、地形、气候和经济条件，建造各种窑洞式住宅与拱券住宅。窑洞式住宅有两种，一种是靠崖窑，规模较大的则在崖外建房屋，组成院落，称为“靠崖窑院”；另一种在地面上用砖、石、土坯等建造一层或二层的拱券式房屋，称为“锢窑”。用数座锢窑组合成的院落，称为“锢窑院”。

居住于广西、贵州、云南、海南、台湾等处亚热带地区的少数兄弟民族，使用下部架空的杆栏式构造的住宅。这种住宅的布局和结构很富于变化。结构以木架居多，也有全部用竹料的。下部作畜圈、碾米场、储藏室、杂屋等。楼梯置于室内或室外上层前部，为宽廊及晒台，后部是堂与卧室，堂内设火龙和佛龛。广西壮族的杆栏式住宅，有的面阔五间，高达三层。上层为堂，两侧各加过间，形成较大的空间；堂后置卧室数间，外部伸出，称为“挑廊”；并利用屋顶做成阁楼，巧妙地处理内部空间。

用木材层层相压构成壁体的井干式住宅，仅见于云南和东北少数森林地区，无疑是一种原始布局方法的延续。

藏族住宅位于西藏、青海、甘肃及四川西部。由于雨量稀少，而石材丰富，故外部用石墙，内部以密梁构成楼层和屋顶。如二层住宅环绕着小院，下层布置起居室、接待室、卧室、库房。上层在接待、卧室外，加经堂和储藏室。造型严整和装饰华丽是它的特点。乡间住宅依山建造，很少有院落。一般高二三层不等，而以三层较多。底层置牲畜房与草料房；二层为卧室、厨房、储藏室；三层以装修精致的经堂为主，附以晒台、厕所，而二三层每有木构的挑楼伸出墙外。在造型上，由于善于结合地形，使房屋组合高低错落，有虚有实，既朴实优美，又富于变化。

新疆维吾尔族的平顶住宅，大体分为两类。南疆的喀什、和田等处用砖、土坯外墙和木架密切相结合的结构，依地形组合为院落式住宅。在布局上，院子周

围以平房和楼房相穿插，而以前廊建列拱，空间开敞，故体型错落，灵活多变。房屋平面以前室与后室相结合，附以厨房、马厩等。拱廊、墙面、壁龛、火炉与密肋、天花等处，雕饰精致，色彩华丽动人。另一种为吐鲁番的土拱住宅，用土坯花墙、拱门等划分空间，房屋布置也以前后室相连，但室内外装饰比较简单。

蒙古、哈萨克等族为适应游牧生活而使用移动的毡包，往往二三成组，附近用土墙围为牲畜圈。毡包的直径自4米至6米不等，高2米余，以木条编为骨架，外覆羊毛毡，顶部装圆形天窗，供通风和采光之用。此外，因从事半农半牧而建造的固定住宅，有圆形、长方形以及圆形与长方形相结合等形式，也有在固定房屋之外再用毡包的。

这时期的贵族、官僚、地主、富商们的私家园林，多集中在物资丰富和文化发达的城市及其附近。明朝除首都北京和陪都南京以外，苏州、杭州、松江、嘉兴四府是当时园林荟萃的地方。明中叶以后，私家园林的数量逐步增加，造园艺术也有所发展。

明、清的坛和陵墓建筑

在中国长期的封建社会中，形成了一整套的宗法礼制，集中地反映了封建社会中的阶级、阶层的等级关系和宗法家族思想。为了表示皇帝和先祖以及各种神祇之间的联系，修建了许多祭祀性的建筑，如天坛、地坛、日坛、月坛、风神庙、雷神庙……和宗庙（太庙）建筑、陵寝等，并制定了一套与之相适应的建筑制度。大体来说，有坛、庙之分。明朝建造的北京天坛就是其中的代表作品。

天坛的建筑，按使用性质分为四组。沿南北轴线，南部有祭天的圜丘及其附属建筑；北部以祈祷丰年的祈年殿为主体，附以若干附属建筑；内围墙西门内南侧是皇帝祭祀前斋宿的宫殿——斋宫；外围墙西门内建有饲养祭祀用的牲畜的牺牲所和舞乐人员居住的神乐署。

皇穹宇是平时供奉着“昊天上帝”牌位的建筑。皇穹宇是一座单檐的圆形小殿，饰以蓝瓦、金顶和朱色的门窗，建立在洁白的单层须弥座上。内部的梁、柱、藻井和外面的装修及基座石刻等都十分精美。

祈年殿和圜丘虽是天坛的两个同等重要的建筑，而在艺术构图上祈年殿是天坛总体中最主要的组群。祈年殿是一座圆形平面的大殿，上覆三层蓝色琉璃瓦顶、渗金宝顶、朱柱和门窗，屹立在圆形的石台基上，但它与皇穹宇不同，下面是三层台基，上面是三层檐……在祈年殿后面有一座皇乾殿。

皇帝在举行祭祀典礼前夕住于斋宫内，所以斋宫有围墙两重；并以护城河环绕，警戒甚严。这一组群的正殿是砖券结构的“无梁殿”。

封建帝王对天坛的建筑设计，有着严格的思想要求，最主要是在艺术上表现天的崇高、神圣和皇帝与天之间的密切关系。各主要建筑用蓝琉璃瓦顶是象征着“青天”，通过一系列的处理，给建筑蒙上了一层神秘的色彩。

十三陵，位于北京城北约 45 千米的天寿山麓，有从公元 15 世纪初到 17 世纪中叶建造的明朝十三代皇帝的陵墓，一般称为“十三陵”。十三座陵墓组群各依据着一个山峦，分布在山谷中，结合自然地形，组成一个巨大的陵墓区。

长陵建成于明永乐二十二年（公元 1424 年）。它是十三陵中最大的一座，也是明陵的典型。该陵由巨大的宝顶、方城明楼和它前面的祭殿——零恩殿所组成。宝顶周围做成城墙形式，覆盖着深埋地下的地宫。明朝陵墓地下墓室都用巨石发券构成若干墓室相连的“地下宫殿”。

清朝的皇帝陵墓基本承袭了明朝的布局和形式，但后死的后妃在帝陵旁另建陵墓，与明代帝后合葬制度不同。同时，清朝皇帝分别隔代埋葬于河北遵化的东陵和河北易县的西陵。

明、清的宗教建筑

（1）佛教寺、塔。

元代的佛塔除增加了喇嘛塔这一新形式外，其他式样的塔虽仍有修建，但数量不多。明清两代也大量建造喇嘛塔；高层砖塔多为楼阁式，密檐塔很少见。

山西洪洞广胜寺飞虹塔建于明武宗正德十年（公元 1515 年）至明世宗嘉靖六年（公元 1527 年）间，是一座典型明代楼阁式砖塔。塔八角，外观 13 层，高 47.63 米，外壁用各色琉璃装饰。琉璃制栏杆、天神、动物、斗拱等极为细致华丽，是明代琉璃技术水平的重要标志。此外，南京报恩寺塔也是用彩色琉璃镶面的砖塔，其工艺的细致和色彩的美丽都是空前的。

佛塔中的另一种类型——金刚宝座塔。北京大正觉寺金刚宝座塔是这类塔中现存最早的实物，建于明成化九年（公元 1473 年）。

北京西黄寺清净化城塔是金刚宝塔的另一种式样，建于清乾隆三十七年（公元 1782 年）。基座较矮，共两层。座上正中建一高大的石喇嘛塔，四角配以四座八角小石塔。小塔上遍刻经文。第一层基座前后各有一座石牌坊。整个塔群雕刻不多，以多变的体形造成了华丽的风格。

云南傣族的佛塔群也是明清时期一种重要的建筑形式。位于云南潞西风平的大佛殿重建于清雍正三年（公元 1725 年），其中有两座典型的傣族佛塔——熊金塔、曼殊曼塔。塔下有复杂的“亚”字形基座，塔身比例修长，周围以小塔和怪兽陪衬。多变的轮廓和丰富的雕饰，使这种形式的塔显得异常美丽夺目。

明清时建造了许多大寺院，如江苏南京灵谷寺、报恩寺和山西太原崇善寺等。

（2）藏族和蒙古族的喇嘛教建筑。

明、清时期，藏族和蒙古族的喇嘛教建筑，在元代基础上进一步发展。特别是在清朝，为了加强对藏族、蒙古族的统治，更重视喇嘛教，因而这类建筑的数量很多，仅在内蒙古各旗就有喇嘛庙 1 000 余所。西藏、四川、甘肃、青海等地明清时代藏族的喇嘛寺数量则更多。

甘肃夏河的拉卜楞寺，始建于清康熙四十七年（公元 1709 年），是一组规模宏大的建筑群。铁桑浪瓦扎仓，是典型的扎仓建筑，经堂可容纳 4 000 名喇嘛诵经。佛殿内供奉铜佛，旁边一个殿内放置活佛尸塔。经堂和佛殿内满桂彩色幡帷，柱上裹以彩色毡毯。在幽暗的光线中显得非常神秘，形成喇嘛教建筑特有的气氛。

西藏拉萨的布达拉宫是一组大型寺院建筑群，始建于公元 7 世纪松赞干布在位期间，现在的建筑是在五世达赖喇嘛开始建造的，工程历时 50 年。布达拉宫沿山修建，高达 200 余米，外观 13 层，实际仅 9 层。主体建筑分两部分：“红宫”主要是大经堂和存放历代达赖喇嘛尸塔的大殿；“白宫”是寝室、会客室、经堂、办公室、餐厅及仓库。还布置了印经院、管理机构、守卫及监狱。围绕全宫有很厚的石城墙及城门。

蒙古族从明代起，大量吸收了汉族文化，到清代得到更密切的融合。这种情况反映到建筑上的是城市中的寺院完全采用了汉族传统佛寺的布局方式。除大经堂的平面空间处理仍然保持喇嘛教经堂的独特形式外，其他建筑都与汉族建筑一样。呼和浩特的席力图召是这类建筑中典型的代表。

河北承德，从公元 18 世纪初朝廷在这里建造离宫，兼作避暑之用。在其东面和北面的山地上建有 11 组喇嘛教寺院，现存 8 座，即溥仁寺、普宁寺、普佑寺、安远庙、普乐寺、普陀崇乘庙、珠象寺、须弥福寿庙。这些建筑是集中了当时建筑上成功的经验而创造出来的，反映了当时民族文化交融的情况，给人以雄壮而活泼的印象。

建筑材料、技术和艺术

明代，砖的生产大量增长，不仅民间建筑很多使用砖瓦，全国大部分州、县的城墙都加砌砖面，特别是河北、山西二省内长达千余千米的长城，在十五六世纪间，大部分建为雄厚的砖城。

在结构方面，元以前城门洞上部一般做成梯形，用柱和梁架支撑。从元代起已有一些城门用半圆形券，明清则全部采用砖券。建筑方面，公元 15 世纪出现了全部用砖券结构的无梁殿，并盛行于 16 世纪中晚期。华北黄土地区的窑洞住

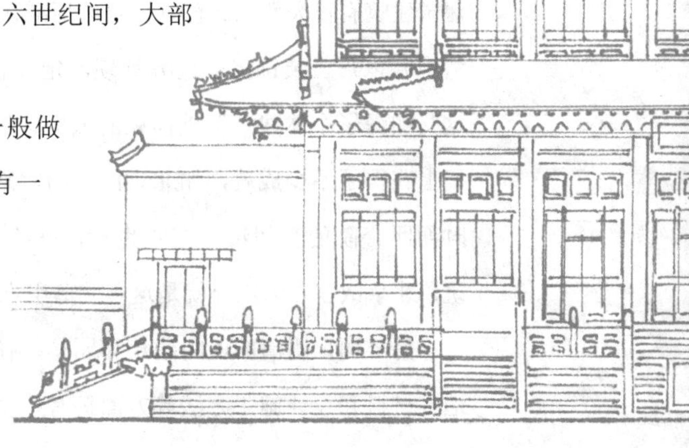

宅内部也陆续采用砖券，说明这时候砖券结构已普及各地。在内地发展起来的砖砌穹隆顶，到了明中叶发展成为多层的斗八形状，如山西太原永祚寺、江苏苏州开元寺。

夯土技术在明清有了更高成就。福建、四川、陕西等省有若干建于清代中叶的三四层楼房采用夯土墙承重，内加竹筋，虽经地震，仍极坚实。

明、清两代琉璃瓦的生产，无论数量或质量都超过此前任何朝代，不过瓦的颜色和装饰题材仍受封建社会等级制度的严格限制，其中黄色琉璃瓦仅用于宫殿、陵寝和高级的祠庙。

这时期内，贴面材料的琉璃砖多使用于佛塔、牌坊、照壁、门、看面墙等处。现存山西洪洞广胜寺明代飞虹塔、山西大同明代九龙壁、北京故宫及北海的清代九龙壁等都是具有高度技术水平与艺术水平的范例。此外，镏金、玻璃及其他美术工艺品用于建筑，对于建筑艺术起了不少作用。

在木结构方面，木构架结构体系经过 3 000 年的发展，由简单到成熟、复杂，进而趋向简练的过程是很明显的。明代的宫式建筑已经高度标准化、定型化，而清代于公元 1733 年颁布的《工部工程做法则例》进一步予以制度化。建筑的标准化标志着结构体系的高度成熟，但也不可避免地使结构僵化。

许多地区的民间建筑在发展上也和宫式建筑一样，趋于标准化、定型化。正是由于各地民间建筑都在自己的基础上逐渐成熟和发展，所以明清时中国建筑的地方特色更加显著。

在建筑艺术方面，明清二代建筑呈现比较沉重、拘束但稳重严谨的风格，与唐宋建筑有很大差别。官方建筑的标准化、定型化，创造了很多优秀作品。当然，清中叶以后，装饰走向过分烦琐，定型化的花纹也逐渐失去了清新活泼的韵味。这些加深了个体建筑沉重拘束的风格。虽然如此，明清的建筑师在组群的总体布局上获得了不少成就，如北京的明清宫殿、颐和园、西苑、天坛等便是明证。这时期四合院的空间组合方式也和前代不同，通过不同的空间变化来突出主体建筑，北京故宫、天坛等就是这种院落组合的典型。

另一面，明清的民间建筑和园林，在空间组织、建筑造型、建筑装饰、利用地方材料和设计施工方法等方面仍有很多新的创造和发展。在造型艺术方面，各地区、各民族的建筑比官式建筑更为生动活泼，富于变化。各民族建筑经过密切交流以后，出现了一批新风格的建筑，河北承德的几处喇嘛庙就是很成功的作品。这些，都为丰富的中国古代文化增添了一批新的成果。

总之，中国古代具有民族风格的建筑体系，反映着当时中国建筑在技术上和艺术上的成就，是中国古代文化留给人类的一份珍贵遗产。

一、殿阁

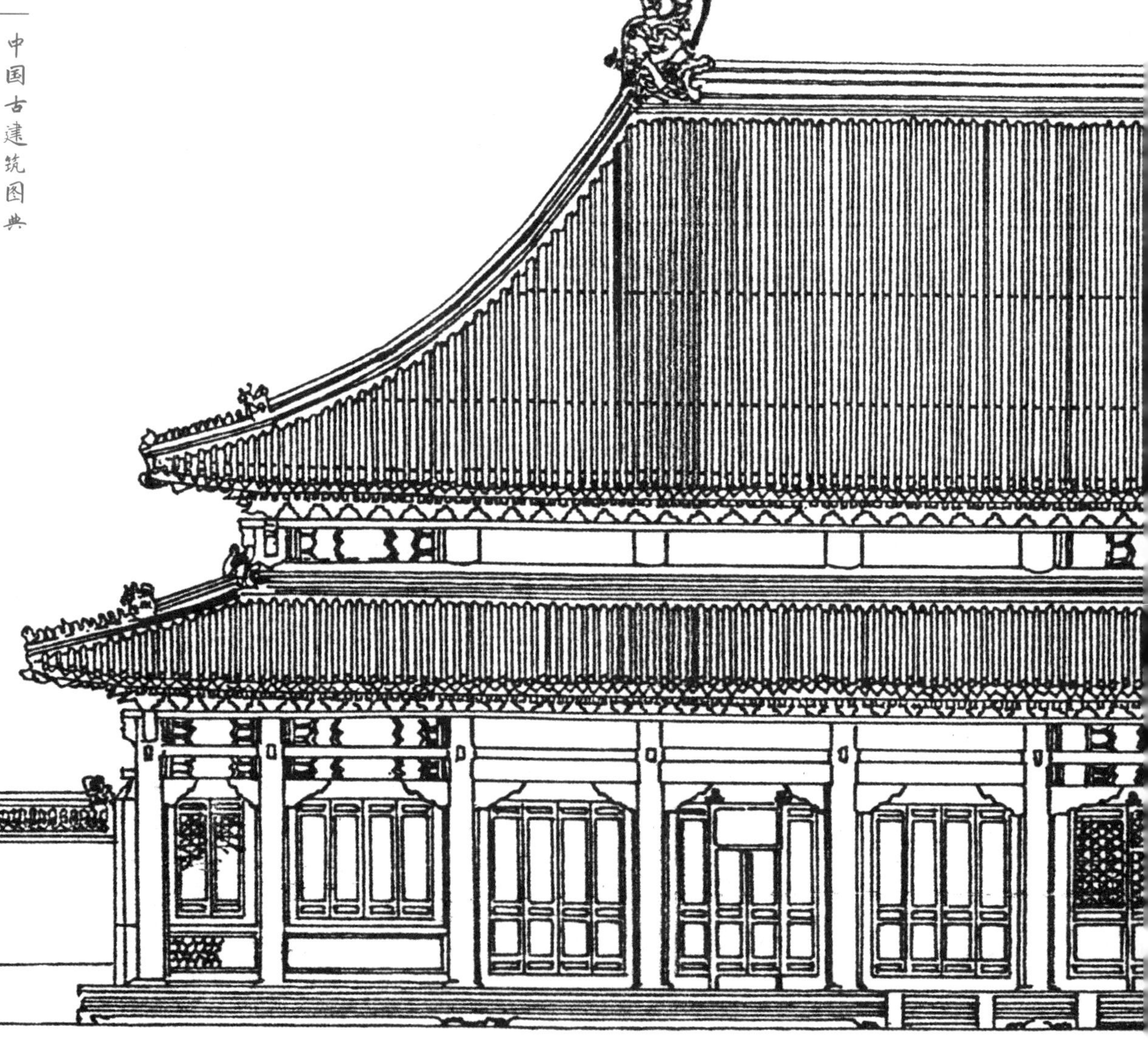

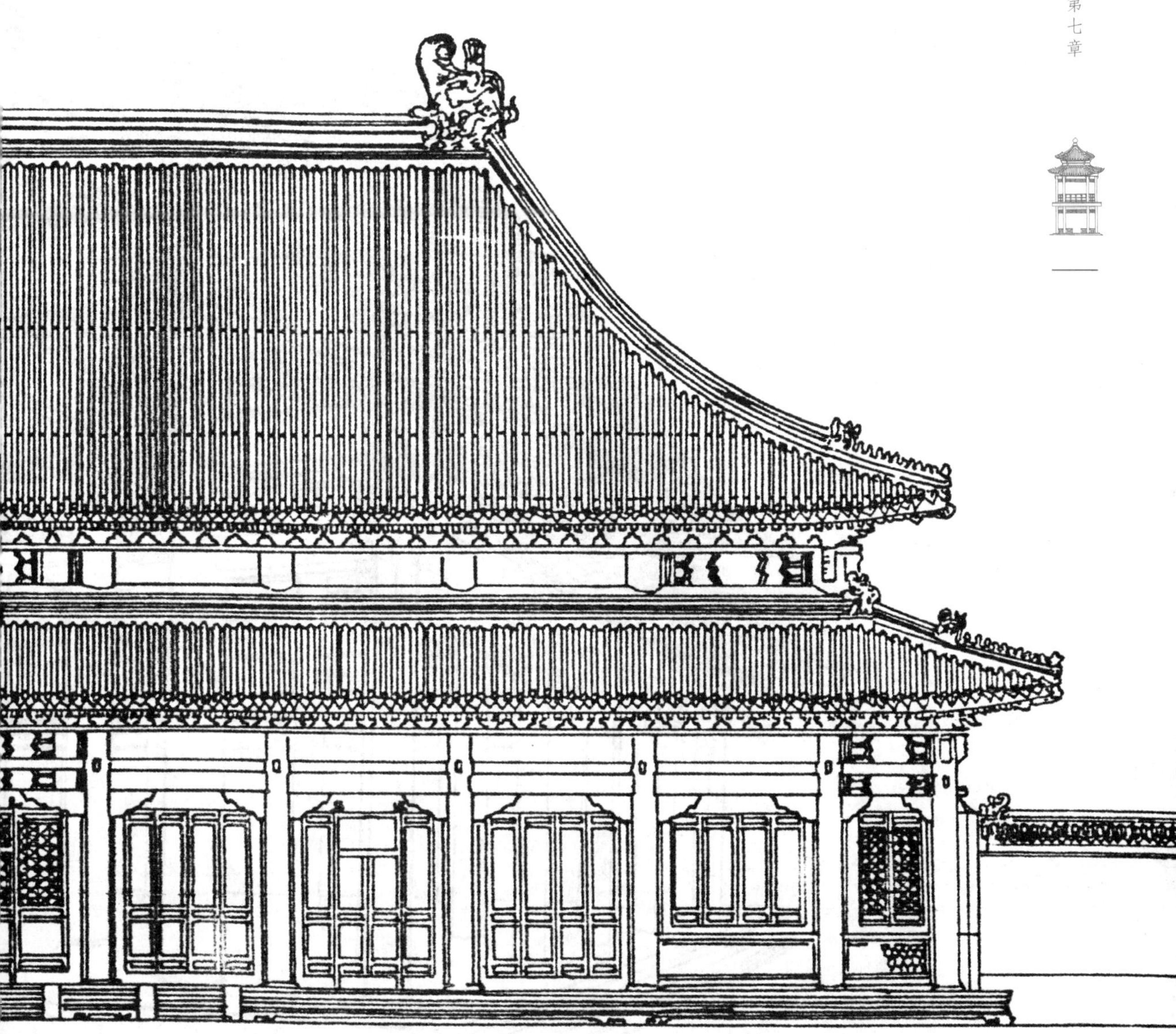

北京故宫太和殿（明）

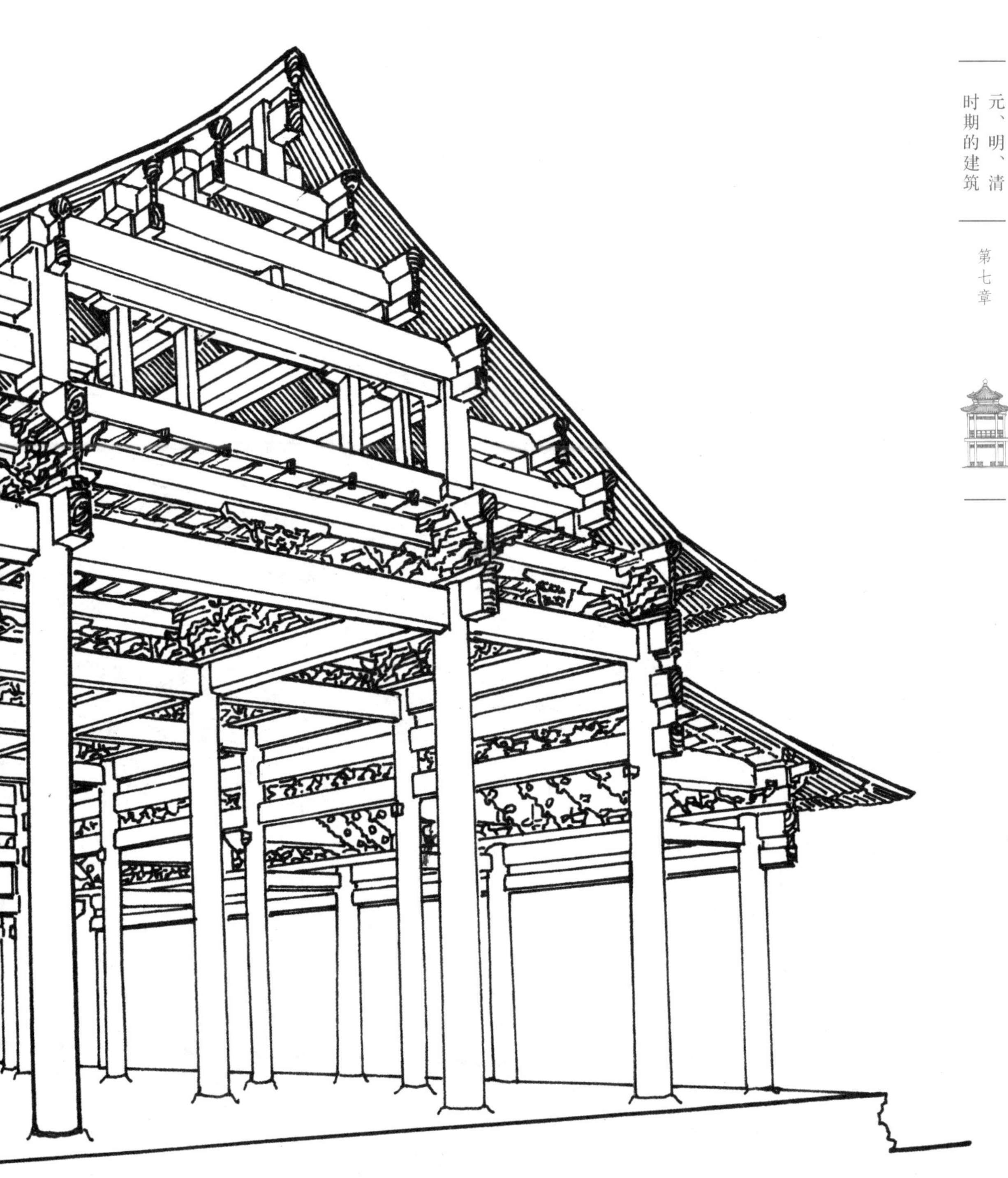

北京故宫太和殿剖面结构示意图

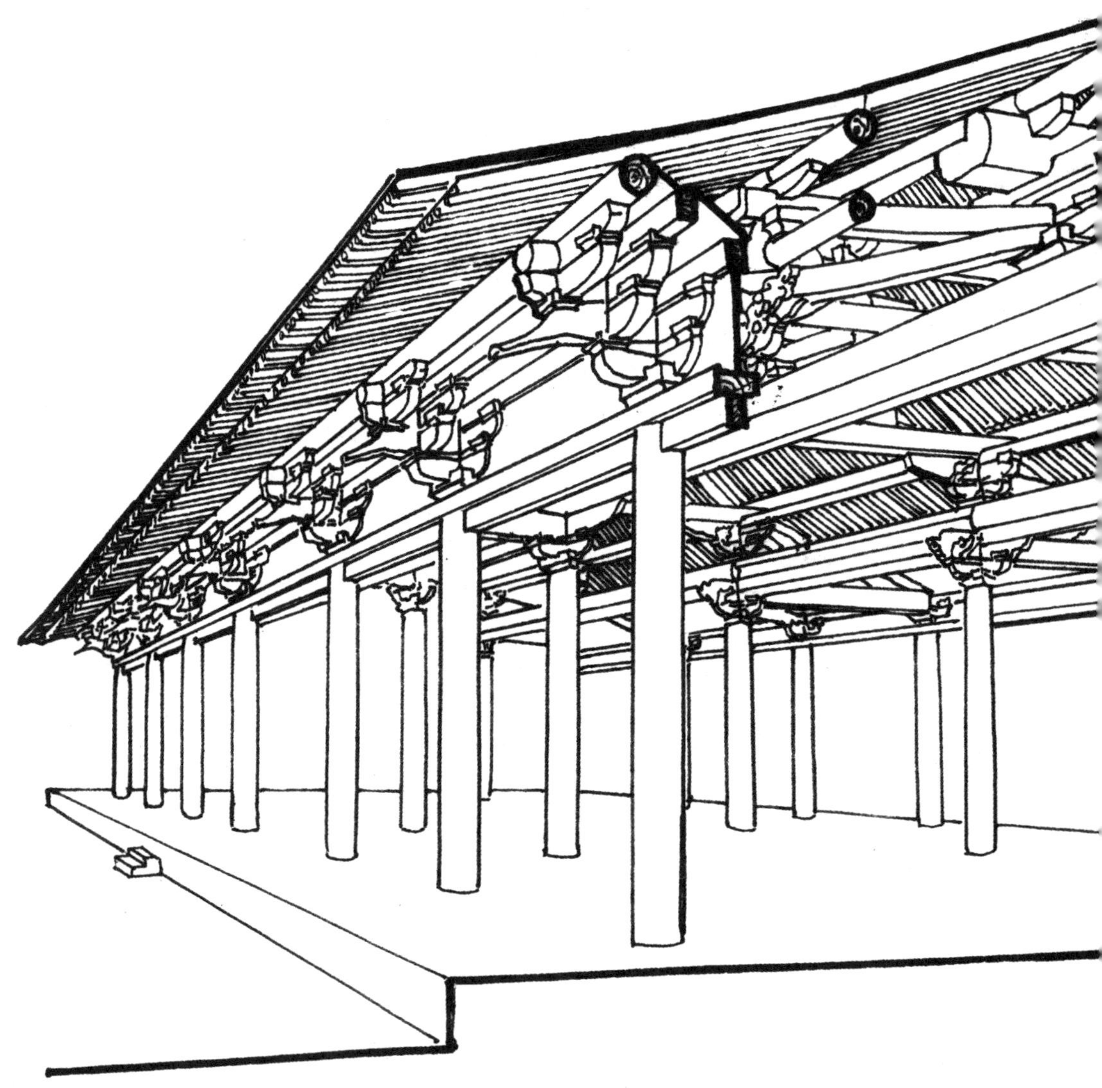

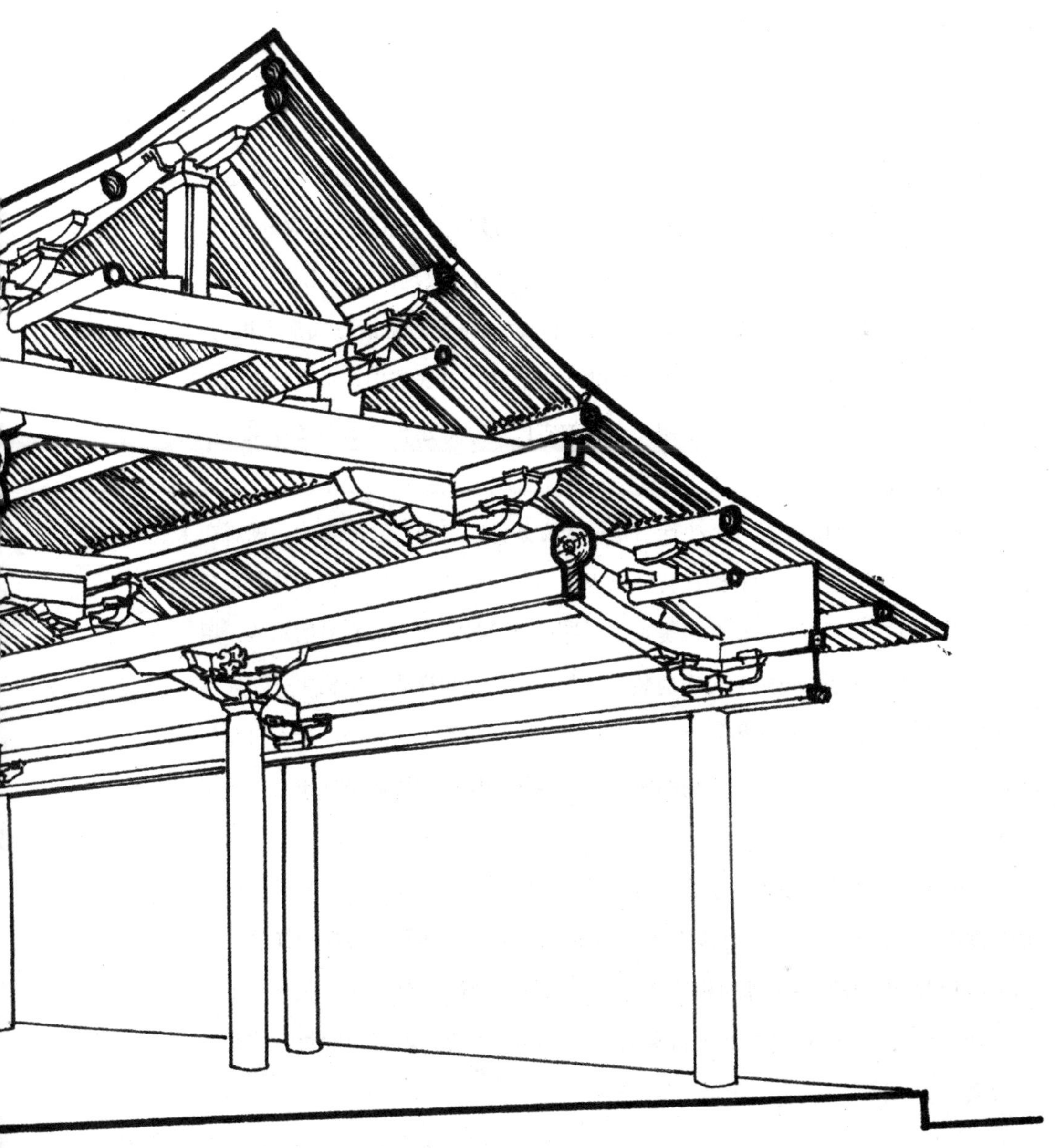

山西洪洞广胜下寺大殿梁架结构

二、民居

中国各地的居住建筑，多数是民居。严格来说，民居包含住宅以及由其延伸的居住环境。居住建筑是最基本的建筑类型，出现最早，分布最广，数量最多。由于中国各地区的自然环境和人文情况不同，各地民居也显现出多样化的面貌。

由于中国疆域辽阔，民族众多，各地的地理气候条件和生活方式都不相同，因此，各地人居住的房屋样式和风格也不相同。 在中国的民居中，最有特点的是北京的四合院、西北黄土高原的窑洞、安徽的古民居、福建和广东的镬耳屋、广西、广东、福建一带客家的土楼和内蒙古的蒙古包。

此外，受民族的历史传统、生活习俗、人文条件、审美观念的影响，民居在平面布局、结构方法、造型和细部特征上也有不同，淳朴自然而又各具特色。各族人民常把自己的心愿、信仰和审美观念，把自己所最希望、最喜爱的东西，用现实的或象征的手法，反映到民居的装饰、花纹、色彩和样式等结构中去，如汉族的鹤、鹿、蝙蝠、喜鹊、梅、竹、百合、灵芝、万字纹、回纹等，云南白族的莲花，傣族的大象、孔雀、槟榔树图案等。各地区各民族的民居呈现出百花争艳的特色。

中国民居的结构是中国传统建筑仿生柔性结构的一个组成部分，它是中国建筑哲理中“顺应自然，以柔克刚”思想的重要体现。木材具有柔性和弹性，木构架中的节点又普遍使用榫卯构造连接，如动物的骨骼关节一样，能在一定程度上伸缩和扭转，地震时能通过自身的变形，吸收和消耗地震的能量，达到防震效果。

河南巩义市窑洞住宅外观

四川马尔康藏族住宅

福建永定民居外观

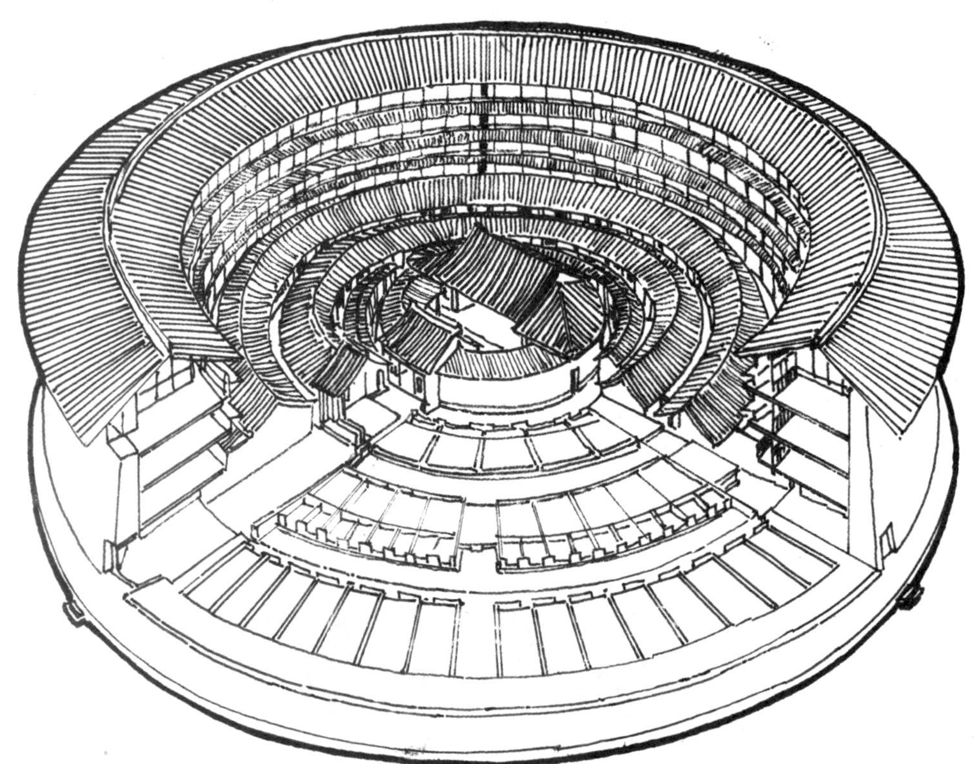

福建永定民居剖视外观图（明、清）

福建永定土楼民居

福建土楼，因其大多数为福建客家人所建，又称“客家土楼”。土楼产生于宋元，成熟于明末，大量使用于清代和民国。土楼是以土、木、石、竹为主要建筑材料，利用未经焙烧的土并按一定比例的沙质黏土和黏质沙土拌合，用夹墙板夯筑而成的两层以上的房屋。

圆楼是当地土楼群中最具特色的建筑，一般以一个圆心出发，依照不同的半径，一层层向外展开，如同湖中的水波，环环相套，非常壮观。其最中心处为家族祠院，向外依次为祖堂、围廊，最外一环住人。整个土楼房间大小一致，每间房面积约10平方米，使用共同的楼梯。

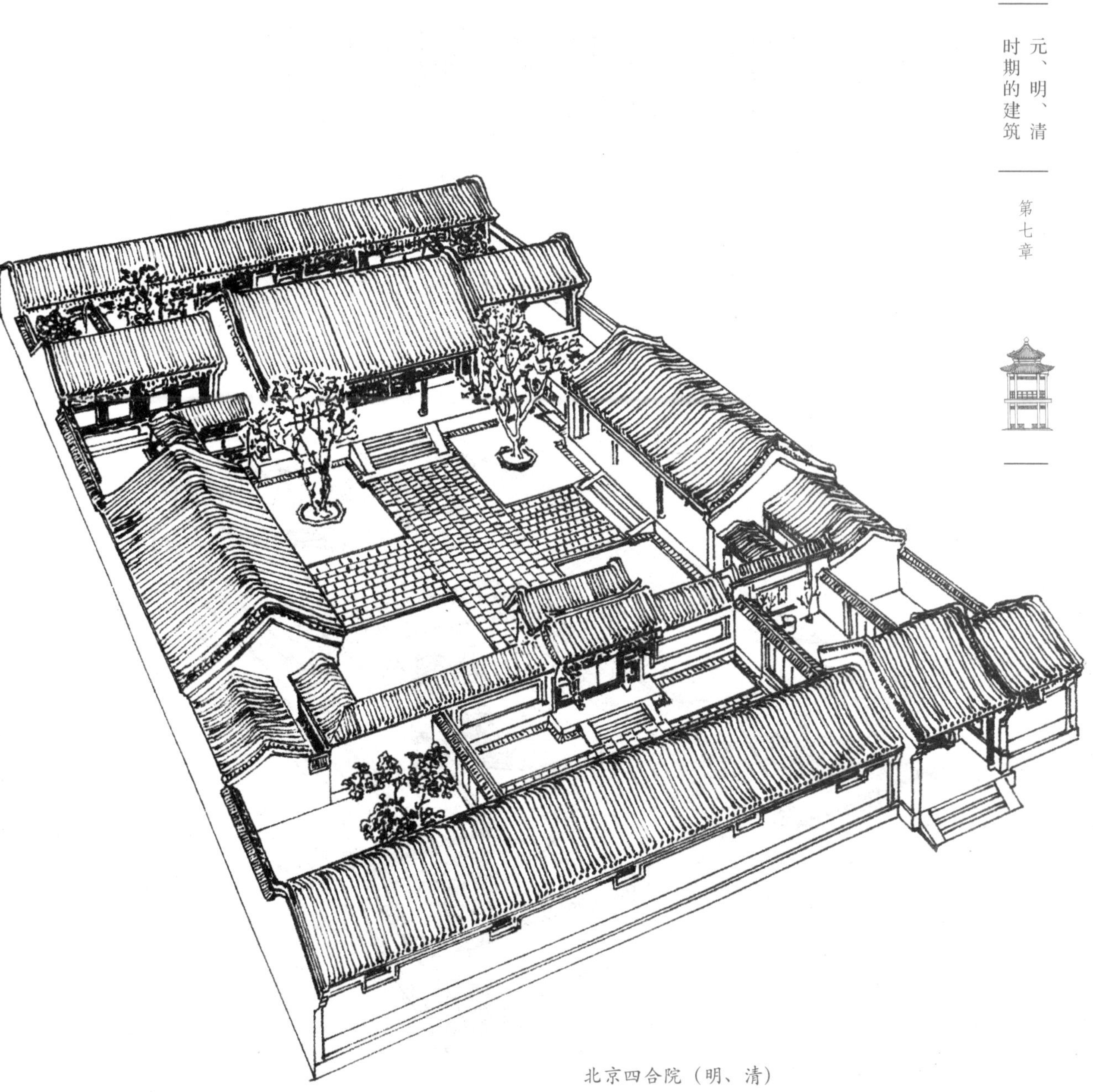

北京四合院（明、清）

广西龙胜壮族住宅立面图

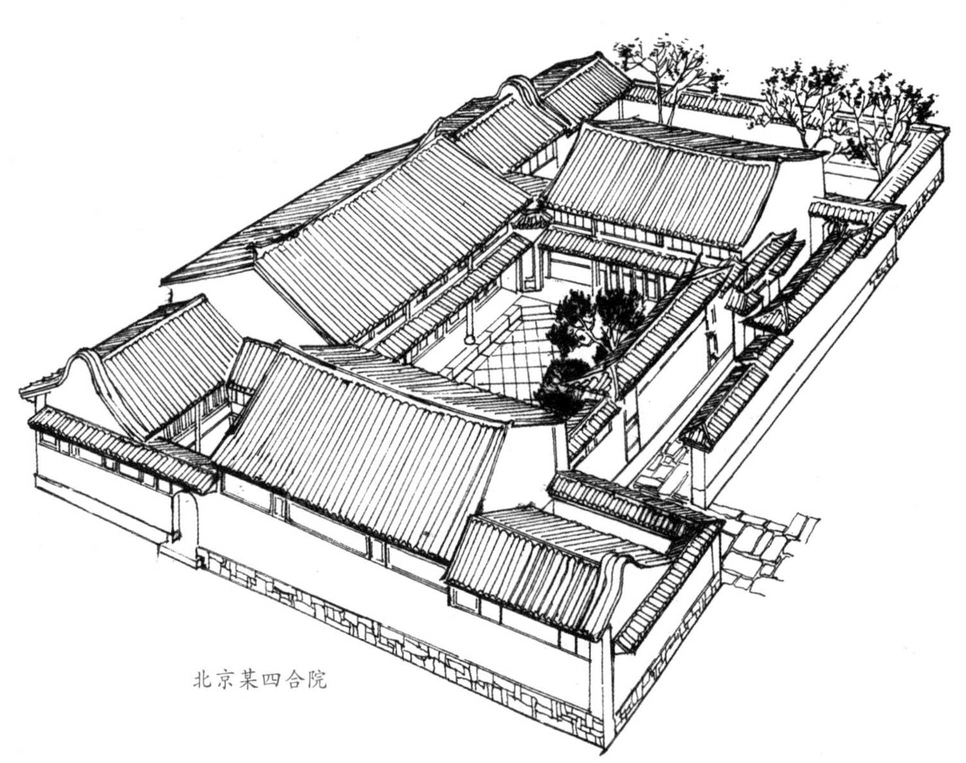

北京某四合院

北京四合院

四合院又称“四合房”，是一种中国传统合院式建筑，其格局为一个院子四面建有房屋，通常由正房、东西厢房和倒座房组成，用房屋从四面将庭院合围在中间，故名四合院。北京四合院，是合院建筑之一种。所谓合院，即是一个院子四面都建有房屋，四合房屋，中心为院，这就是合院。一户一宅，一宅有几个院。合院以中轴线贯穿，北房为正房，东西两方向的房屋为厢房，南房门向北开，所以叫作倒座。一家人有钱或人口多时，可建前后两组合院。

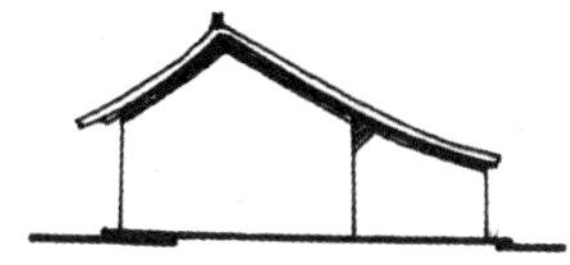
浙江民居披屋背面

浙江民居披屋正面

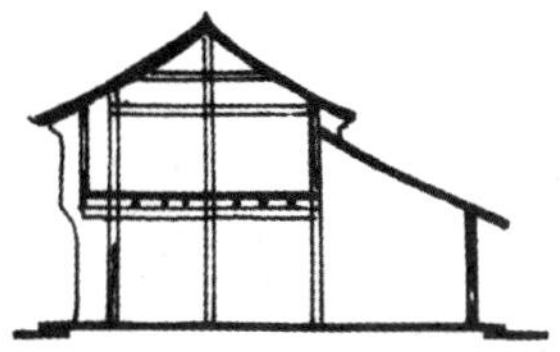
浙江民居披屋剖面

浙江民居楼层披屋形式

浙江民居楼层披屋形式

浙江民居楼层披屋

浙江民居披屋

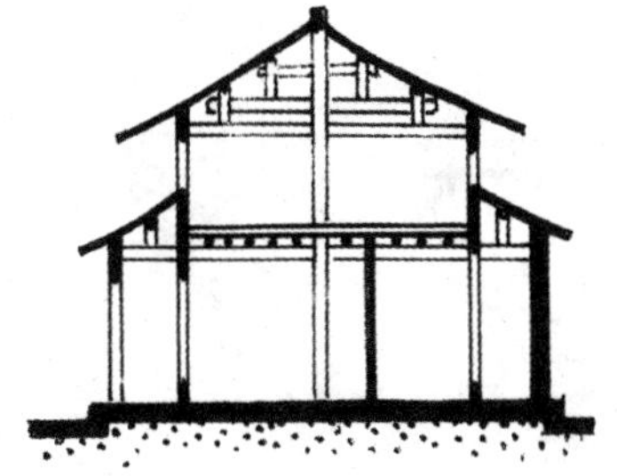
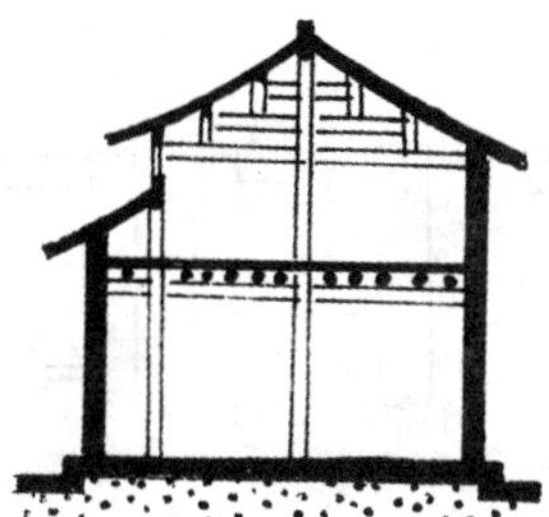
浙江民居楼层披屋剖面形式

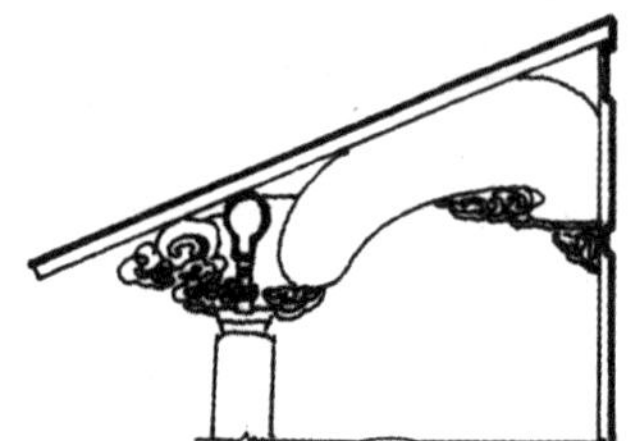

浙江民居檐廊顶部

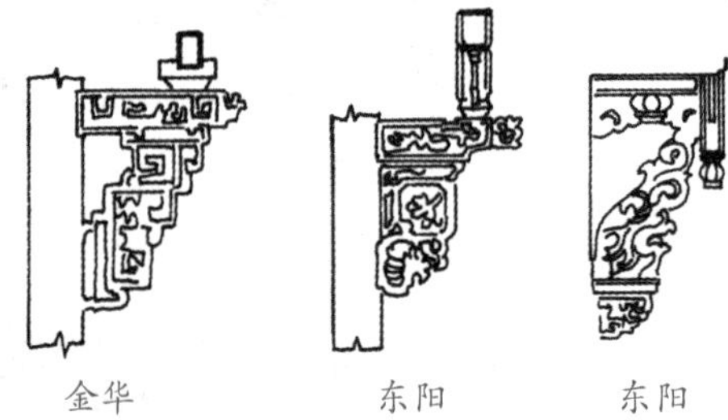

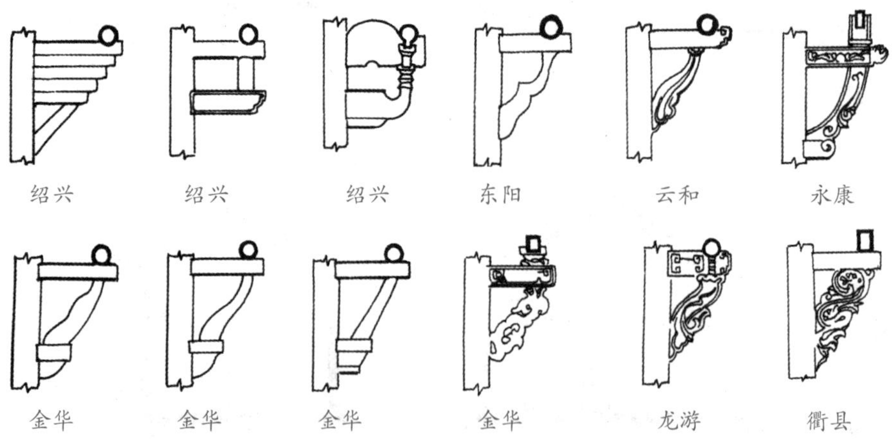

浙江民居挑檐形式多种

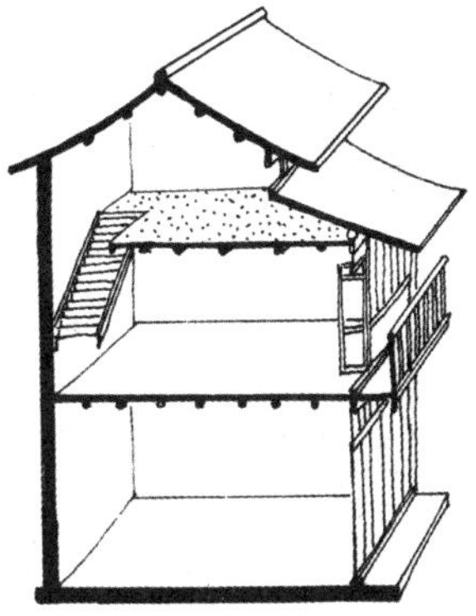

浙江金华东阳西街某宅

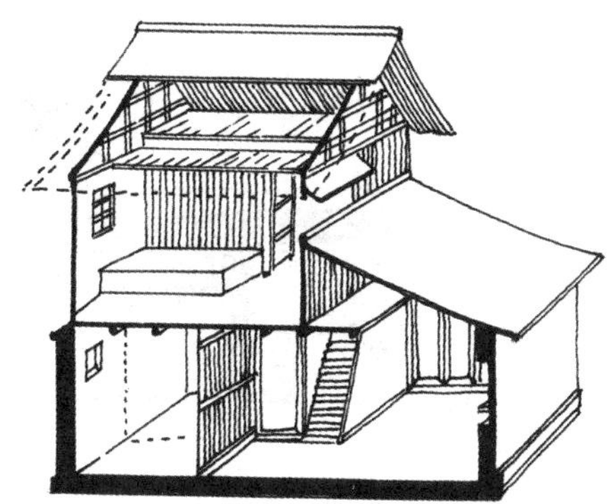

江苏苏州吴县甘棠桥范宅

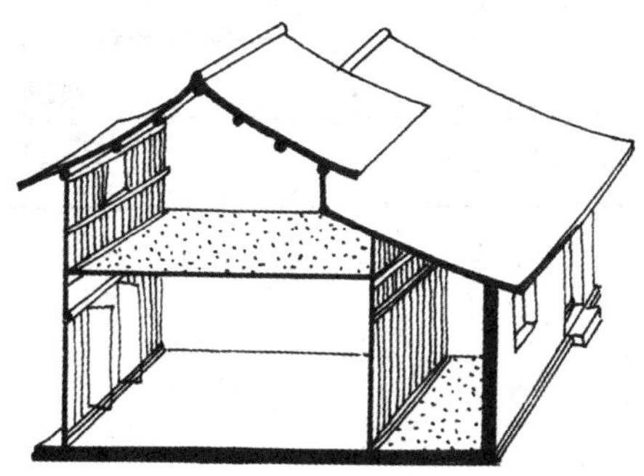

浙江金华东阳某宅阁楼

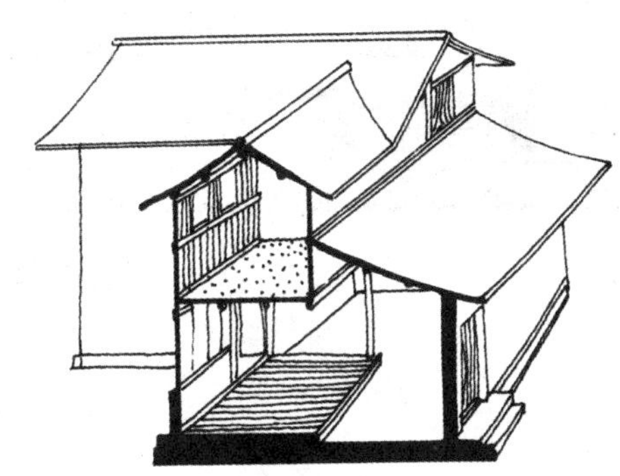

江苏苏州吴县红门馆街某宅

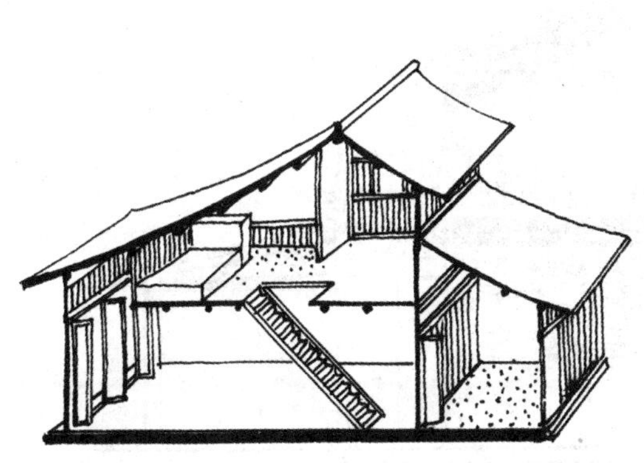

江苏苏州吴县甘棠桥范宅

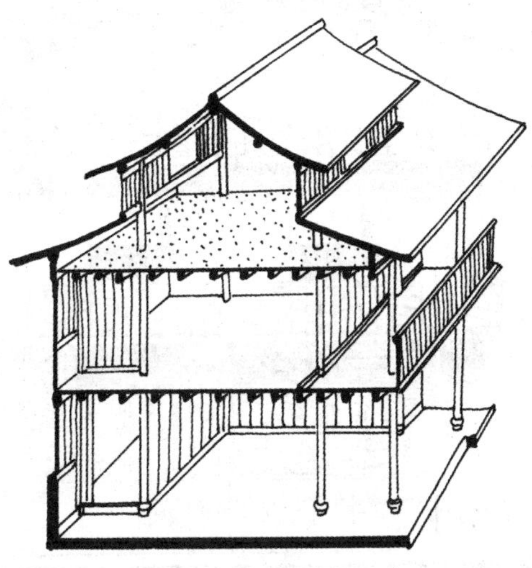

浙江金华东阳巍山镇某宅

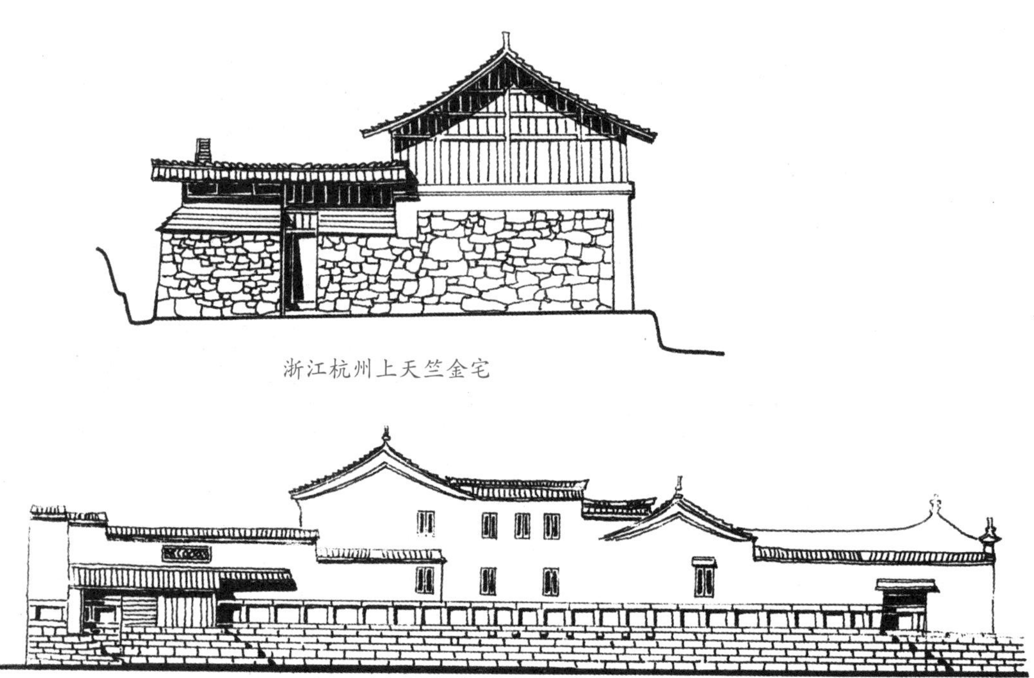

浙江杭州上天竺金宅

浙江绍兴西小桥头某宅

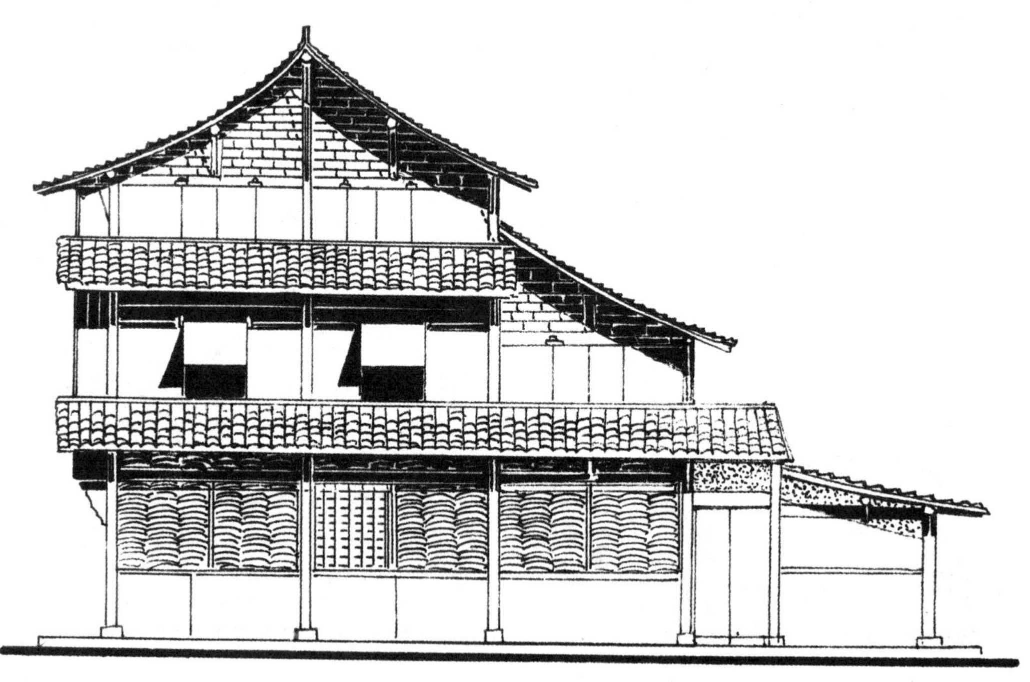

浙江黄岩樟树下路许宅

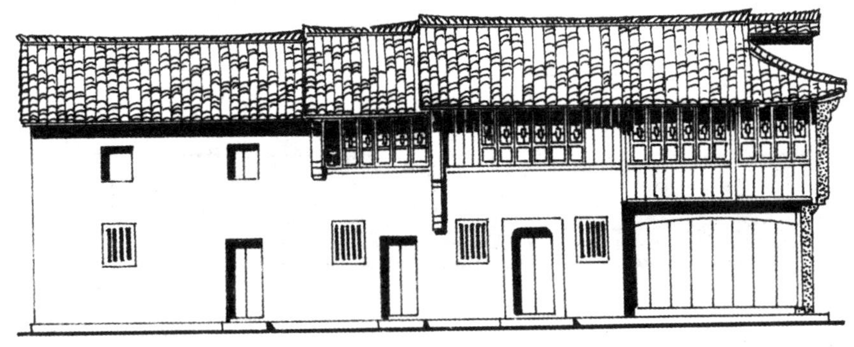

江苏吴县西城门口某宅

江苏吴县小西街某宅

江苏吴县西城门口某宅侧立面

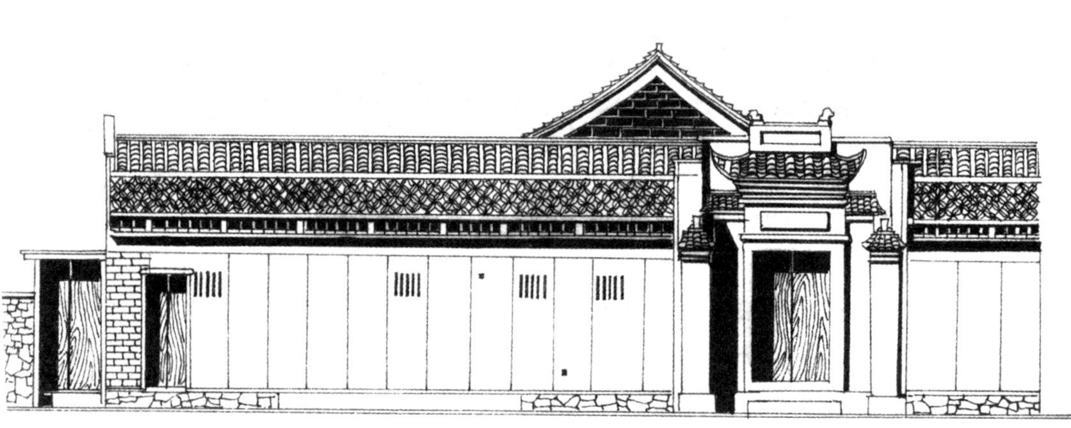

浙江天台义学路 6 号住宅

浙江绍兴禹陵某宅

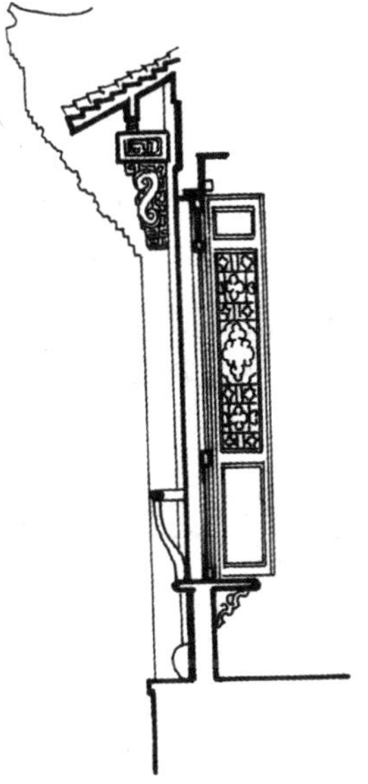

浙江衢州东河岸住宅剖面

浙江衢州东河岸住宅

浙江杭州灵隐云弄某宅

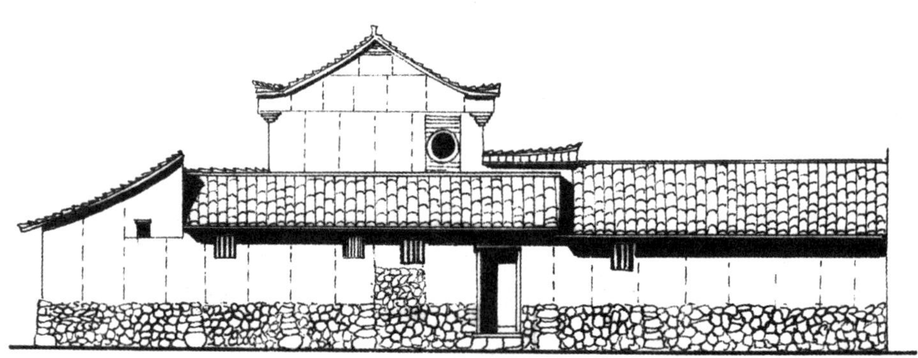

浙江丽水云和小徐村某宅立面

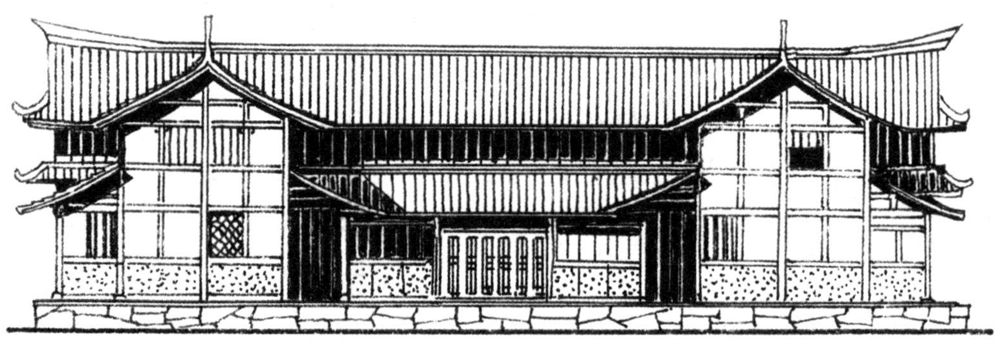

浙江温岭潮东林宅

浙江温岭泽国镇某临河住宅

浙江萧山临浦屠宅

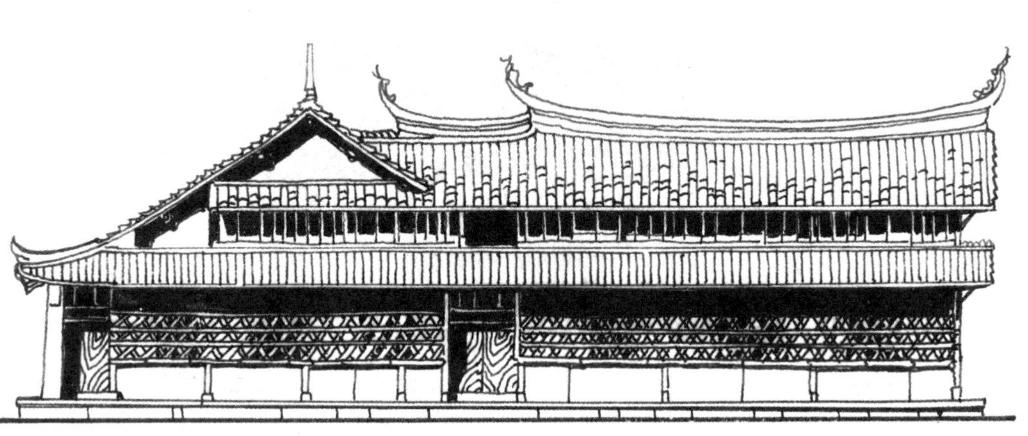

浙江黄岩五凤楼式住宅

浙江天台先进路某宅

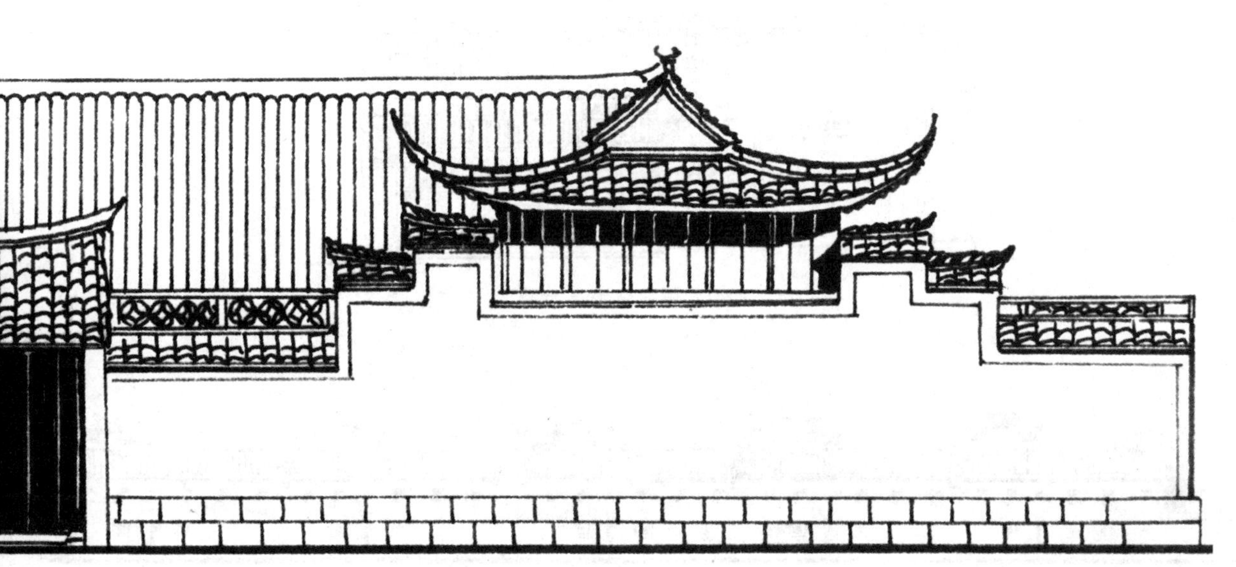

浙江宁波镇海某宅

浙江金华东阳白坦乡吴宅

浙江金华东阳十三间头住宅

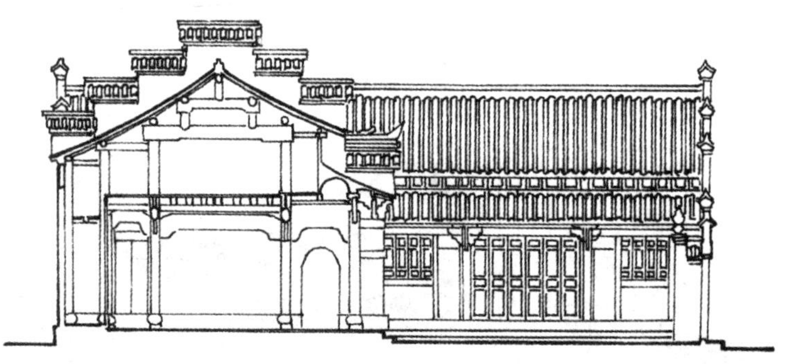

浙江东阳水阁庄住宅剖面图

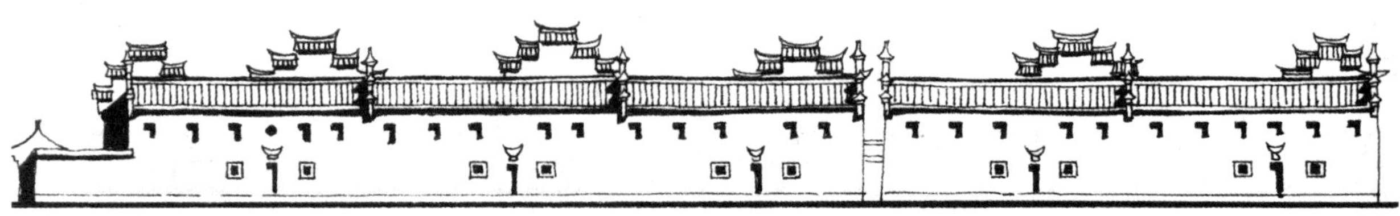

浙江东阳白坦乡某宅

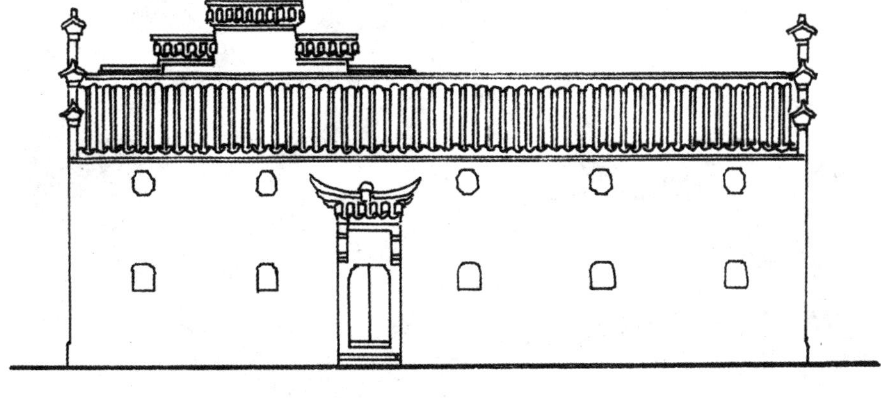

浙江东阳某住宅侧立面图

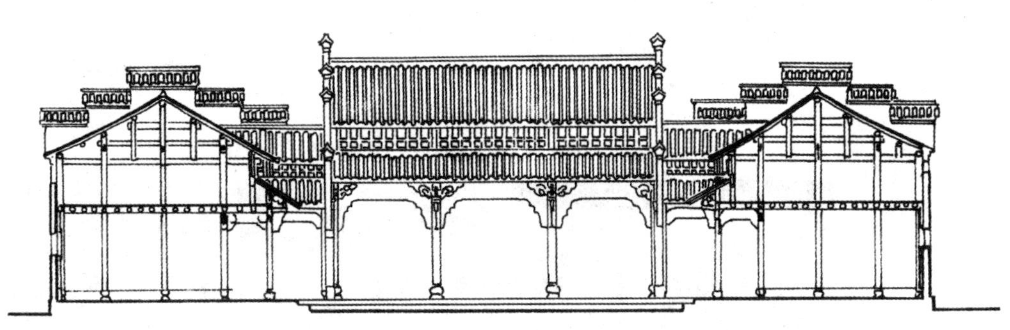

浙江东阳某住宅横剖面图

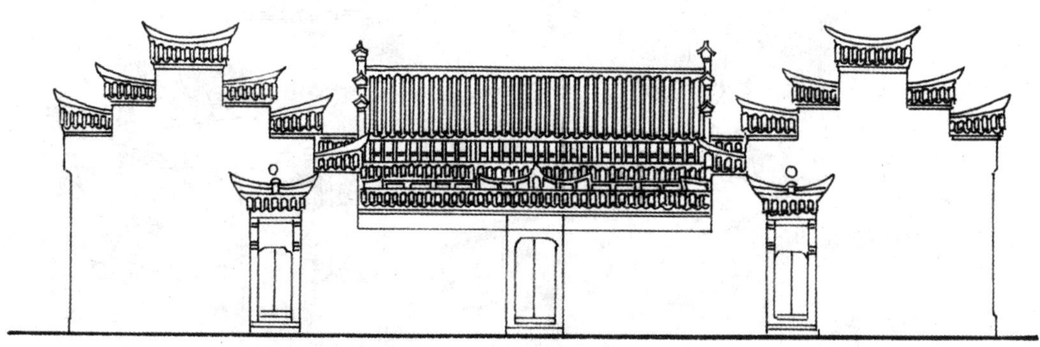

浙江东阳某住宅正立面图

云南西双版纳傣族民居外观图

云南傣族民居

在云南滨水而居的河谷坝区，因受炎热、潮湿、多雨等生态环境的影响，傣族的居民建筑利用当地竹木繁茂的特点，以“干栏”（俗称竹楼）为主。上下两层，以木、竹做桩、楼板、墙壁，房顶覆以茅草、瓦块，上层栖人，下养家畜、堆放农具什物。整座建筑空间间架高大，且以竹或木做墙壁和楼板，利于保持居室干燥凉爽。

云南玉溪元江县傣族民居外观

云南西双版纳宣慰街佛寺（漥龙）

云南瑞丽傣族民居

橄榄贝曼民居

云南勐海曼景兰民居

竹楼与堂屋、卧室屋顶穿插式

云南瑞丽城区居民外观示意图

云南临沧耿马县佤族民居剖面

云南临沧耿马县佤族民居

云南东朗麻卡地民居

由内院的上掌房民居组成示意图

云南瑞丽勐秀公社勐秀大队广卡董老大宅

云南德昂族村寨寺塔

云南瑞丽勐秀德昂族民居

云南瑞丽勐秀德昂族民居

德昂族民居被称作“竹楼”，是由于在历史上这种建筑多用竹子做材料，柱子、梁、椽子、楼板、晒台、墙壁、门窗、楼梯等基本都是使用竹子制作。但竹子材料的耐腐性、耐火性、抗风性都不是很理想，建筑寿命有限，后来逐渐采用竹木、全木、土木、砖木乃至现在的砖混结构。德昂族民居的主要构造部分包括柱子、梁枋、楼面、墙体、屋顶、楼梯、门窗几个部分。

云南木楞房民居外观

云南景洪曼光龙民居

三、斗拱及雀替式样

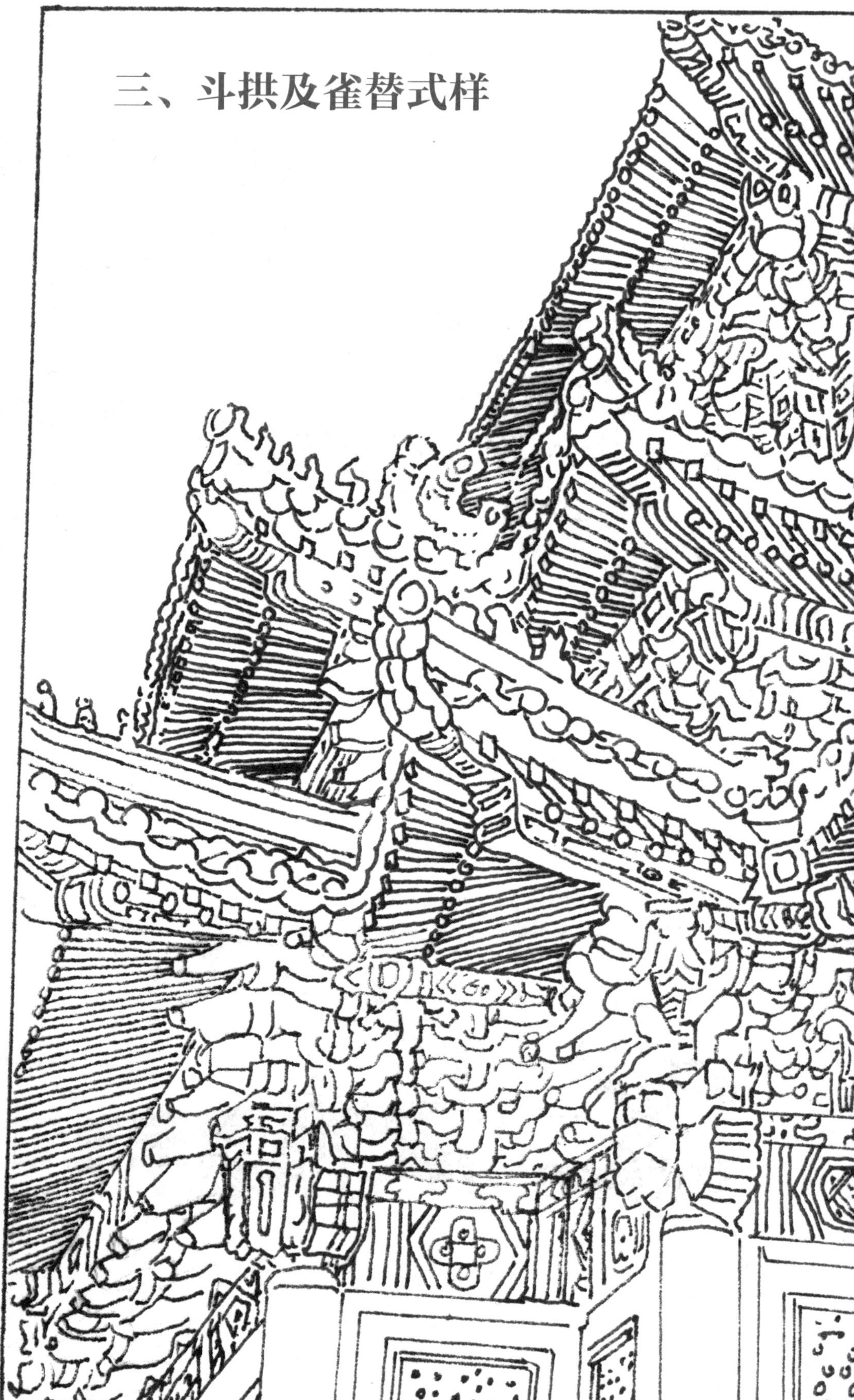

北京故宫西南角楼斗拱

雀替

雀替是中国建筑中的特殊名称，安置于梁或阑额与柱交接处承托梁枋的木构件，可以缩短梁枋的净跨距离。也用在柱间的挂落下，或为纯装饰性构件。在一定程度上，雀替增加梁头抗剪能力或减少梁枋间的跨距。

雀替的历史传承

“雀替”是清代时的名称，在宋代的《营造法式》中叫“绰幕”。据目前资料来看，雀替这种构件最早见于北魏的云冈石窟。元代以前雀替构件大多用于内檐，而元代以后，特别是清代的雀替普遍用于外檐额枋下。清代时规定了其长度应为所在开间面阔的四分之一。明清时期的雀替，在靠近柱头处都是有三幅云及拱头承托，除了一般的雀替形式外，还有骑马雀替、花牙子雀替等变体。

雀替通常被置于建筑的横材（梁、枋）与竖材（柱）相交处，作用是缩短梁枋的净跨度从而增强梁枋的荷载力；减少梁与柱相接处的向下剪力；防止横竖构材间角度的倾斜。其制作材料由该建筑所用的主要建材决定，一般而言，木建筑上用木雀替，石建筑上用石雀替。

雀替的制式成熟较晚，虽于北魏时已具雏形，但直至明代才被广为应用，并且在构图上得到不断的发展，至清时成为一种风格独特的构件。其形好似双翼附于柱头两侧，而轮廓曲线及其上漆雕刻极富装饰趣味，为结构与美学相结合的产物，在图案上有龙、凤、仙鹤、花鸟、花篮、金蟾等各种形式，雕法则有圆雕、浮雕、透雕等。

宋元时期的雀替

宋元时期较为盛行楷头绰幕和蝉肚绰幕。楷头绰幕是一种装饰极为简单的雀替，仅在其近端雕刻出两三根线条，形成几个瓣状纹。而蝉肚绰幕的雕刻稍微多一些，它的特点是在其近端刻出连续的曲线，看起来就像是蝉肚形状，所以叫作“蝉肚绰幕”。这两种雀替形象，虽然有一些雕刻，但还非常简单，而元代之后的雀替纹饰渐渐丰富起来。

明代雀替

明代时的雀替虽然还保留有一些蝉肚绰幕的痕迹，卷瓣较为均匀，每瓣的卷杀都是前紧后松，但已经不完全是宋元时的样子了。

清代雀替

清代雀替在构图上得到了不断发展。清代雀替风格独特，大大地丰富了中国古典建筑的形式。清代时的雀替，随着时间的推移，其“肚”部的曲线越来越缩减，头部相应地越来越大，头部给人感觉突然间下垂，形象上的改变非常明显。

雀替的纹样

在宋代以前，雀替只是柱上交托阑额的一根横木，装饰作用小，不受人注意。但后来雀替的纹样、雕饰不仅逐渐增多，并且越来越精美，到了清代时尤为丰富精致。明代以前的雀替，可以说没有雕饰，即使有一些装饰也只是简单的彩画。从明代起，雀替上雕刻云纹、卷草纹等。清代中期以后，有些雀替还雕刻有龙、禽之类的动物纹，非常精彩。自雀替在南北朝的建筑上出现起，千余年里主要变化出七种样式。

（1）大雀替：用大块整木制成，上部宽，向下逐步收分后，在底部再加一个大斗，然后整体地放置于柱头上。大雀替在中国历史上最早见于北魏，在以后的各代中除喇嘛教建筑外，一般不用这类雀替。

（2）雀替：这是在古建筑上最多见的一个雀替种类，体积明显小于大雀替，其位置在柱与梁枋交接处的下部，其造型不似大雀替在二度空间上多向发展，而向左或右及向下发展。雀替在宋代时已较为常见，且多用于室内。从元代开始，雀替在室内外随意使用。明清时主要用于室外，而室内极少使用。明清时还在雀替下加了一拱一斗，此为前代所没有。

（3）小雀替：此类雀替主要用于室内，但体积小，本身造型没有太多时代变化。

（4）通雀替：此类雀替的外形与雀替相比没有大的不同，主要区别在于结构，柱子两侧的雀替是分别而插入柱身的，通雀替则柱子两侧的雀替属于一个整体，穿过柱身。

（5）骑马雀替：当二柱距较近，并在梁柱交接处还要用雀替，此时两个雀替因距离过近而产生相碰连接的现象，骑马雀替就此出现。其装饰意义远大于实用意义。

（6）龙门雀替：此类雀替专用于牌楼上，为使美观，故造型格外华丽。相较于其他雀替，龙门雀替多云墩、梓框、三幅云等结构性造型样式。

（7）花牙子：又称“挂落”，纯粹起装饰作用。虽毫无力学上的使用价值，但变化万千，所以常被用于园林建筑的梁枋下，以增加园林建筑的观赏性。

北京故宫太和殿隔架斗拱

北京故宫保和殿明间雀替

兽面大雀替

小雀替

通雀替

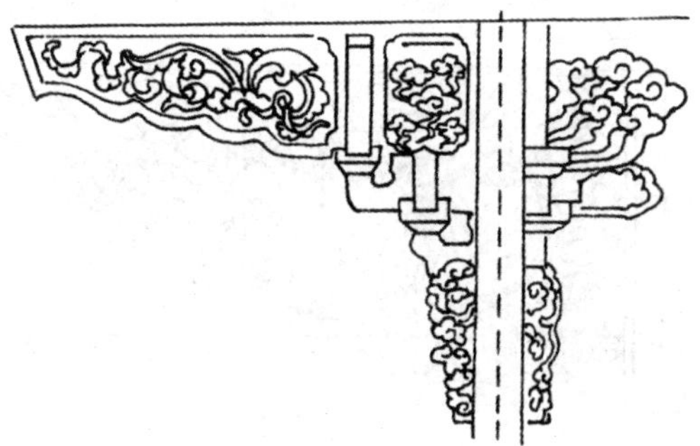

龙门雀替正侧面

升龙雀替

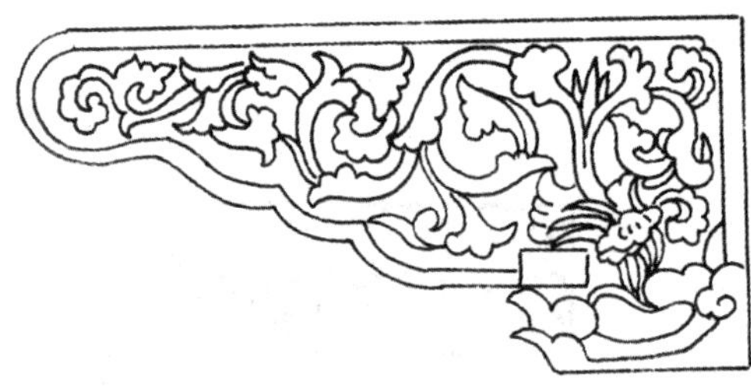

雀替

凤戏牡丹花牙子

云龙花牙子

凤戏牡丹花牙子

飞龙花牙子

草凤花牙子

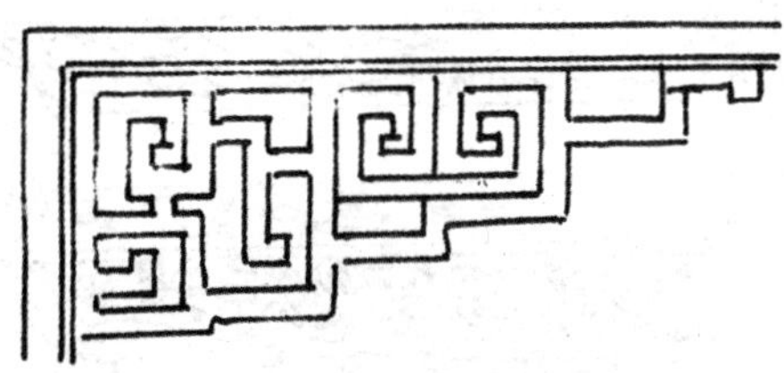

硬拐纹花牙子

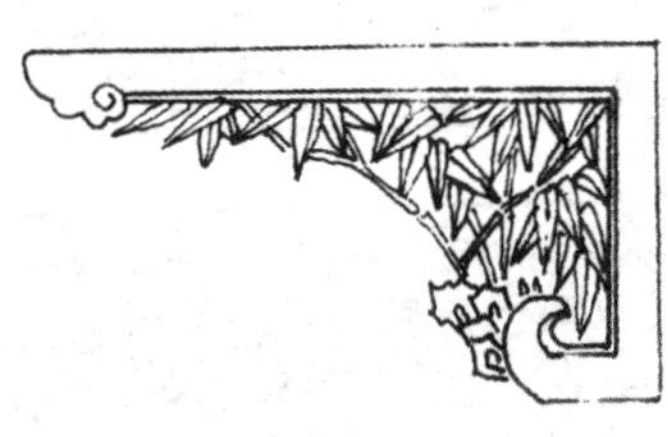

山竹花牙子

草龙花牙子

北京某垂花门通雀替

北京碧云寺后殿通雀替

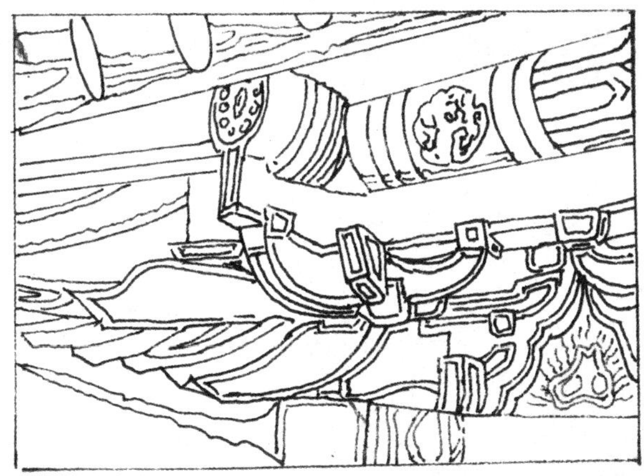

贞度门三踩角科斗拱

右翼门转角结构仰视

草龙雀替

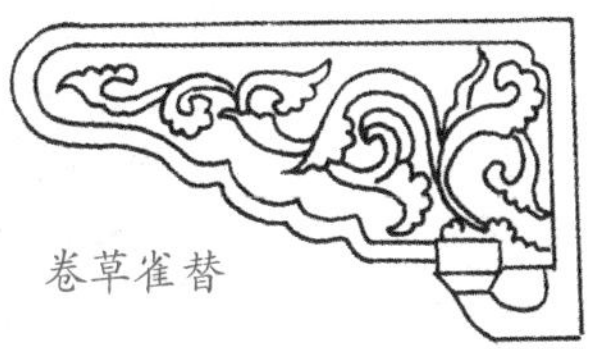

卷草雀替

雀替

草龙花牙子

云蝠花牙子

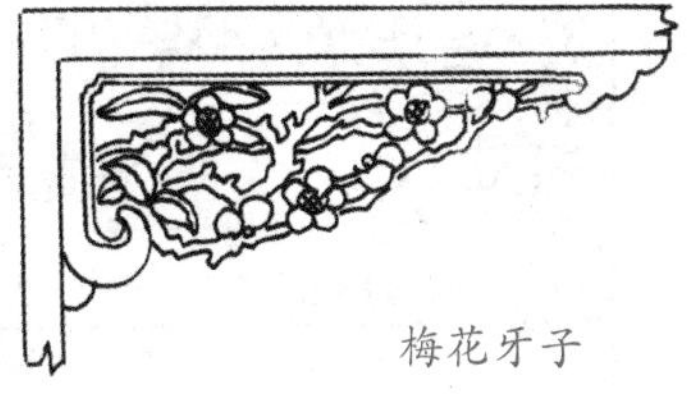

梅花牙子

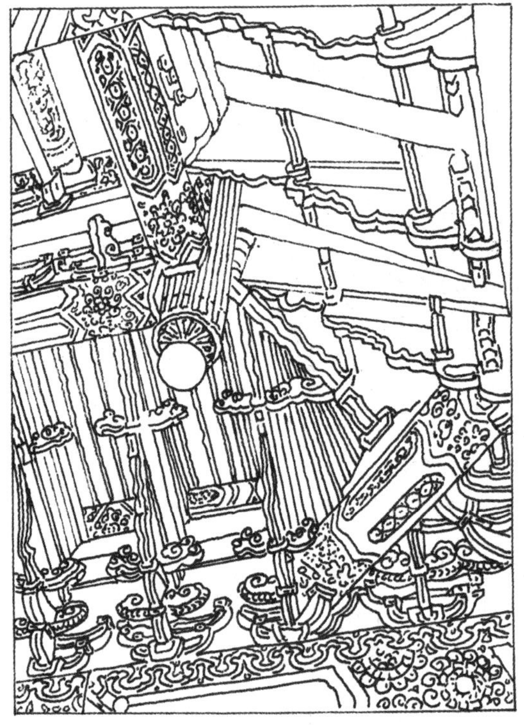

社稷坛享殿内鎏金斗拱

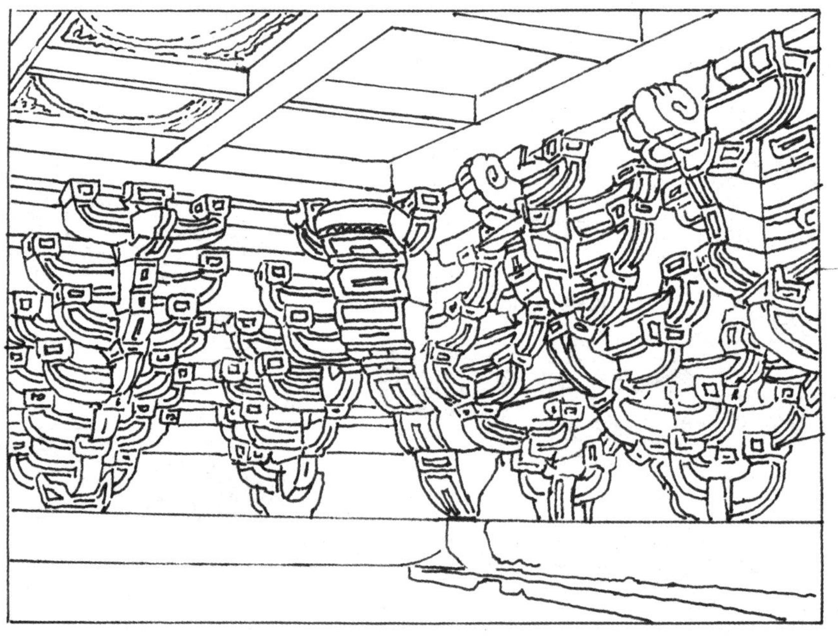

太和门上檐内部转斗拱

曲阳北岳庙德宁殿外檐斗拱（元）

曲阳北岳庙

北岳庙始建于北魏宣武帝年间（公元500—512年），为祭祀北岳之所，历代沿袭成制，至清顺治十七年（公元1660年），均在此遥祭北岳恒山。雄壮的德宁之殿是北岳庙的主体建筑，该殿坐北朝南，面阔九间，进深六间，外带回廊环绕，重檐庑殿式，琉璃瓦脊，青瓦顶，为宫殿式建筑。整个大殿建在石砌的台基之上，殿内柱子的配列采用撑柱法，梁架为中柱式；殿檐斗拱为一朵、二朵式。地面均以方砖、条砖墁地。

曲阜孔庙金丝堂隔架及雀替

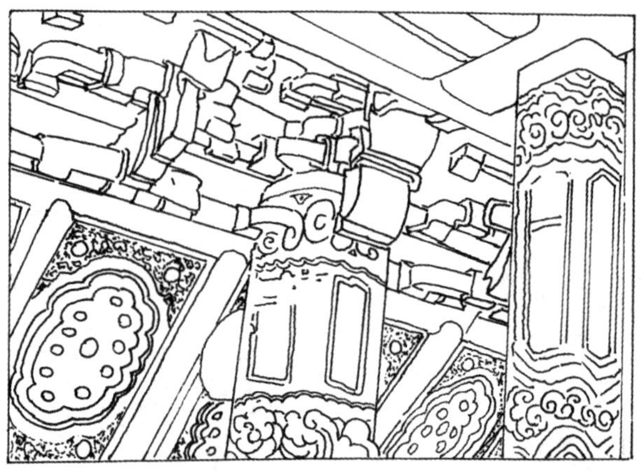

智化寺如来殿内柱头斗拱

北京丞相祠角背

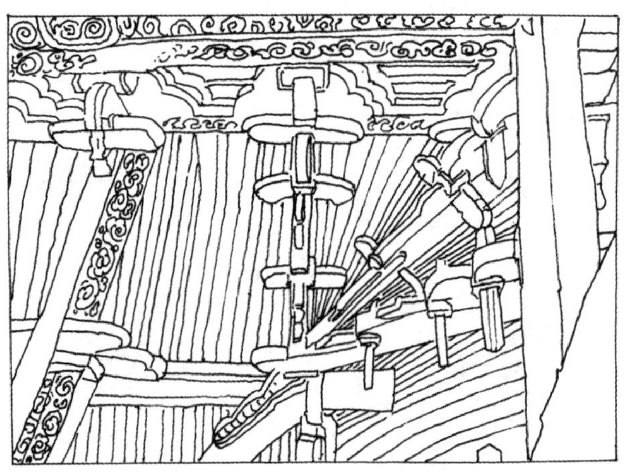

德宁殿下檐外檐裹跳转角铺作（元）

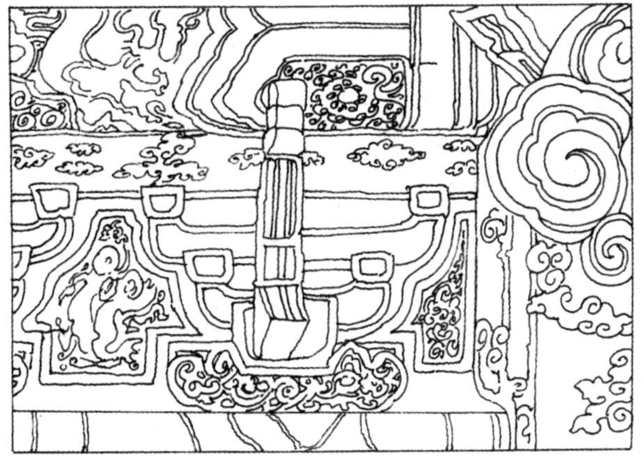

北京故宫太和殿花台斗拱

北京太和殿明间雀替

北京故宫弘义阁雀替

北京故宫右翼门三幅云

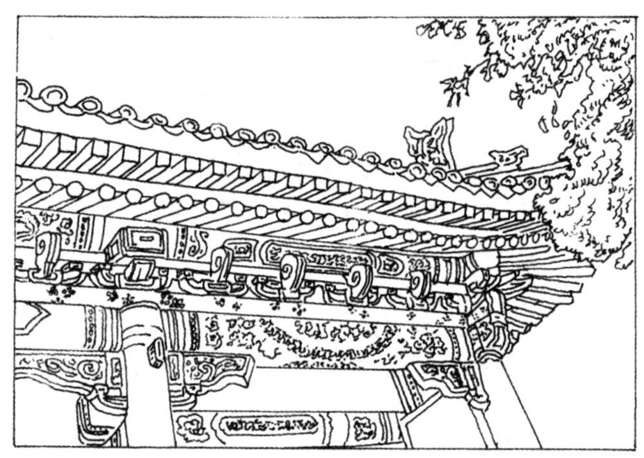

北京北海清式一斗二升交麻叶斗拱

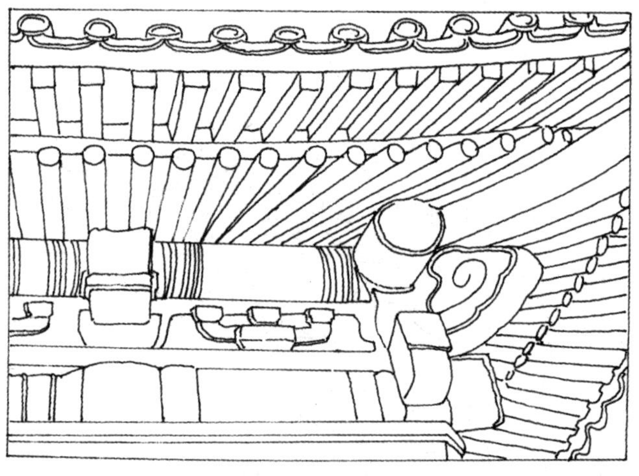

北京北海松坡图书馆一斗三升斗拱

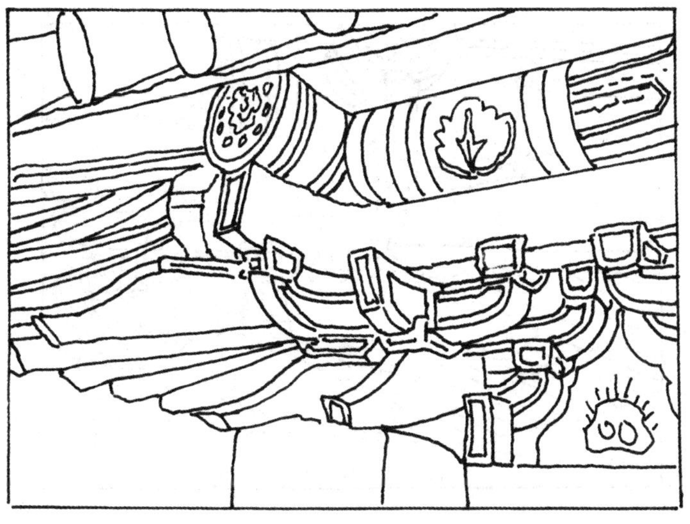

北京贞度门三踩角斗拱

北京太和殿溜金花台科及三幅云

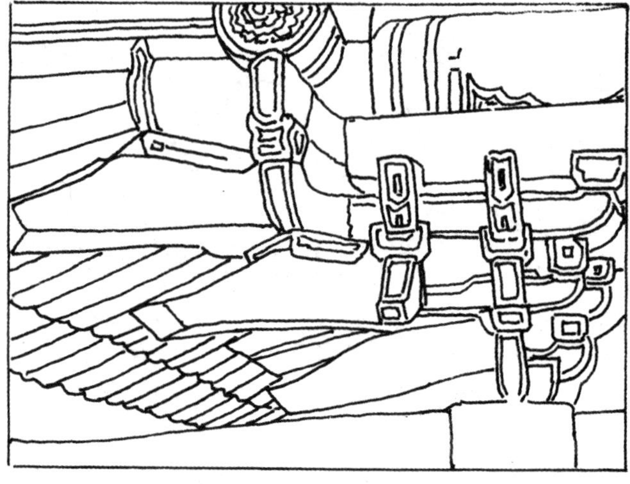

北京太和门五踩角斗拱

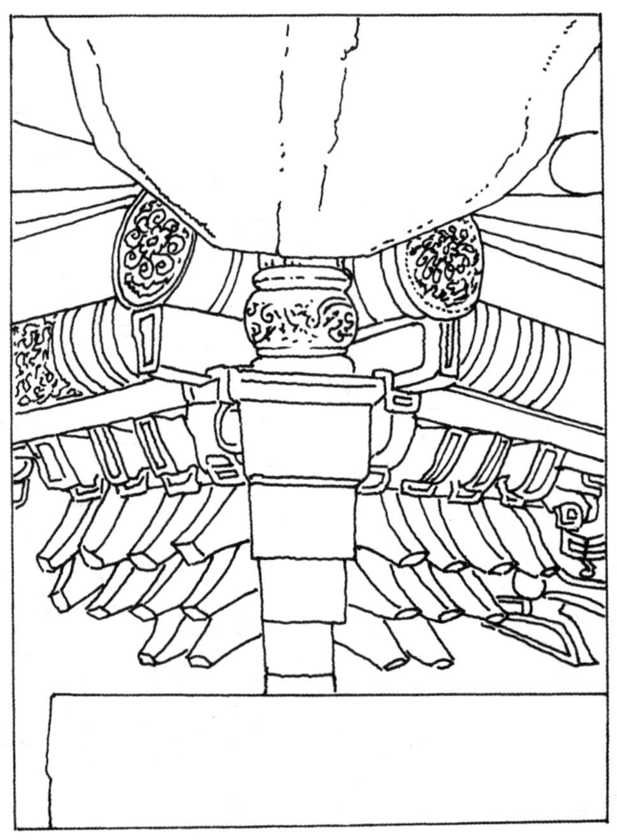

北京太和殿上檐角科看角斗拱

北京太和殿后檐鎏金斗拱

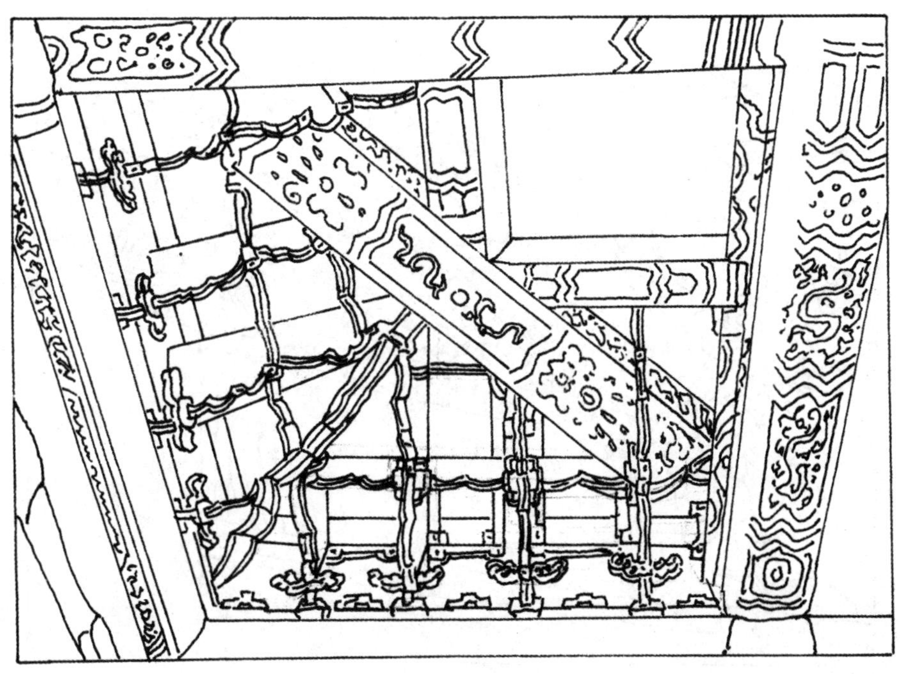

北京北海小西天鎏金斗拱角科

北京太和门西南角外转角斗拱

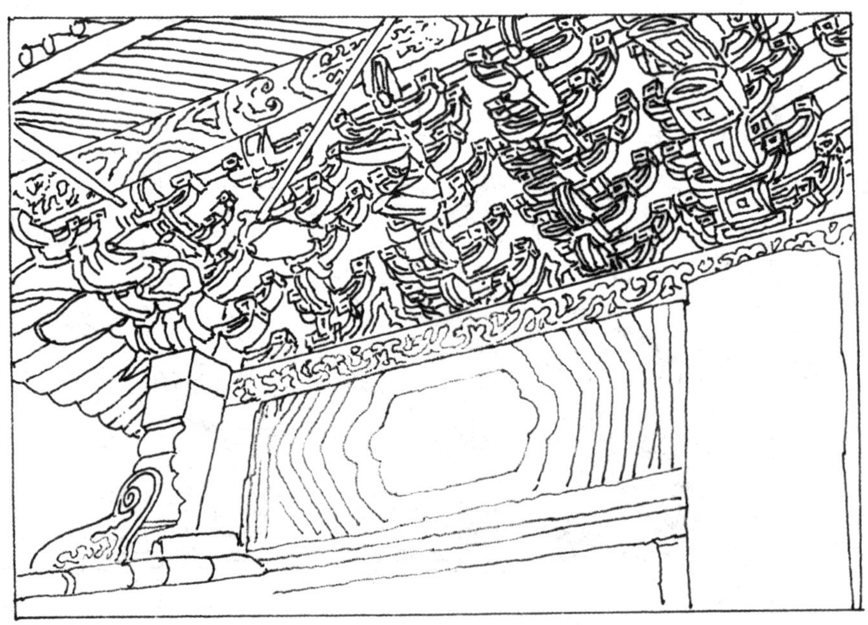

北京昌平明长陵祾恩殿上檐重翘重昂九踩斗拱

北京太和殿上檐柱头斗拱

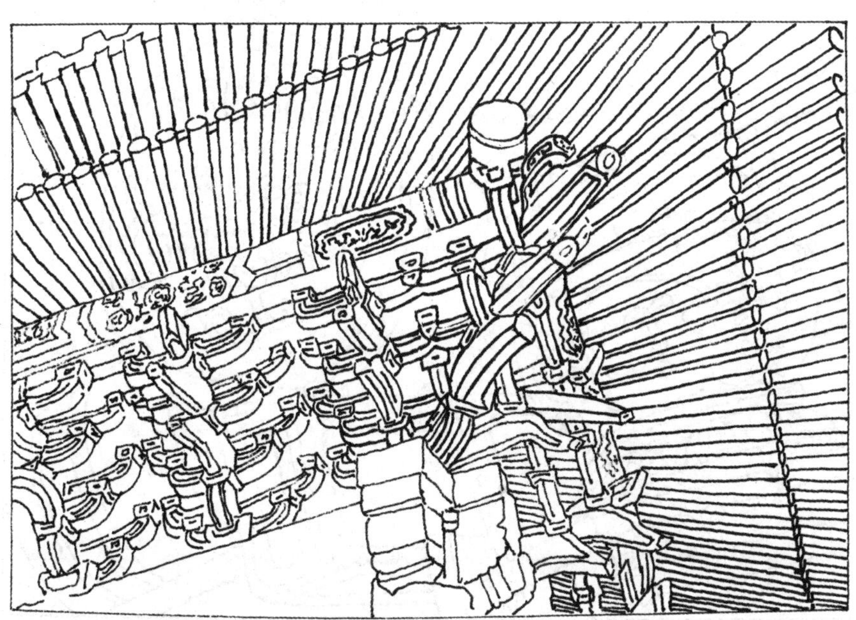

北京社稷坛明享殿单翘重昂七踩斗拱

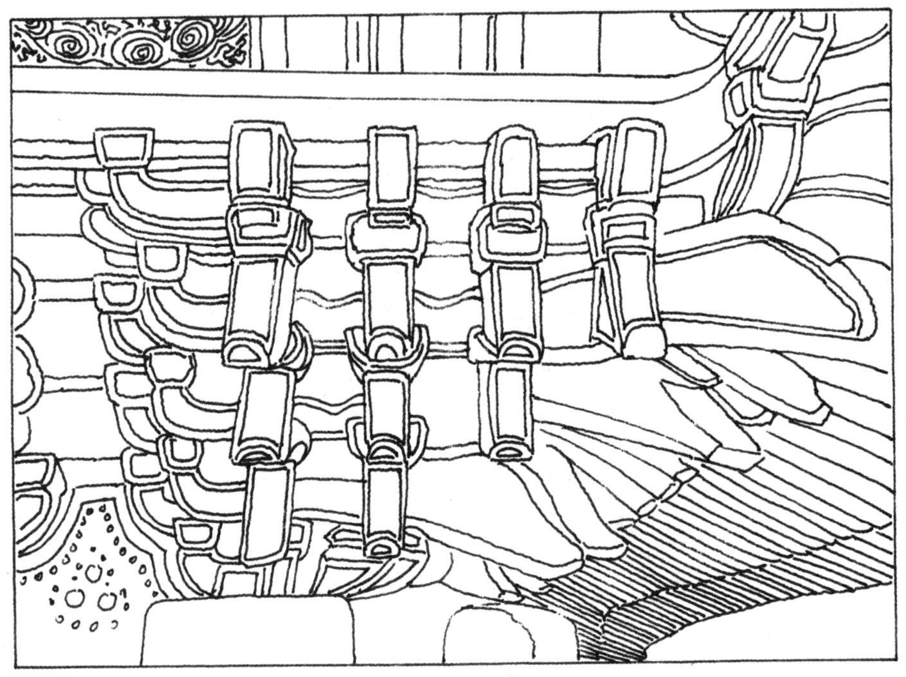

北京太和殿上檐单翘参昂九踩角科

北京太和殿上檐角科宝瓶及桁头

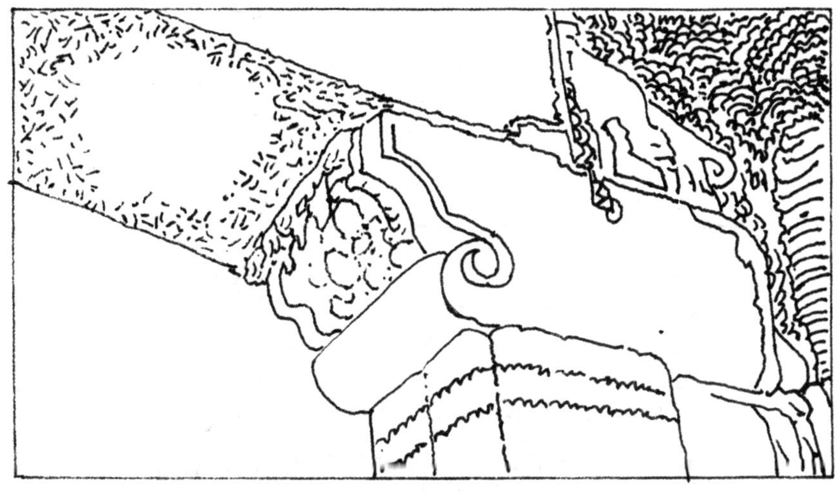

南京楼瞎寺石窟门

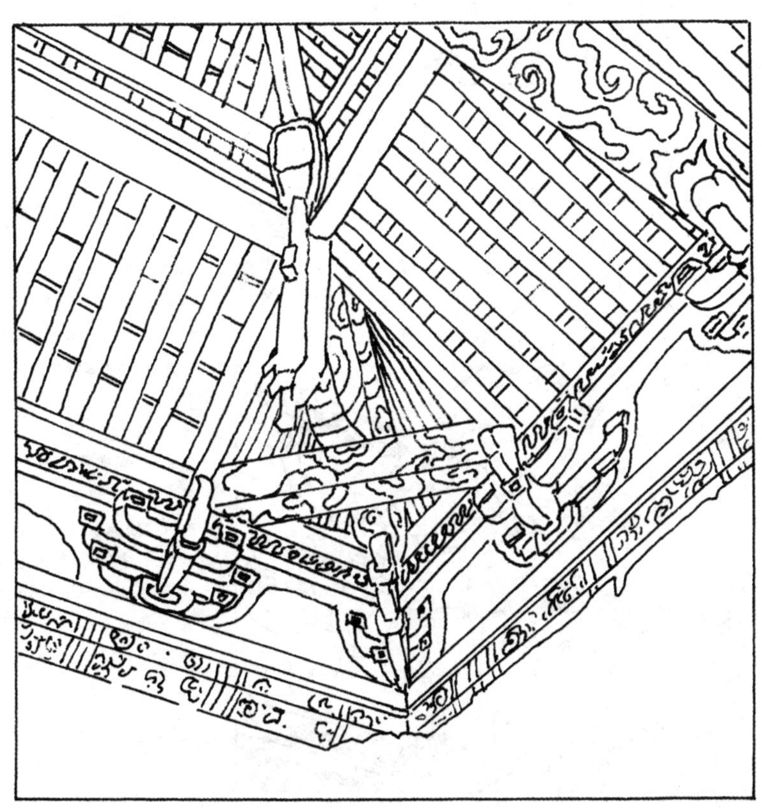

河北定州明大道观内部鎏金斗拱

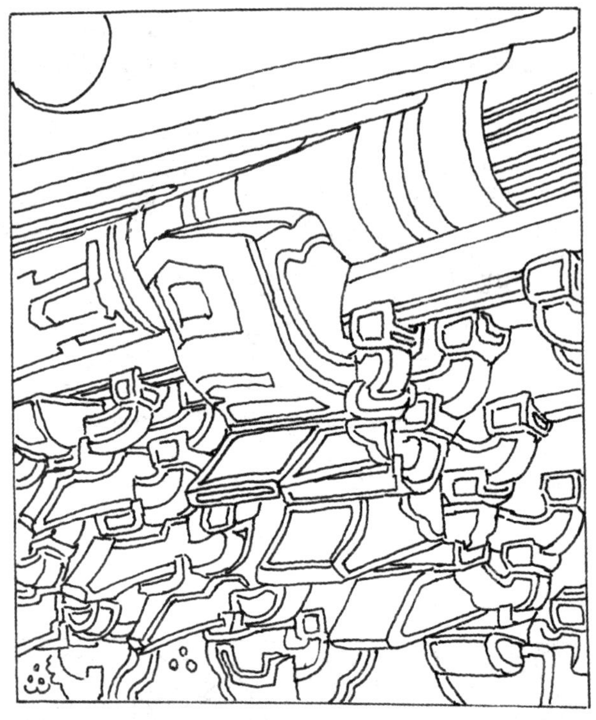

北京太和殿檐下斗拱（明）

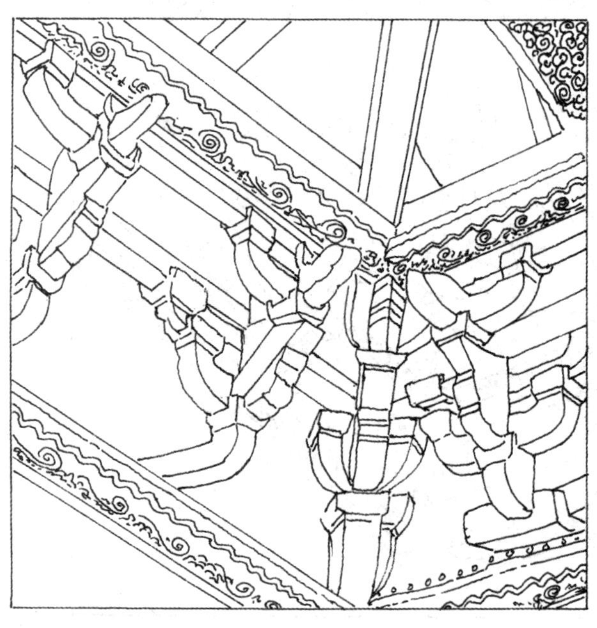

北京智化寺万佛阁内部刻假上昂斗拱

智化寺

智化寺位于北京东城禄米仓东口路北。明初司礼监太监王振于正统八年(公元1443年)仿唐宋“伽蓝七堂”规制而建，初为家庙，后赐名“报恩智化寺”。该寺主要建筑自山门内依次为钟鼓楼、智化门、智化殿及东西配殿(大智殿、藏殿)、如来殿、大悲堂等。寺内主要建筑物的屋瓦用黑色琉璃脊兽铺砌，虽经历代多次修葺，梁架、斗拱、彩画等仍保持明代早期特征。

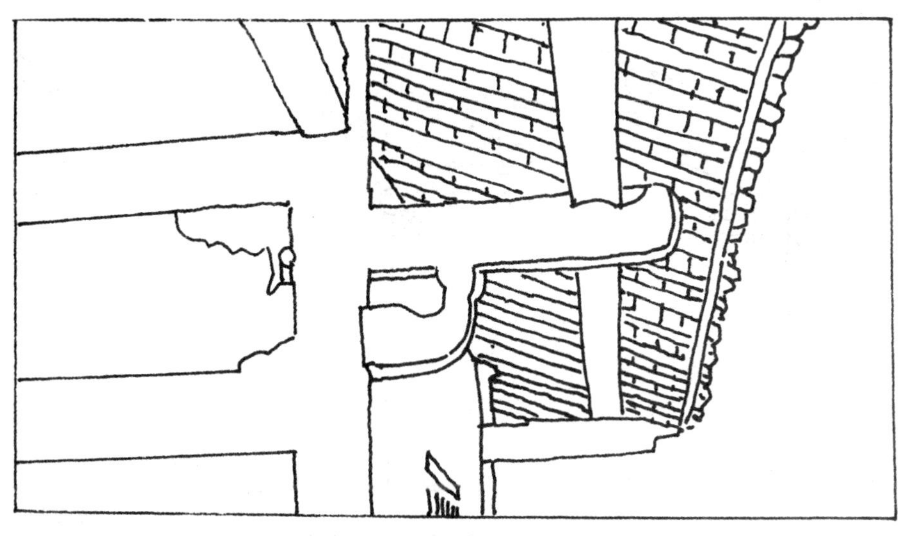

四川成都昭觉寺

潘阳昭陵前石牌楼

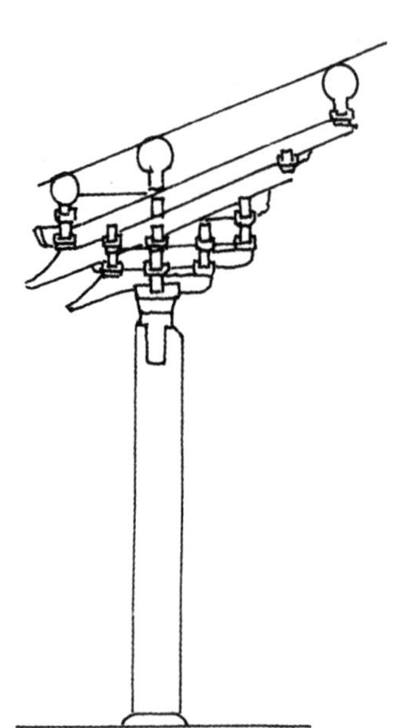

正定阳和楼
元至正十七年（公元 1357 年）

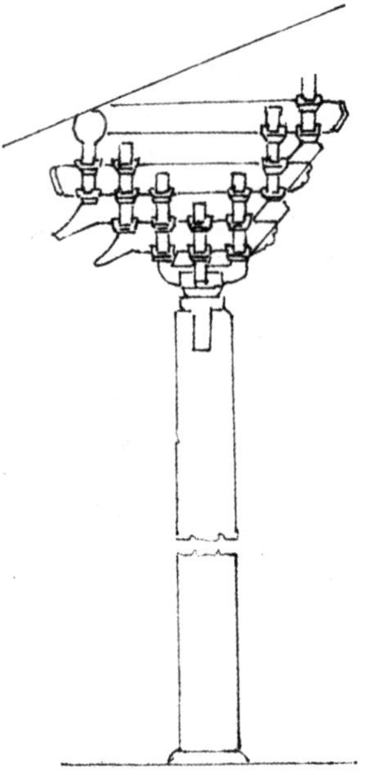

曲阳北岳庙德宁殿上檐
元至元七年（公元 1270 年）

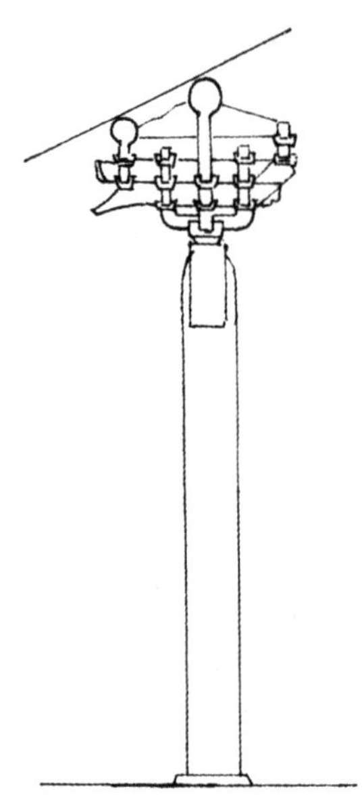

清工程做法则例
清雍正十二年（公元 1734 年）

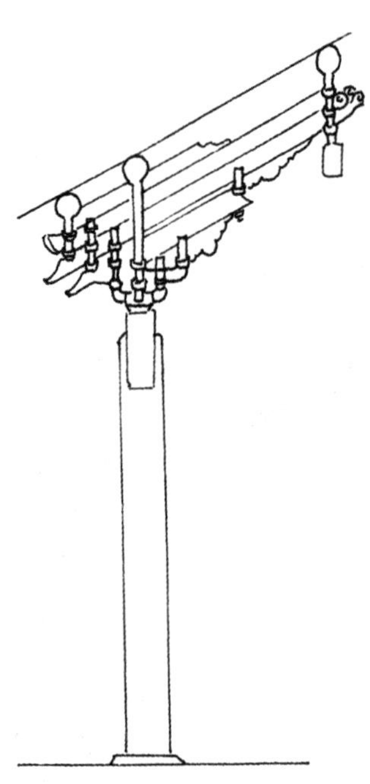

社稷坛享殿（明）

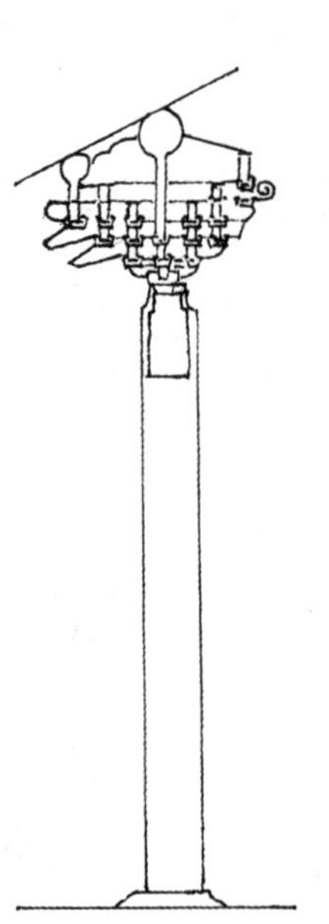

智化寺如来殿
明正统八年（公元 1443 年）

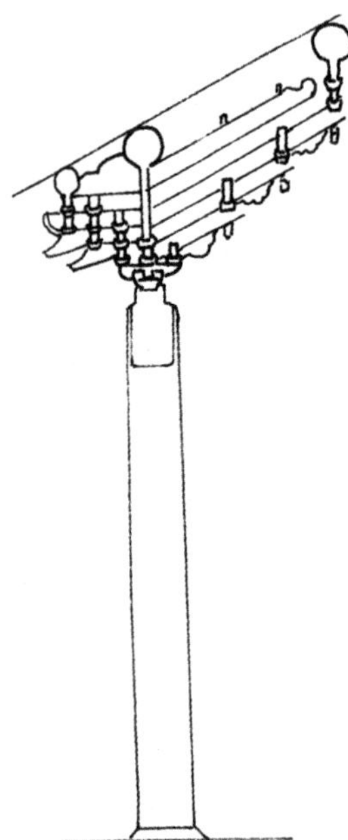

清工程做法则例
清雍正十二年（公元 1734 年）

斗拱及垫拱板彩画

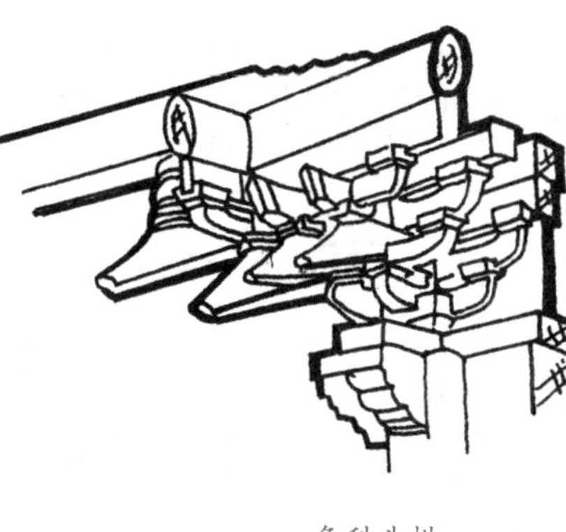

角科斗拱

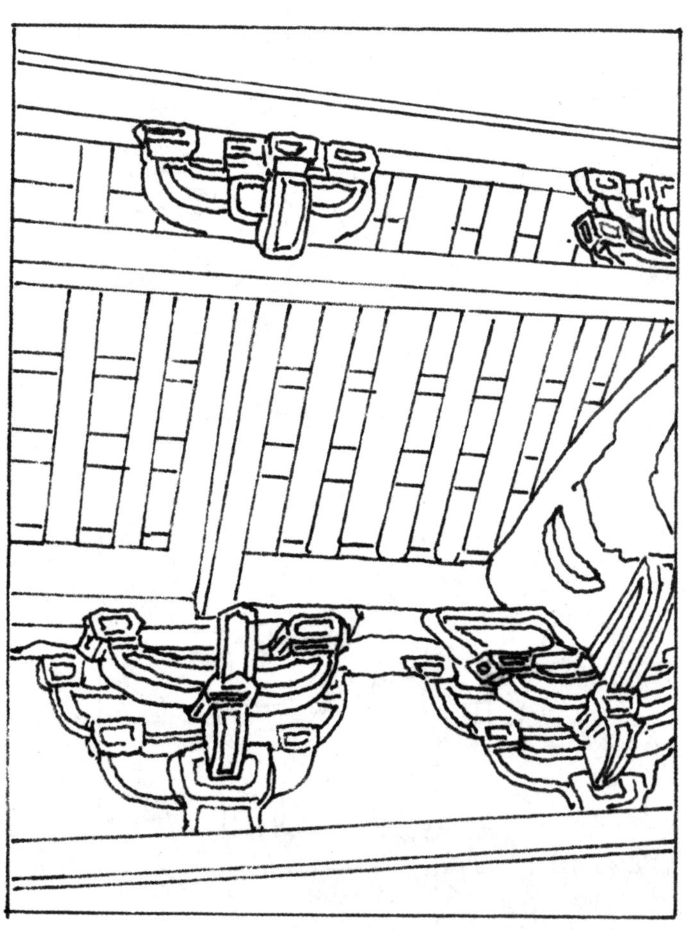

圣姑庙内部斗拱（元）

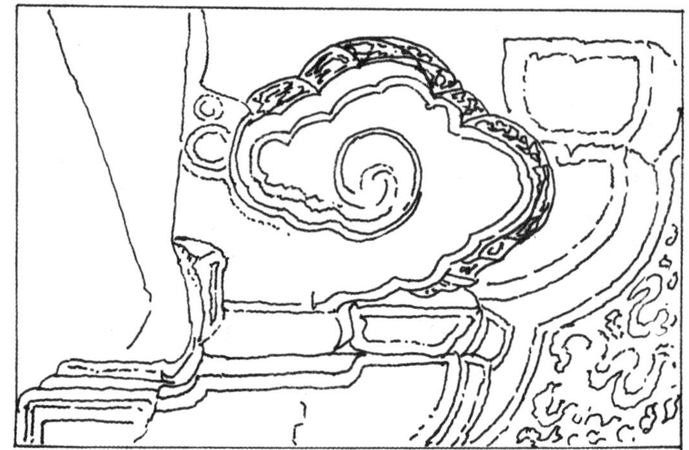

太和殿鎏金斗拱三麻叶头

太庙东神庵悬山斗拱

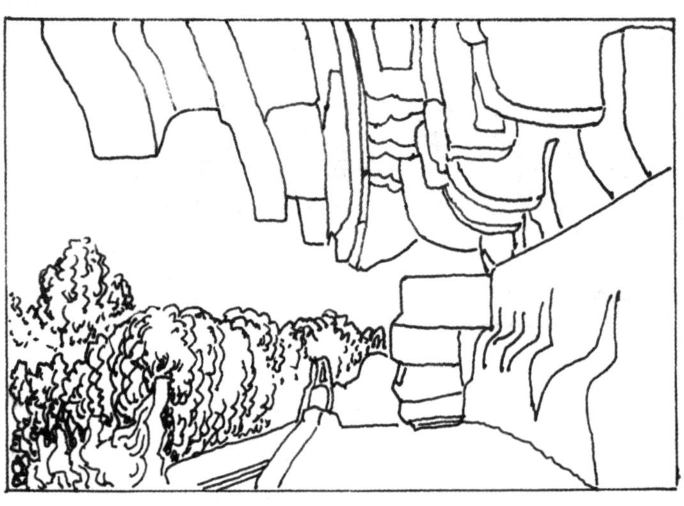

弘仪阁平台斗拱侧面

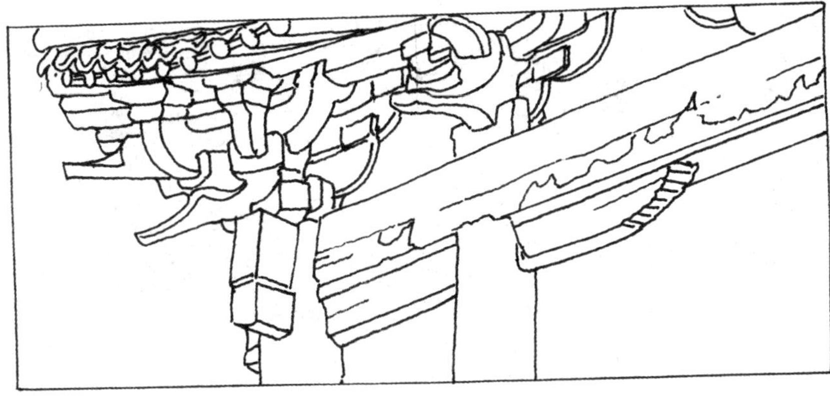

济源济渎庙临水亭雀替

安平县文庙大殿雀替

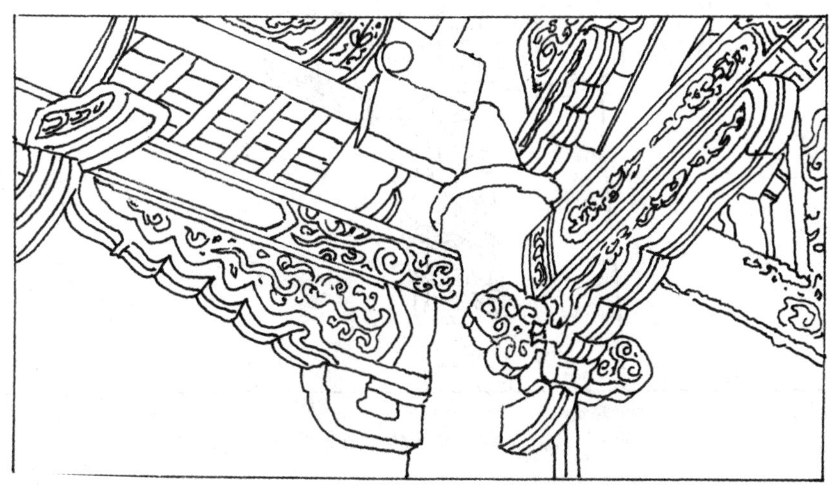

章丘东鹅村大道观大殿雀替

沈阳大清门大雀替

北京大高玄殿牌楼龙门雀替

四、台基、浮雕纹样

北京居庸关云台券洞（元）

北京居庸关云台

居庸关云台浮雕是元朝藏传佛教雕塑作品中的一件，规模宏大，内容复杂，雕琢细致，包括了喇嘛教中的各种天神，一些具有象征意义的动物、龙、云等造型，以及用梵、汉、蒙、藏、维吾尔、西夏六种文字阴刻的《陀罗尼经咒》全文。其中的天神造型和装饰图案均参考了西藏桑鸢寺和萨迦寺，带有浓重的“梵式”风格。从整体来看，居庸关云台浮雕对人物的刻画细致入微，动静结合，刚柔相济，堪称元代雕刻艺术的精品之作。

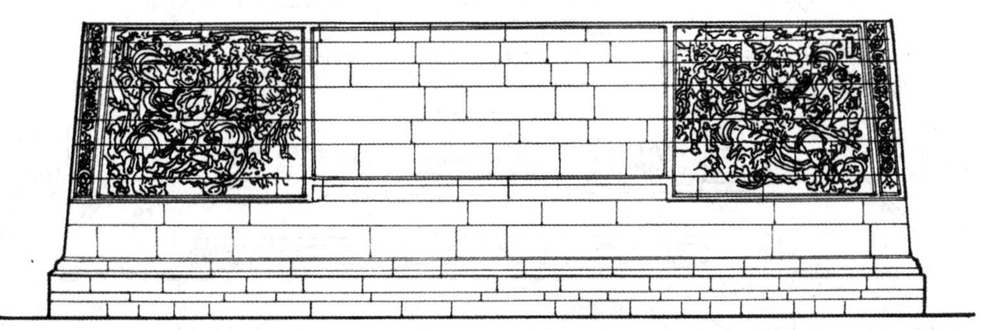

北京居庸关云台石刻（元）

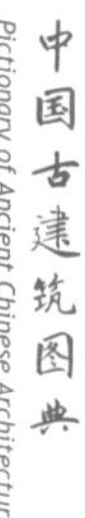

明式下枭台基

明式潘莲瓣上下枭台基

清式须弥座栏杆台基

明式搭包袱台基

罗汉腿式

壶瓶式

莲瓣墩式台基座

香几式

明式搭包袱台基

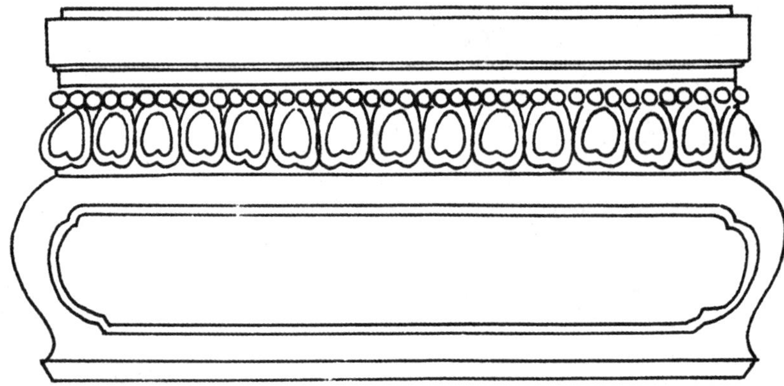

八达马罗汉墩台基

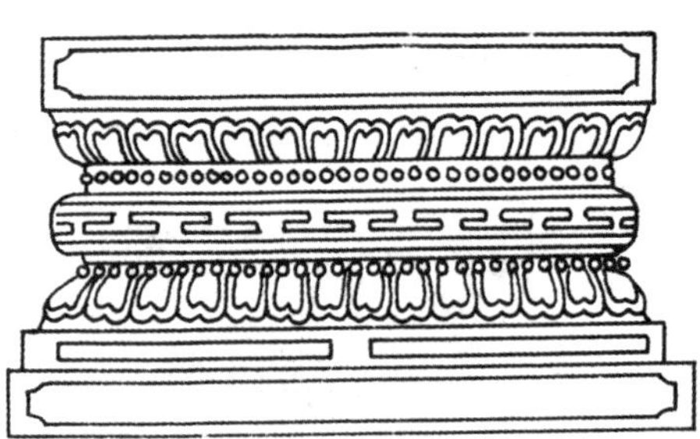

明式八达马台基

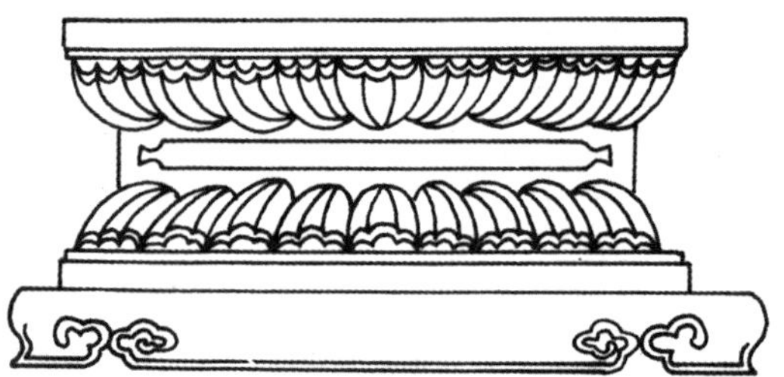

明式扣莲瓣台基

云蝠石刻

扣荷叶式

钵肚式

明式须弥座台基

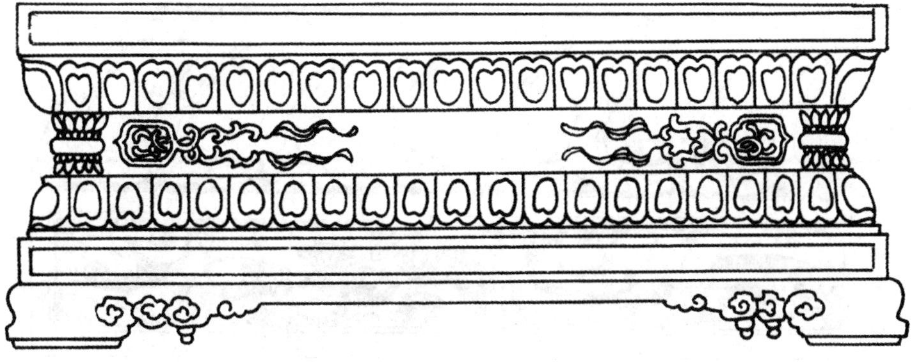

明式须弥座台基

南阳社旗山陕会馆石雕麒麟、寿字纹样（清）

南阳社旗山陕会馆草龙、蝙蝠石雕纹样（清）

南阳社旗山陕会馆草龙纹样（清）

南阳社旗山陕会馆莲瓣纹样（清）

南阳社旗山陕会馆蝙蝠纹样（清）

南阳社旗山陕会馆石雕龙狮纹样（清）

南阳社旗山陕会馆凤纹样（清）

南阳社旗山陕会馆石雕纹样（清）

南阳社旗山陕会馆草龙、祥云纹样（清）

开封山陕甘会馆牡丹砖雕基台（清）

南阳社旗山陕会馆狮纹琉璃雕（清）

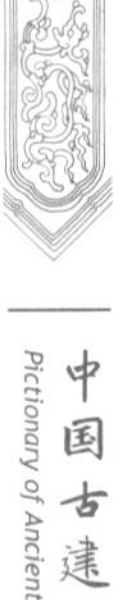

开封山陕甘会馆麒麟砖雕（清）

开封山陕甘会馆蝙蝠砖刻纹样（清）

开封山陕甘会馆寿字砖刻纹样（清）

中岳庙二龙戏珠砖雕（明）

中岳庙凤凰麒麟纹砖雕（明）

河南南阳社旗山陕会馆花鸟琉璃雕（清）

五、柱、柱础、垂柱

柱础

柱础是中国建筑构件一种，俗称“磉盘”，或“柱础石”，是承受屋柱压力的奠基石。凡是木架结构的房屋，可谓柱柱皆有，缺一不可。古代中国人民为使落地屋柱不致潮湿腐烂，在柱脚上添上一块石礅，就使柱脚与地坪隔离，起到绝对的防潮作用。同时，石墩又可以加强柱基的承压力。因此，历代对础石的使用均十分重视。

柱础在中国传统砖木结构建筑中用以负荷和防潮，对防止建筑物塌陷有着不可替代的作用。其形制有鼓形、瓜形、花瓶形、宫灯形、六面锤形、须弥座形等多种式样。据宋《营造法式》第三卷记载：“柱础，其名有六，一曰础，二曰礩，三曰舄，四曰踬，五曰碱，六曰磉，今谓之石碇。”柱础是承受房屋立柱压力的奠基石，古代人为使落地立柱不受潮湿而腐烂，在柱脚上垫一块石礅，使柱脚与地坪隔离，起到相对的防潮作用。柱础造型在几千年间不断演变，从一个侧面反映古代中国建筑装饰艺术的发展，是中国几千年建筑艺术中一个不可或缺的闪光点。

柱础石的出现要比柱晚大约 5 000 年。著名古建筑学家梁思成先生认为，安阳出土的殷商时期房屋遗址发掘的天然卵石“当系我国最古础石之遗例”。安阳殷商房屋遗址距今也不过 3 000 年的历史。

柱础的历史传承与造型发展

柱础大致经历三个发展阶段：一、在柱下铺垫卵石，不露明。二、让础石上升到地面来，成为整个立柱的外观形象部分，但没有装饰。三、在础石上再安装柱座，础石周围加以精雕细刻进行装饰。

先秦时期大多用卵石做柱础。秦代已有方达 1.4 米整石巨柱础。到了汉代柱础有类似覆盆式，也有反斗式，但样式简朴。至六朝佛教大昌，艺术上增加了新动力，覆盆式已普遍，又有了人物、狮兽、莲瓣样式的柱础。从山西大同出土的北魏太和八年司马金龙墓中的柱础看，当时石雕工艺已达到很高的水平。其雕刻手法一改秦汉粗犷的风格，精美细致、玲珑清新。唐代雕有莲瓣的覆盆式柱础最为流行。宋代对柱础形制已有具体规定，《营造法式》中这样写道："造柱础之制，其方倍柱之径，谓柱径二尺即础方四尺之类。方一尺四寸以下者，每方一尺厚八寸，方三尺以上者，厚减方之半；方四尺以上者，以厚三尺为率。"到了明清，柱础的形制和雕饰更加丰富，制作工艺已达到极高水平。但是明清多了些繁缛及程式，少了些气势和精神。础柱的形制除上述外还有鼓形、瓶形、兽形、六面锤形等多种。雕饰图案以龙凤云水为母题，或以百狮、飞鹤为主体。

柱础的式样

宋代柱础的式样变化多，雕刻纤细，仍以莲花瓣覆盆式为通行式样。由于一般中国建筑曾经倾向于复杂、多变而华丽，这种风气随即受官方注意和反对，故宋代即有"非宫室寺观，毋得雕镂柱础"的规例，所以柱础雕刻发展则开始着重在宫室及寺庙方面。至于元代，受统治者中蒙古族人的性格影响，柱础喜用简洁的素覆盆，不加雕饰。明清时则在元的基础上，以简化、单纯的形式稍做雕饰，但图案则崇尚简朴。于柱础的形状上，圆柱形、圆鼓形及上宽下窄、肩部凸出的"变体"圆鼓形，均为清代早期的流行风格。

圆柱形通常表面平素不施纹饰，圆鼓形及"变体"圆鼓形则造型古拙，雕饰典雅。此外，官式建筑多采用薄如镜面的石础，称为"古镜式"。但一般民间，尤其是南方显著不同，一方面就地理环境而言，因多雨潮湿，故常采用较高的鼓状柱础；另一方面，在人文背景上较崇尚华丽雕饰，所以柱础的变化较多；且地处偏远，政令鞭长莫及，发展较为自由。台湾因为居南方，庙宇建筑与闽、粤的南方系统属于同一体系，加上融入的道教思想、民间信仰及反映风土民情与时代背景的各种装饰题材，并在民族个性的影响下，有具象的写实纹饰、有抽象的图案装饰。这些装饰题材的背后，都蕴涵着丰富的象征意义。

清代早期的形式以圆柱形及圆鼓形为主，表面施以简单的花纹或线条等浅浮

雕的装饰，显得朴素淡雅。中期的柱础，其形式则有变化，外形较早期的为高。道光之后，圆鼓形的柱础已渐消失，代之而起的是下手部已有明显的内缩形式，整个造型显得细高秀挺。晚期的柱础，形式变化丰富，有扁圆形、莲瓣形、方形等。

光绪之后，莲瓣形柱础已成主流，此时外形已可明显区分为顶、肚、腰、脚四部分。在上段的础肚，常施以图纹雕饰，纹饰的变化也较以往丰富，题材更加多样化，有花鸟、动物、吉祥图案及反映风土民情的内容等，雕饰华丽，雕工精巧，但有流于烦琐之感。另外，柱础形式的发展还可以归纳为两大类，一类是单层式柱础，有鼓式、覆盆式、铺地莲花式、兽式等；另一类是多层式柱础，是由两种以上不同形式的单层式柱础重叠而成。

柱础的功用

柱础的功用主要有二：其一是将柱身集中的荷载布于地上较大的面积。其二，石柱础既可防潮，且高出地面，可免柱脚腐蚀或碰损。

由于柱础很接近人们的视线，往往成为艺术家施展技艺的好地方，于是就有了随朝代变化而变化的多种形制和雕饰，成为我国石雕艺术的一大门类。柱础虽因机能上的需求而产生，但当其发展成熟后，也逐渐形成了柱子的收头，使单调平直的柱身，产生视觉上的变化，兼具装饰的功能。随着时代的发展，即使是石柱也运用了柱础作为装饰，所以其在装饰上的作用已大于机能上之需求。

垂柱

垂柱，又称“垂莲柱”。在宋《营造法式》上就有数处提到“虚柱”，而且有“虚柱莲华蓬五层”的条目。这是佛帐的做法，属于雕木作，表明宋代垂柱的做法已通行，故它的形成可能更早于宋代。山西侯马董氏墓出土的金代墓中有砖雕的外檐装修形象，上部的垂柱造型已很成熟，至于垂柱应用于门上始于何时尚待考证。从全国各地住宅的大门上看，使用垂柱的极为普遍，如四川的“龙门”，闽南住宅的大门都有明显的垂柱，江南的江苏、浙江、安徽、江西等地的住宅也有用砖雕做出带有垂柱形象的门罩，可以说用垂柱展深门的檐下空间或装饰门的出檐是中国建筑中的一种习见做法。

垂柱是古代中国建筑垂花门或垂花牌楼门角上的两根悬空倒垂的短柱。在垂花门麻叶梁头之下有一对倒悬的短柱，柱头向下，头部雕饰出莲瓣、串珠、花萼云或石榴头等形状，酷似一对含苞待放的花蕾，常见于四合院、殿堂等建筑。

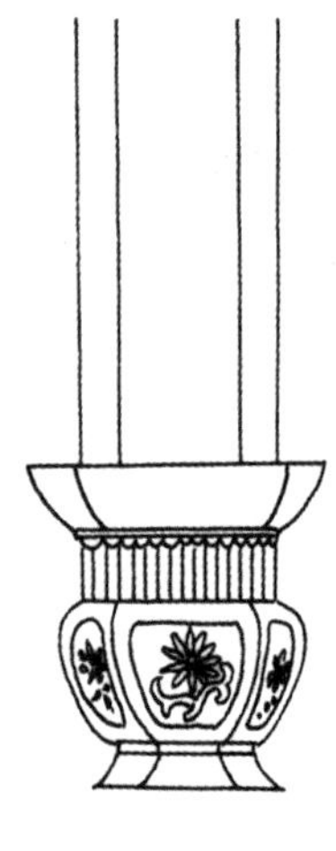

莲花栏垂柱

花篮垂柱

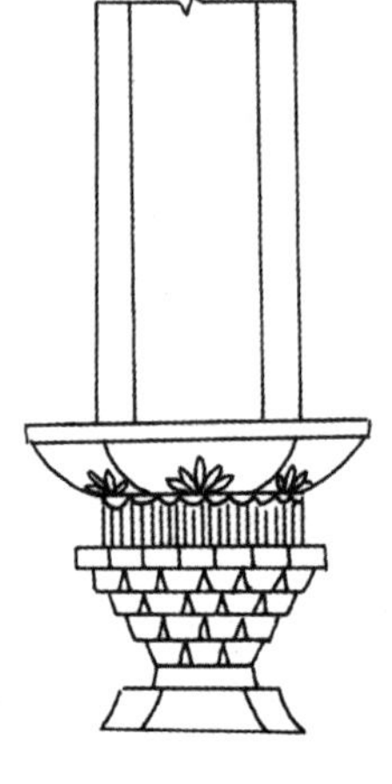

花篮垂柱

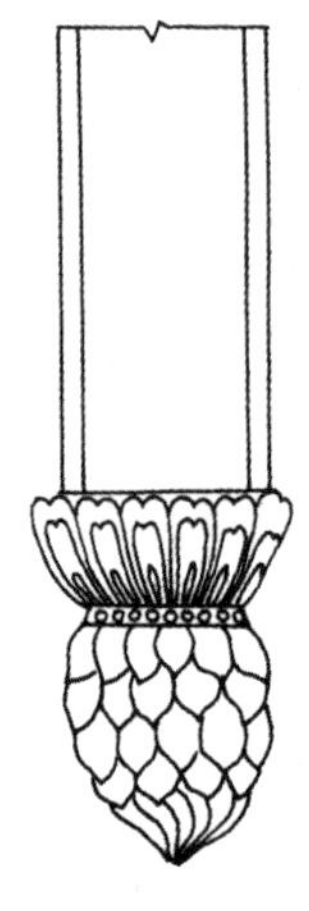

垂莲头垂柱

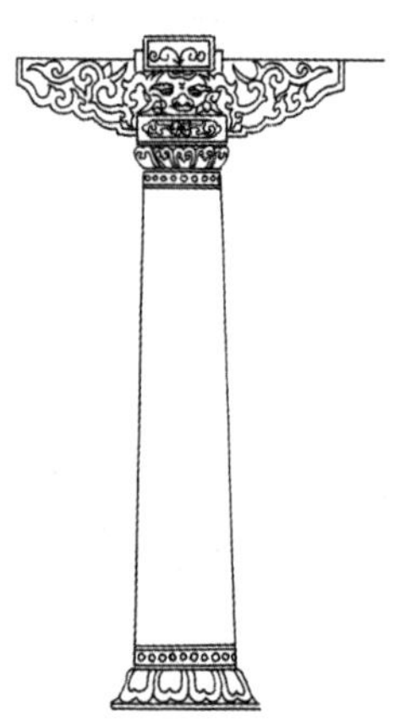

沈阳故宫清式
兽面大雀替柱头

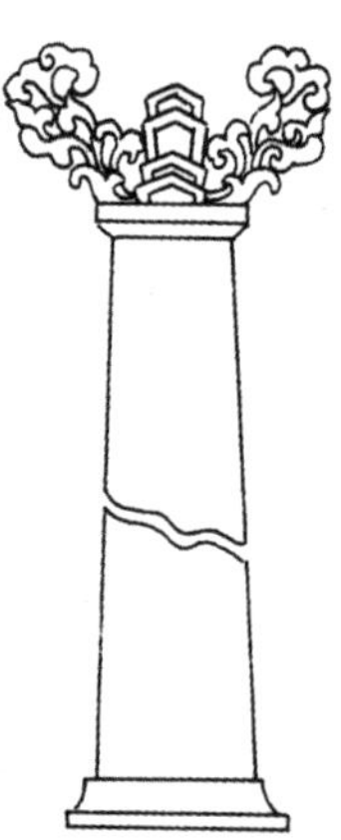

圭光吉祥
草柱头

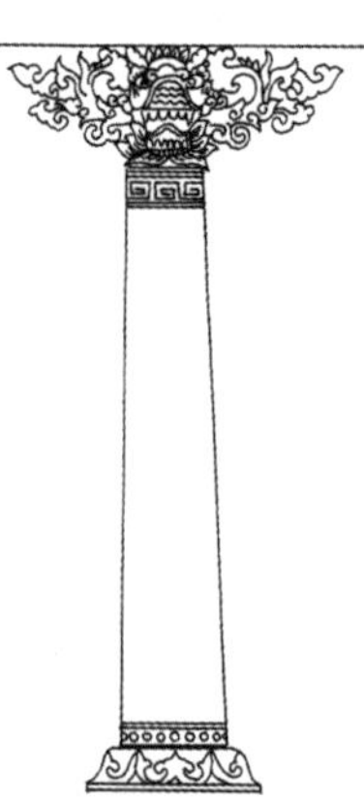

兽顶柱头

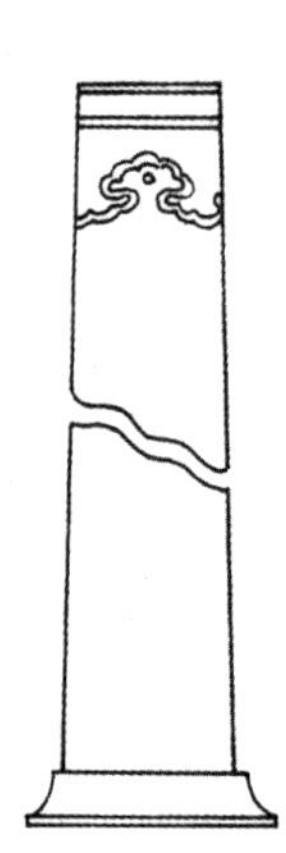

如意云柱头

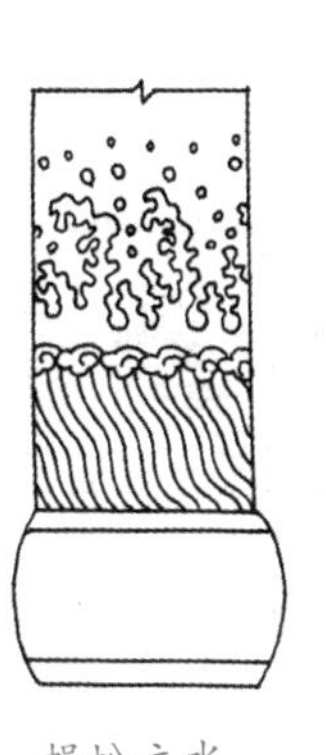
蜈蚣立水
海浪花柱础

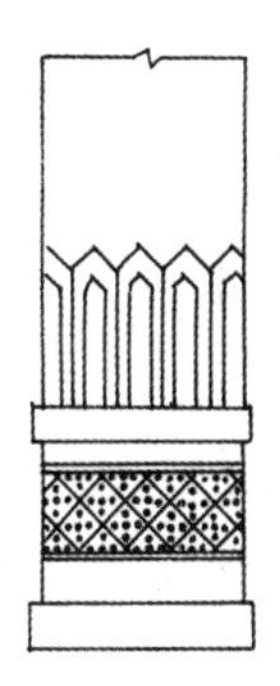
圭光锦箍柱础

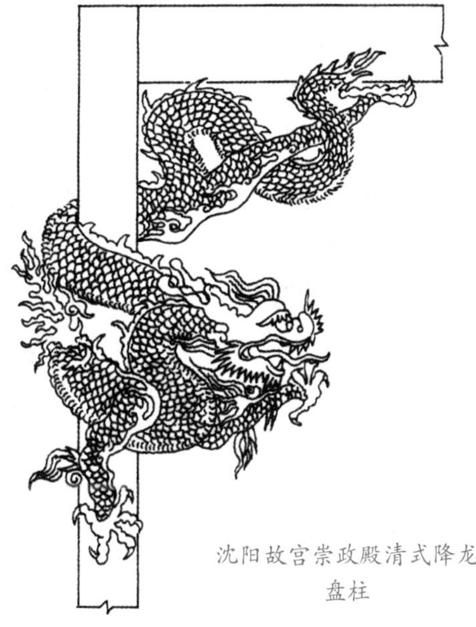
沈阳故宫崇政殿清式降龙
盘柱

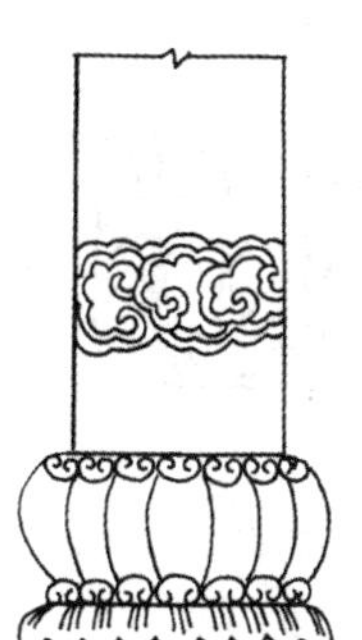
南瓜墩柱础

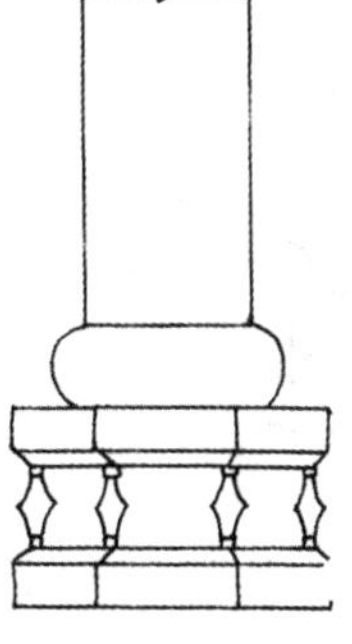
六面须弥座柱础

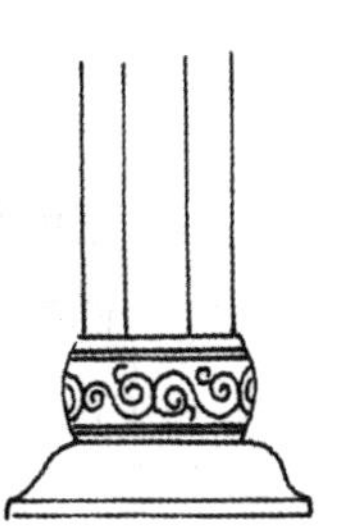
鼓墩柱础

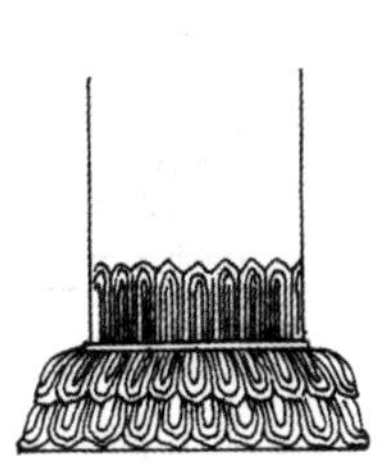
扣莲瓣柱础

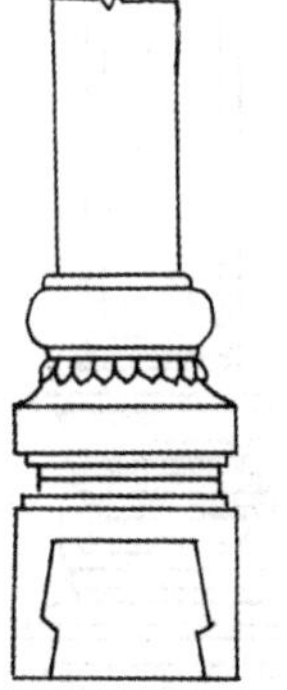
鼓墩柱础

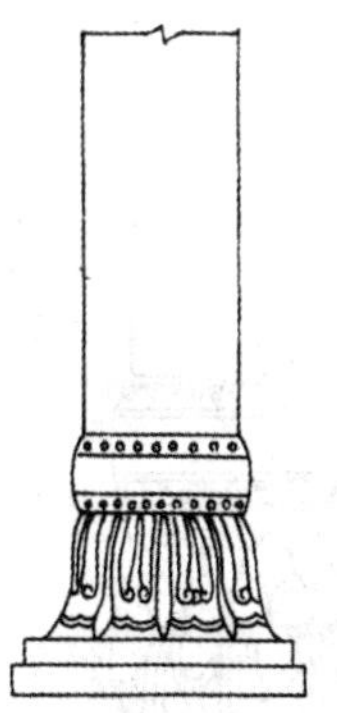
垂莲带柱础

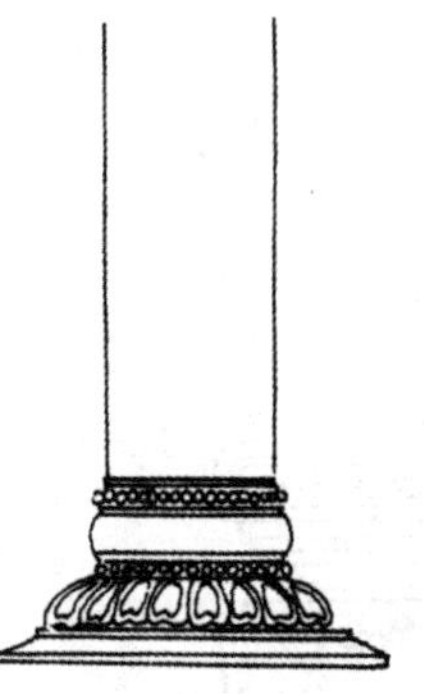
鼓墩扣莲柱础

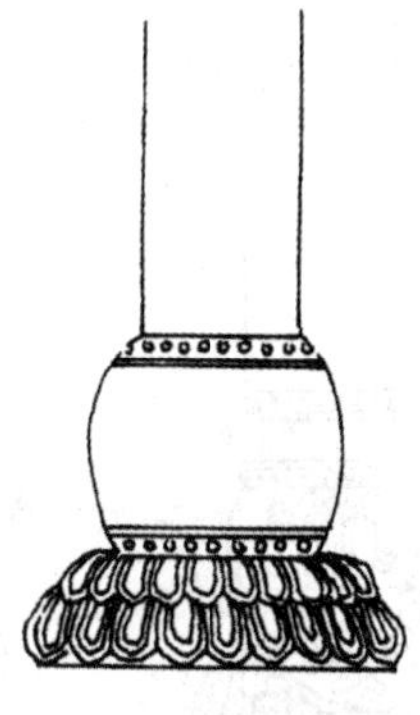
鼓墩扣莲柱础

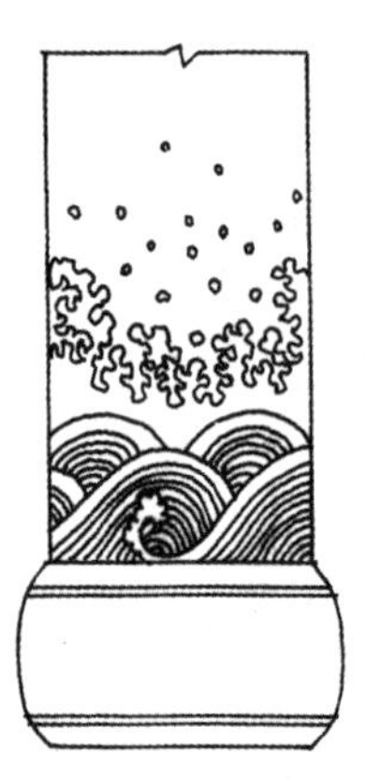
卧水海浪花柱础

方墩四宝柱础

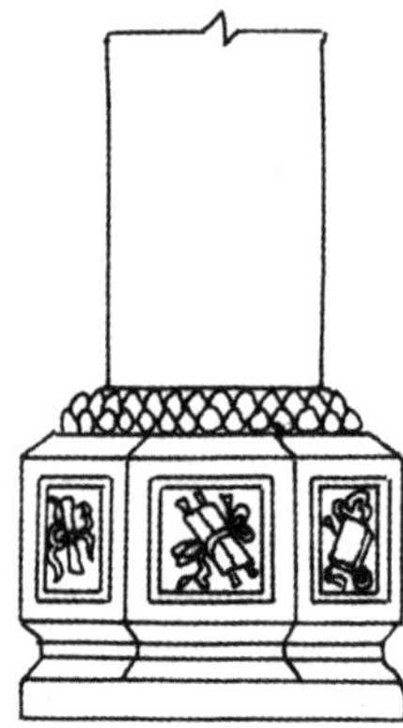
六方文房柱础

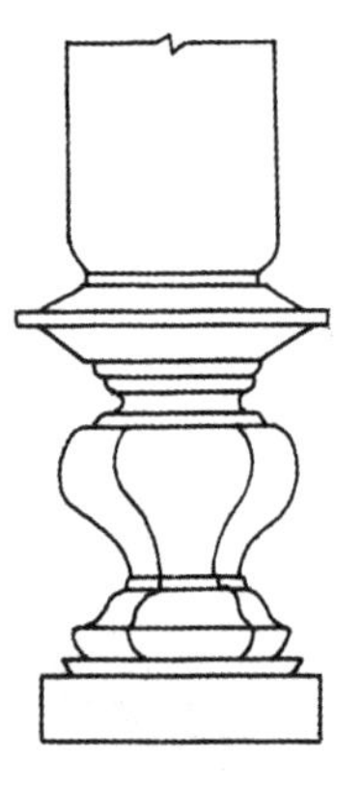
瓶形柱础

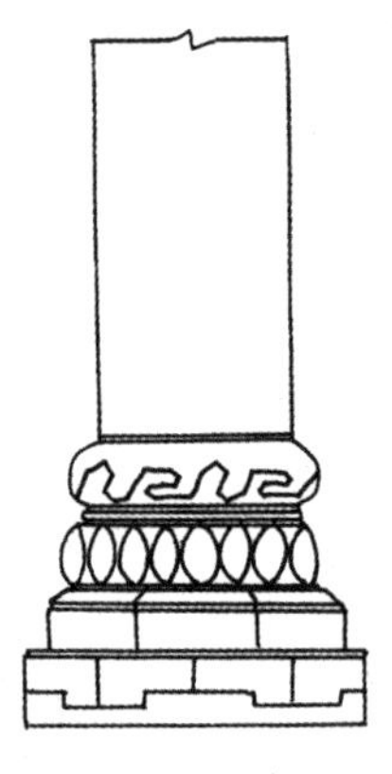
六方垒鼓柱础

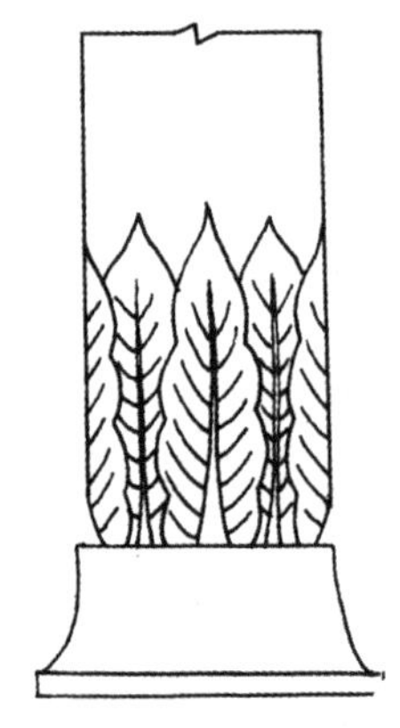
蕉叶柱础

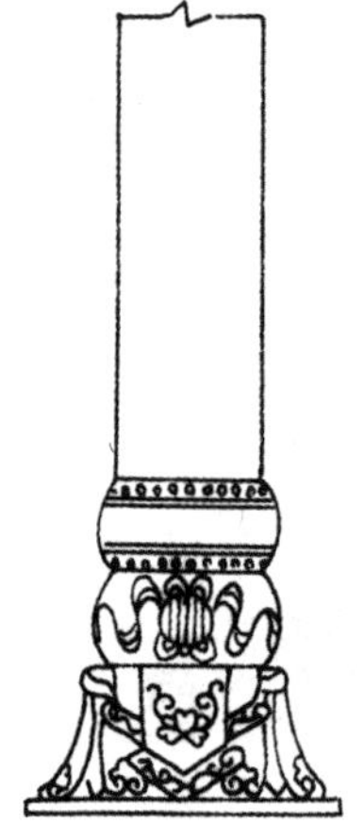
包袱垂带柱础

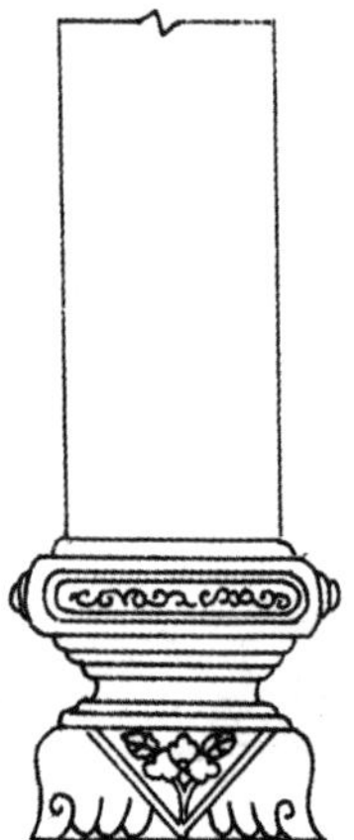
方墩包袱柱础

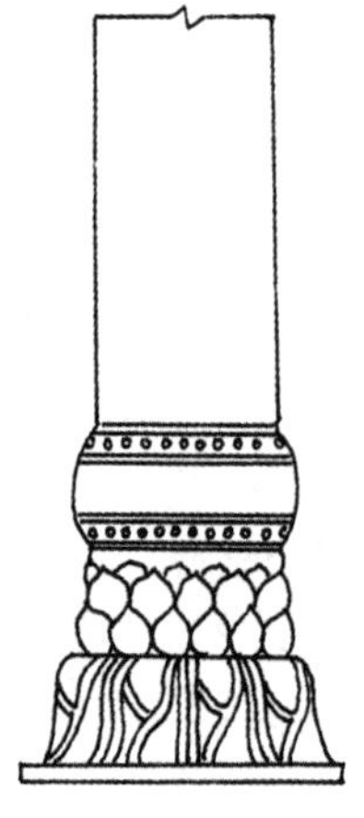
莲花托鼓柱础

方无墩柱础

沈阳故宫大政殿清式升龙盘柱

朵云盘柱

通气云盘柱

莲座鼓墩柱础

菊花托柱础

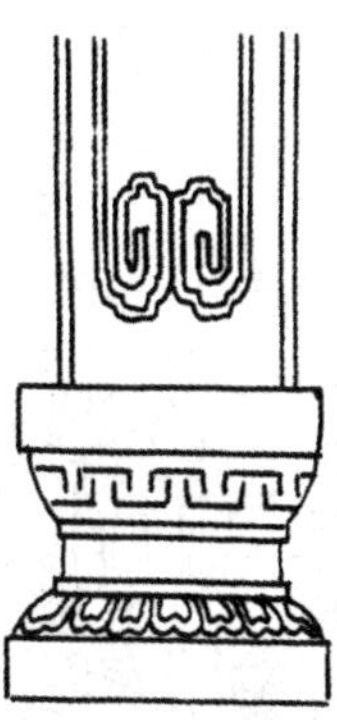

须弥座柱础

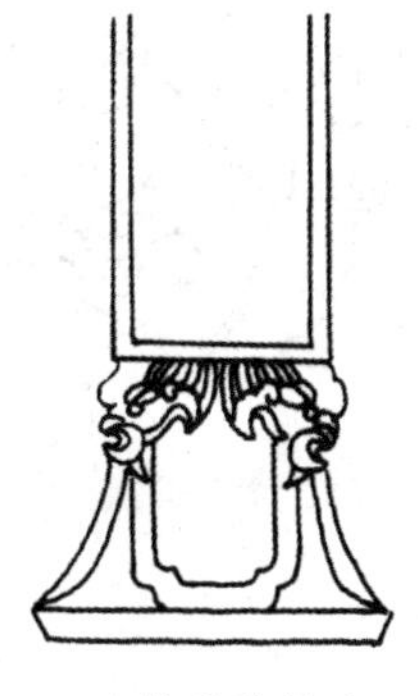

垂带吞兽柱础

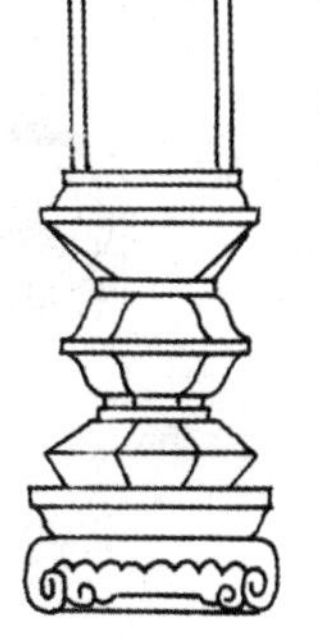

盒子碗柱础

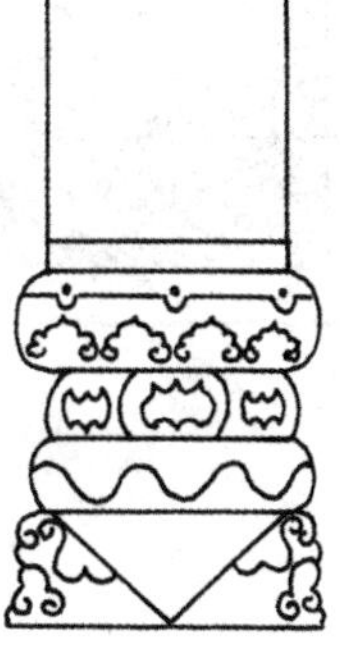

垒鼓墩柱础

明清式柱子图案

新民居石柱砖雕饰实例

明清式柱子图案

沈阳北陵明清式柱子图案

山门后檐柱础

山门后檐柱础

山门柱础（金）

山门前檐柱础

清式降龙抱柱

清式降龙抱柱

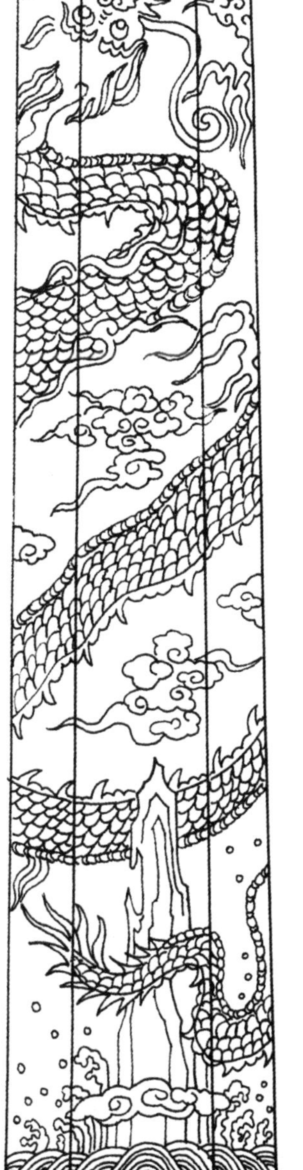

清式双龙戏珠抱柱

福建泉州开元寺金香亭柱础

福建泉州开元寺金大殿柱础

福建泉州开元寺大殿西旁石柱（元）

福建泉州开元寺大殿东旁石柱（元）

山东曲阜孔庙大殿前廊石柱（明、清）

河北曲阳清化寺寺桩（元）

河北曲阳北岳石座（元）

山东曲阜孔庙大成殿石柱础（清）

河北曲阳清化寺寺幢（元）

河北易县泰陵望柱（清）

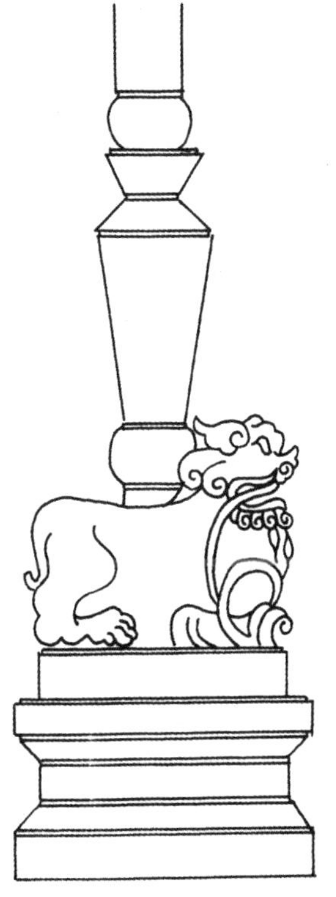

卧狮柱础

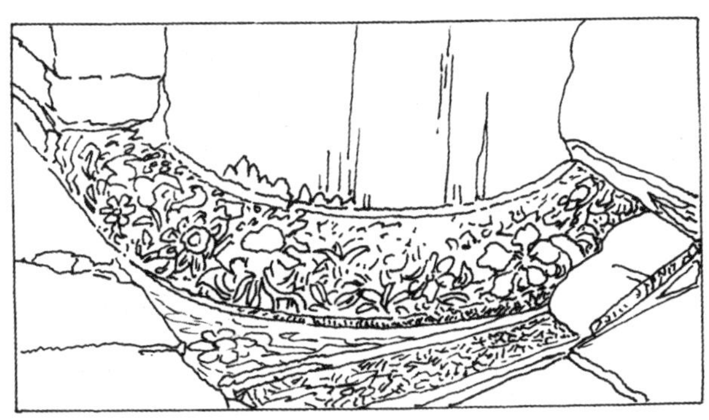

河北安平圣姑庙石础（元）

六方雕花柱础

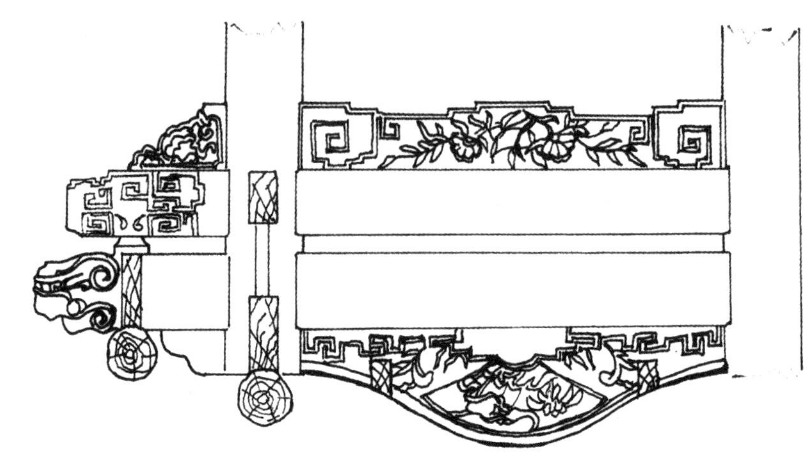

开廊下插雕饰花纹（明）

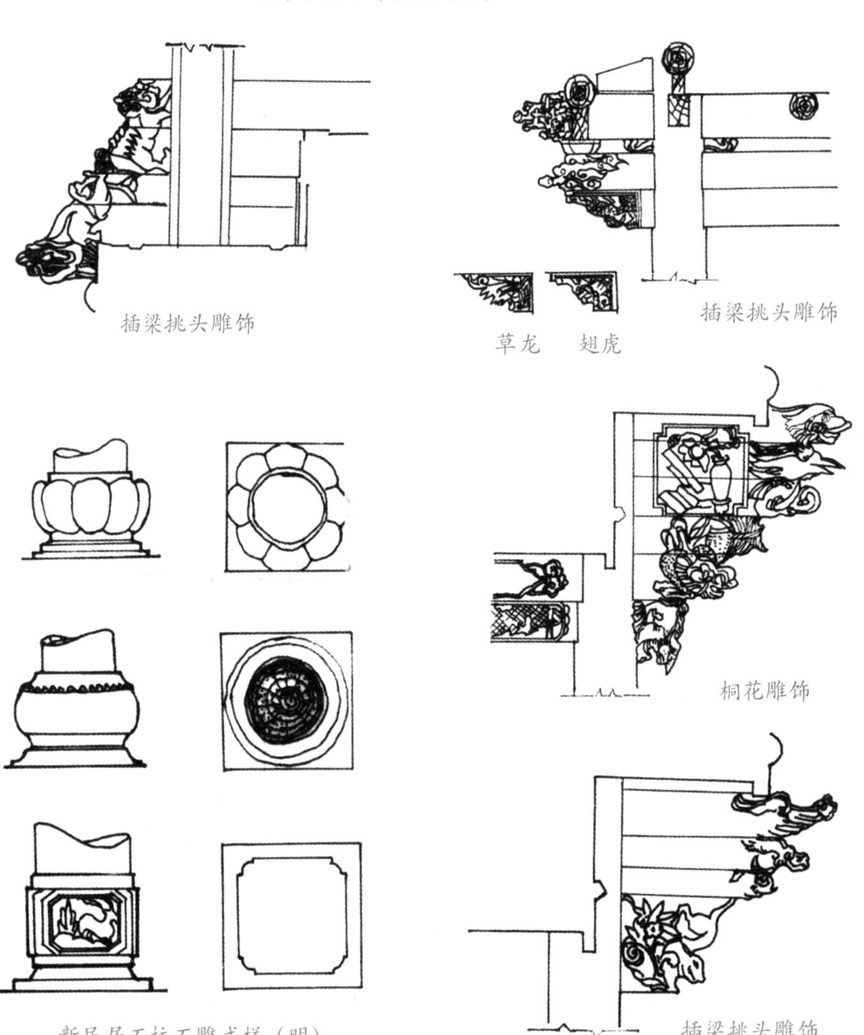

插梁挑头雕饰

草龙　翅虎

插梁挑头雕饰

桐花雕饰

新民居石柱石雕式样（明）

插梁挑头雕饰

六、花门、格门、棂窗、透窗纹样

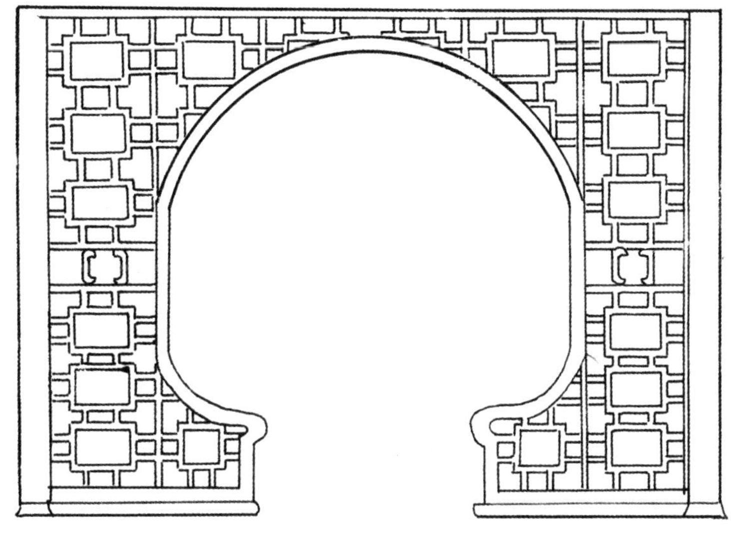

格锦落地罩（明）

如意栏杆罩（明）

多宝格式花罩（清）

硬拐纹落地罩（清）

寿不断月洞式落地罩（清）

四蝠（福）齐至月洞式落地罩（清）

方胜锦月洞式落地罩（清）

方胜锦月洞式落地罩（清）

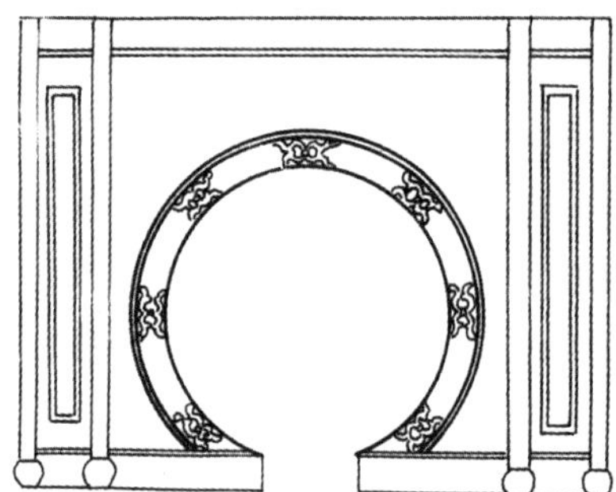

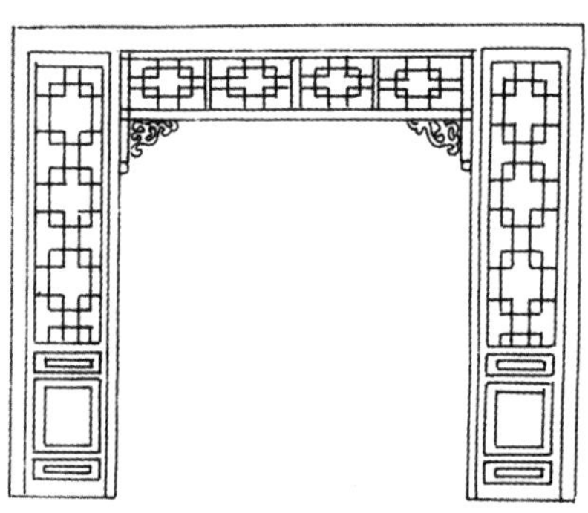

落地花罩六种（清）

步步锦隔扇腿落地罩（清）

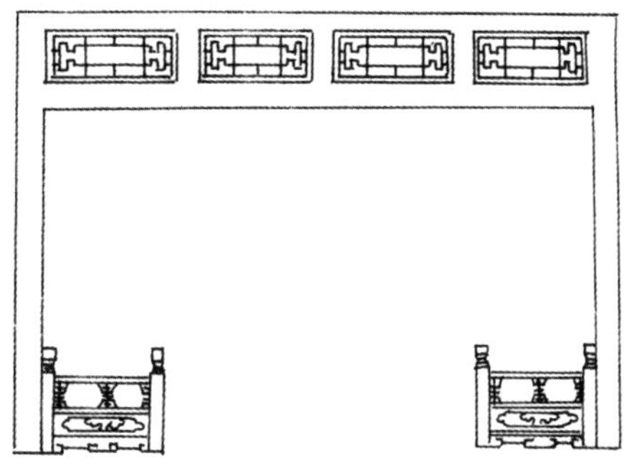

长寿栏杆罩（清）

葡萄落地门罩（清）

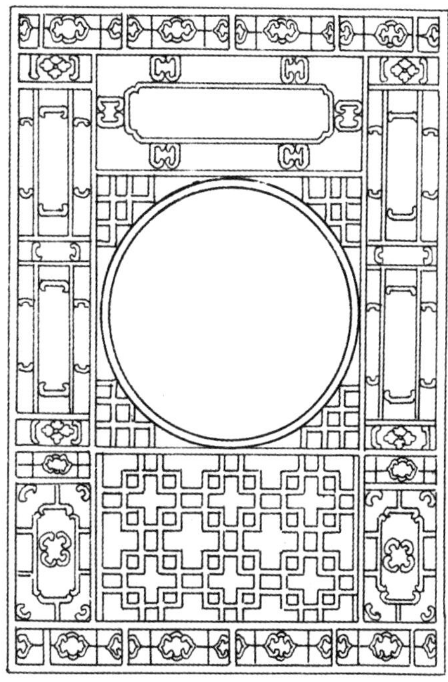

卧蚕月洞大花罩（清）

门罩

明清家具部件名称。架子床迎面设置的装饰构件有月洞式、栏杆式及八方式等。门罩其实指的就是较为简单的门楼，只不过在结构和造型上显得较为简洁。门罩通木雕指的是大门门框上方立体的雕刻装饰。

卧蚕三镶式

拐纹三镶式

金线如意式

吉祥草托方式

各种隔扇门

拐纹托圆方镜式　花蝶托方式　拐纹套方式　笔管隔海棠式

各种隔扇门

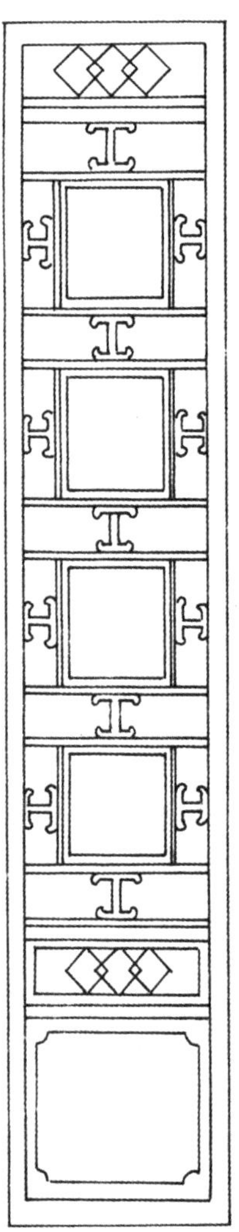

卧蚕四镶式

灯景式

四蝠（福）齐至式

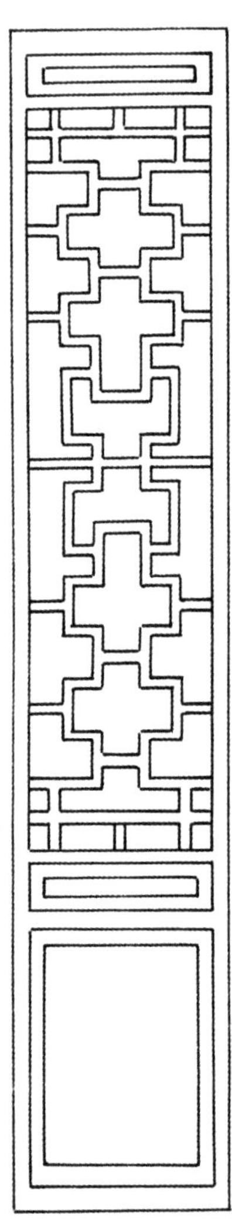

多宝架式

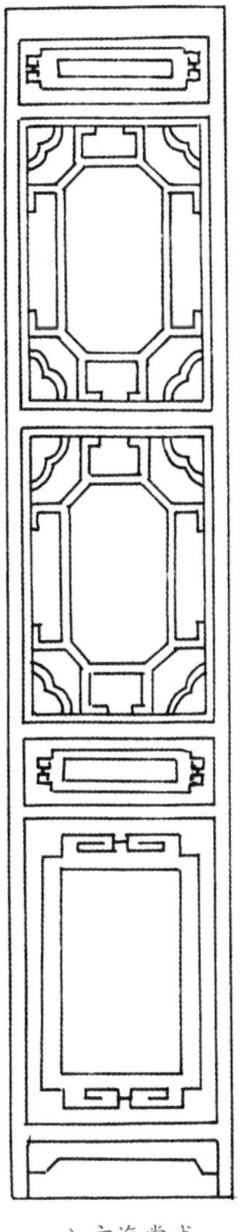

八方海棠式 　　方块穿海棠式 　　云镶卧蚕步步锦式 　　十字穿海棠式

锦框套方式

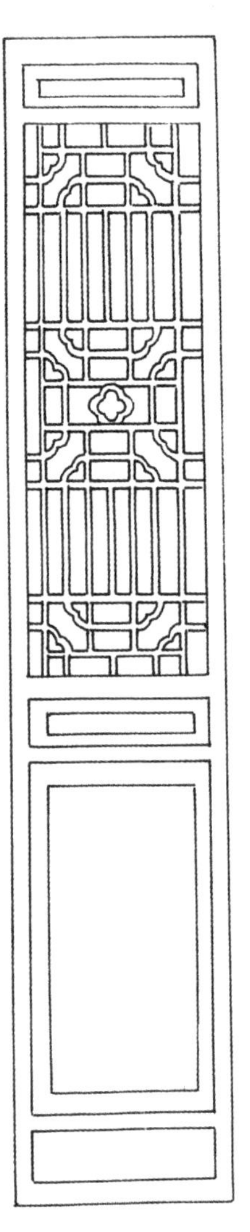

笔管穿四入角方式

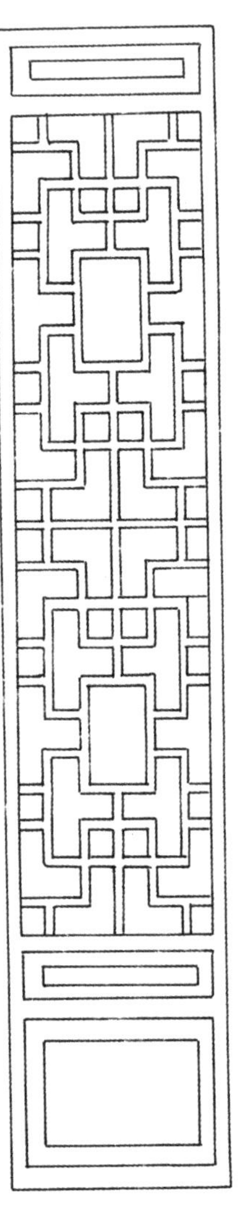

方字穿方式

万字锦格式

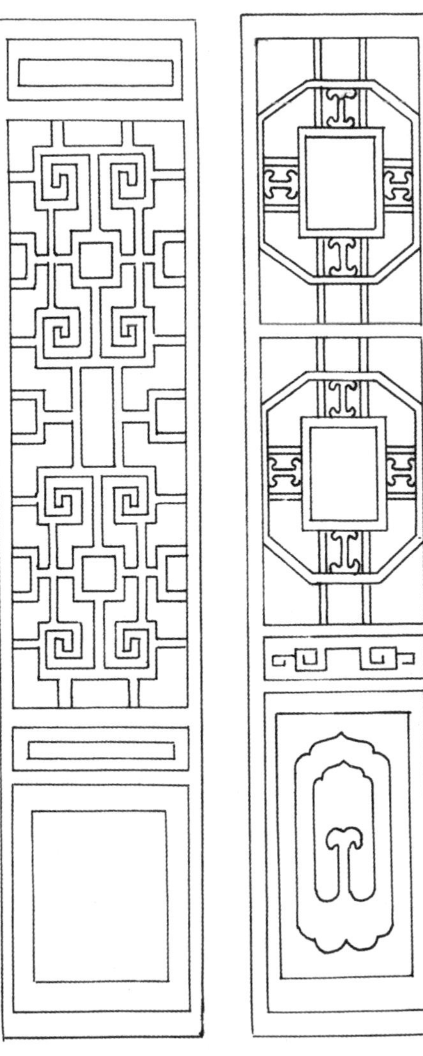

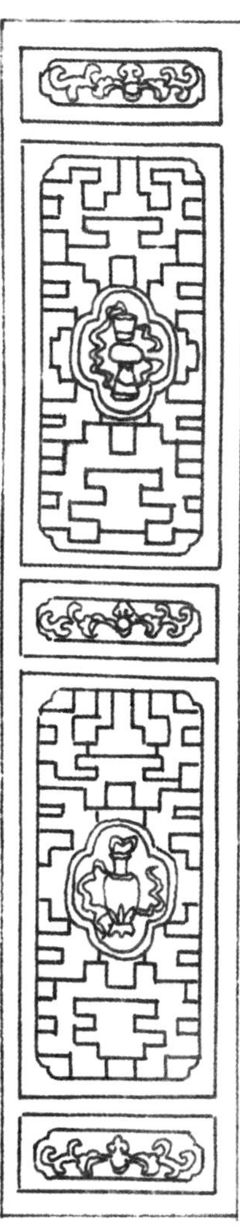

雷纹穿方式　八套四方卧蚕式　软拐托方式　拐纹博古式

四套八方式　　金笔管式　　嵌入式　　竹屏式

四陵套透窗

葵花三格式　冰纹三镶式　十字穿海棠式

水云格式

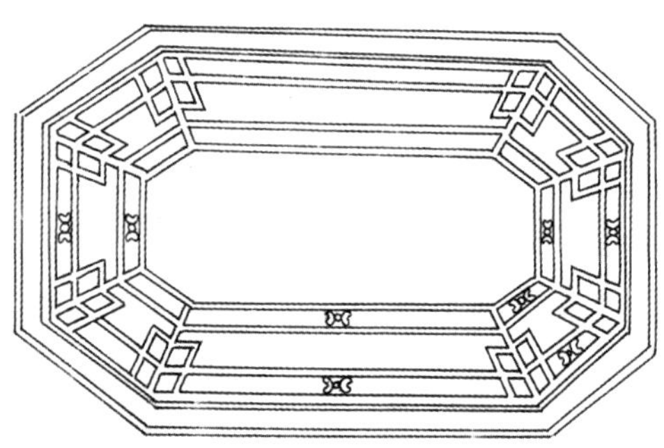
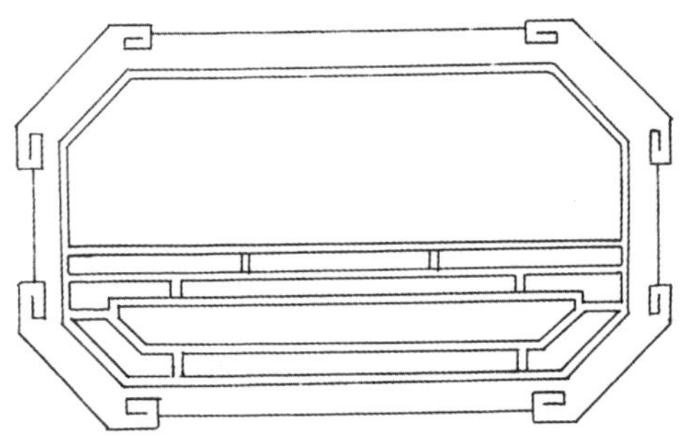
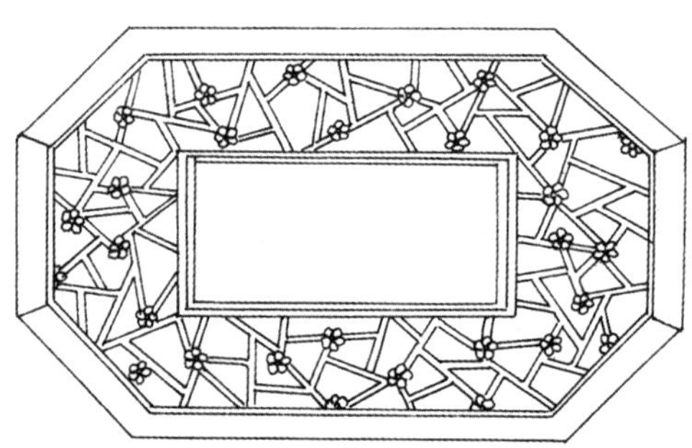
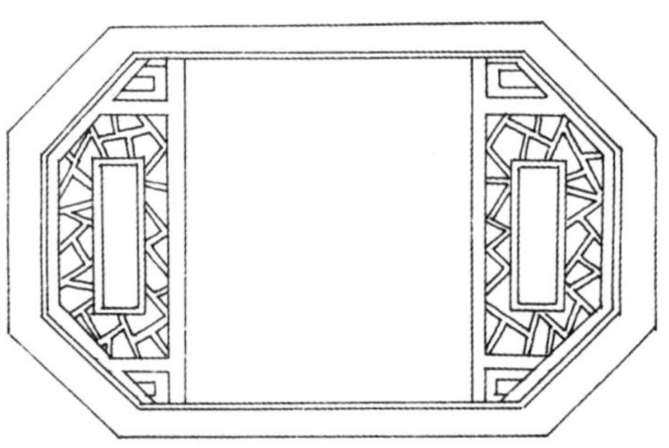

明清窗式

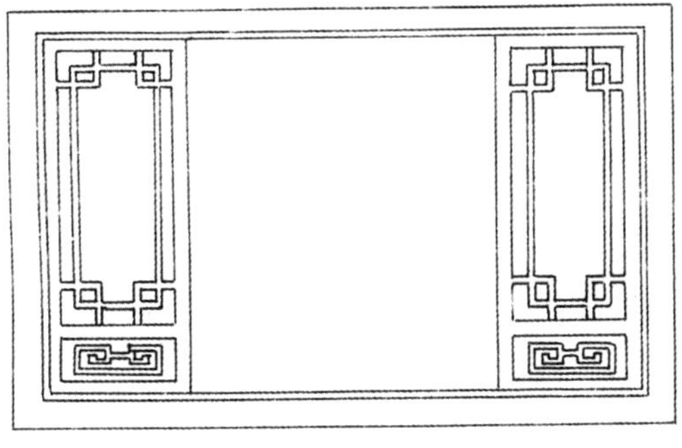

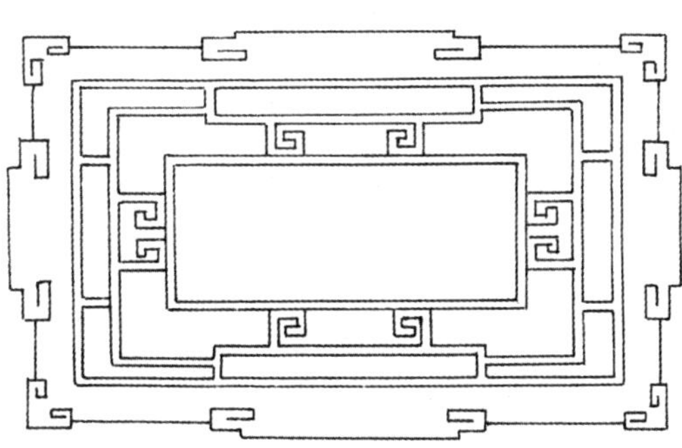

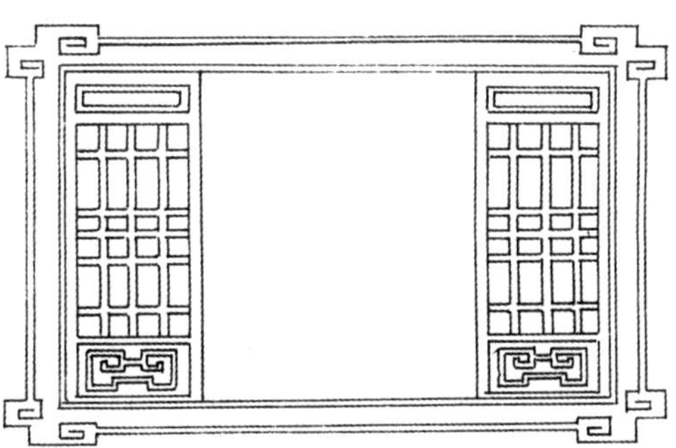

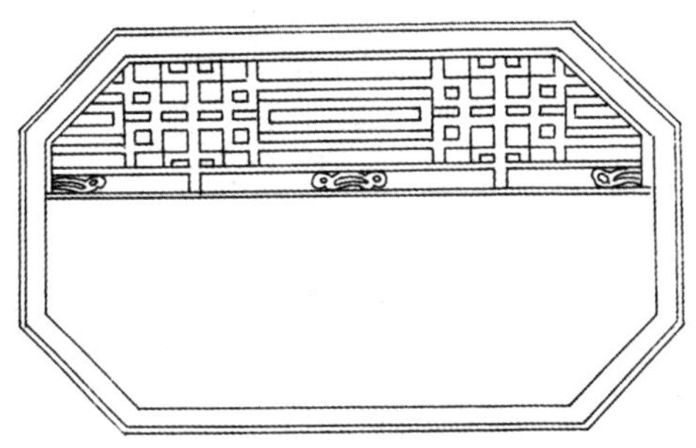

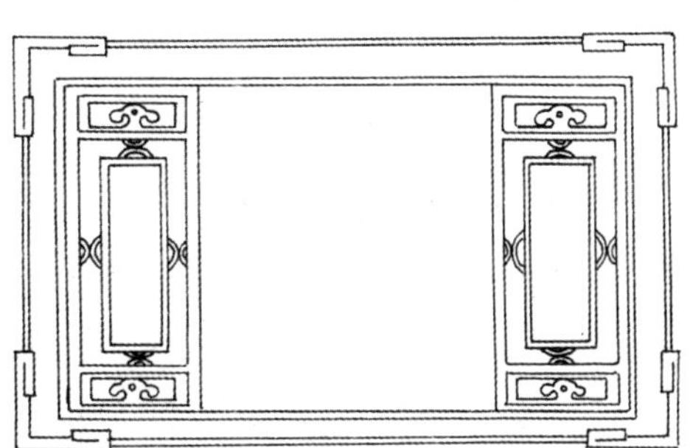

明清窗式

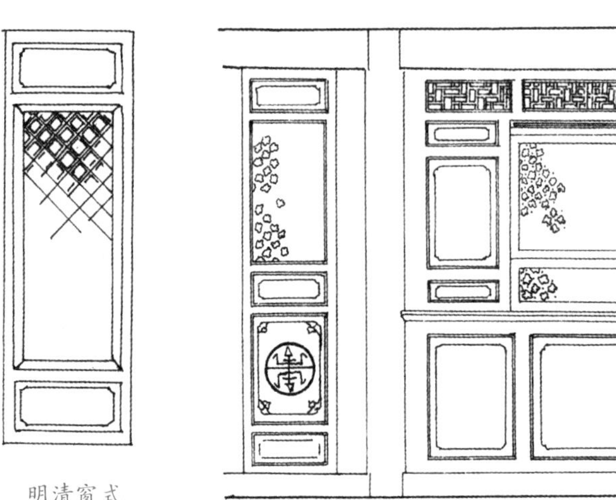

明清窗式

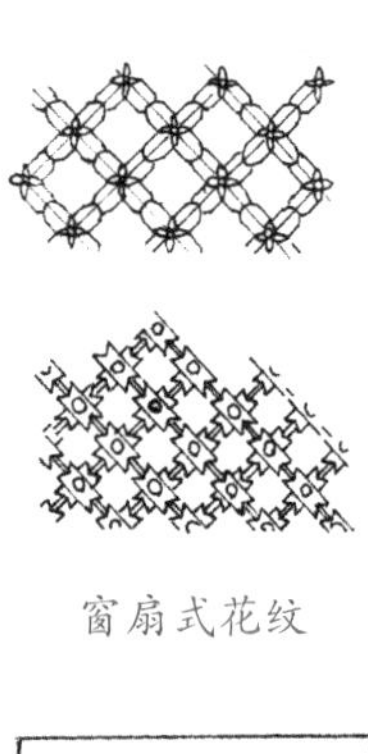

窗扇式花纹

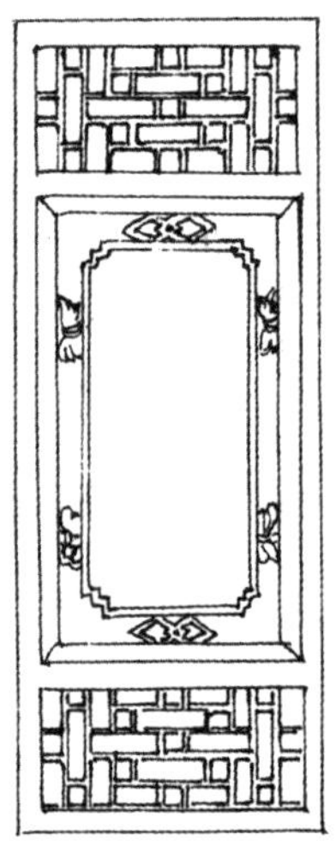

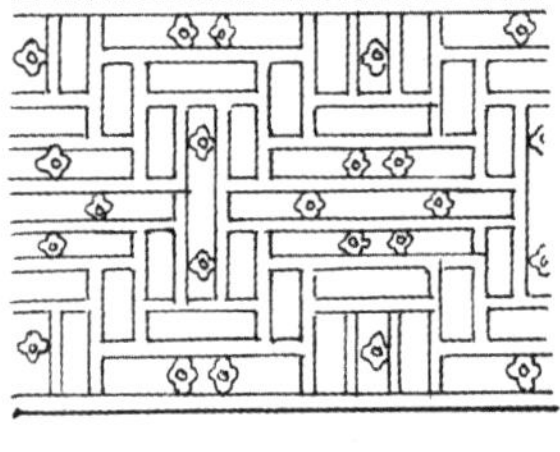

通气窗花格纹样

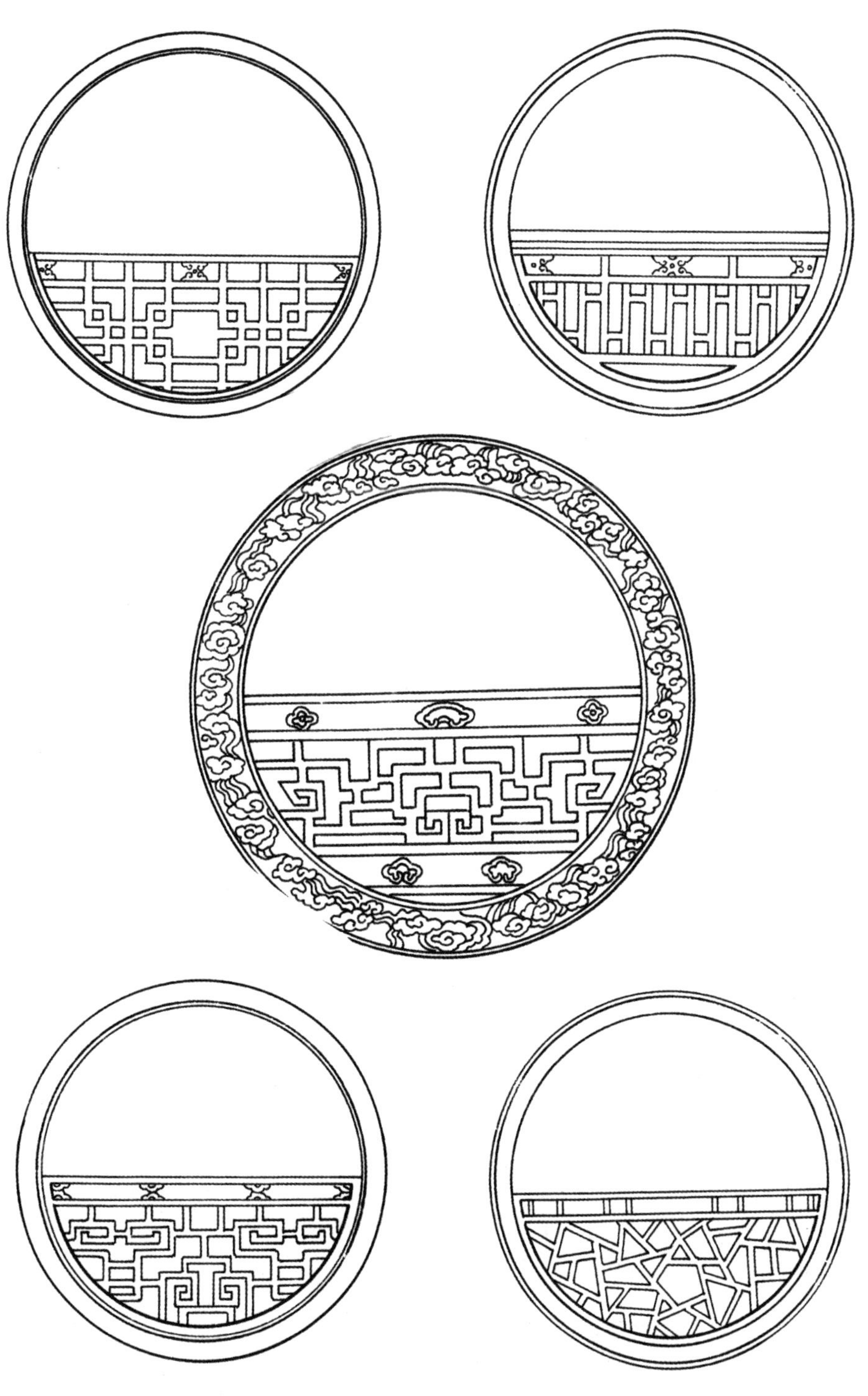

月洞窗五式（清）

月洞窗六式（清）

花坛洞窗式样（清）

七、栏杆

栏杆，中国古称“阑干”，也称“勾阑”，是桥梁和建筑上的安全设施。栏杆在使用中起分隔、导向的作用，使被分割区域边界明确清晰。设计好的栏杆，很具装饰意义。周代礼器座上有类似栏杆的构件。汉代以卧棂式栏杆为最多。六朝盛行勾片栏杆。栏杆转角立望柱或寻杖绞口造者，均可见于云冈石窟、敦煌壁画。元明清的木栏杆比较纤细，而石栏杆逐渐脱离木制栏杆的形制，趋于厚重。清末以后，西方古典比例、尺度和装饰的栏杆形式进入中国。现代栏杆的材料和造型更为多样。

从形式上看，栏杆可分为节间式与连续式两种。前者由立柱、扶手及横挡组成，扶手支撑于立柱上；后者具有连续的扶手，由扶手、栏杆柱及底座构成。

建造栏杆的材料有木、石、砖、瓦、竹、金属等。常见种类有木制栏杆、石栏杆、铸铁栏杆、铸造石栏杆、组合式栏杆。居住建筑中，栏杆不宜有过大空当或可攀登的横档。一般低栏高0.2～0.3米，中栏0.8～0.9米，高栏1.1～1.3米。栏杆柱的间距一般为0.5～2米。

从形式上看，栏杆有镂空和实体两类。镂空的由立杆、扶手组成，有的加设有横档或花饰。实体的是由栏板、扶手构成，也有局部镂空的。栏杆还可做成坐凳或靠背式的。

栏杆的设计，主要是根据建筑的特点，考虑安全、适用、美观、节省空间和施工方便等。

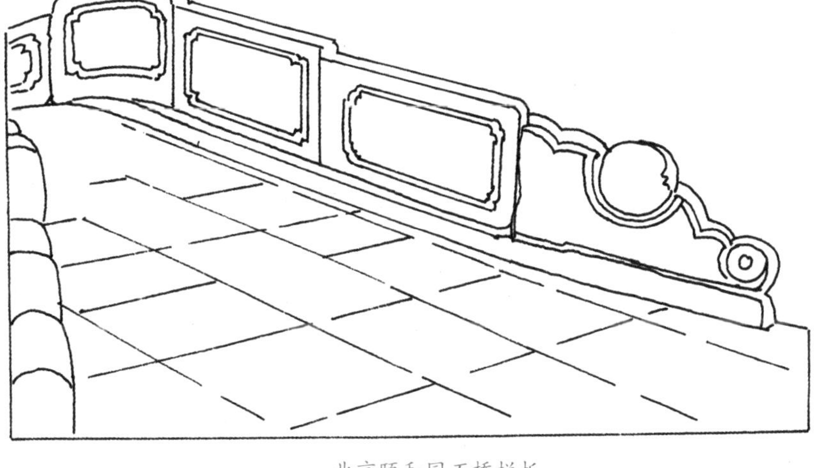

北京颐和园石桥栏板

河北正定隆兴寺阳和楼前关帝庙石栏杆（明）

北京故宫文渊阁水纹栏杆

潘阳昭陵石碑楼西侧栏杆

北京北海石雕水纹栏板

江苏苏州虎丘山门前栏杆

北京颐和园亭石栏杆

北京北海垂带栏杆

明式四入角栏板石榴望柱栏杆

明式吉祥拱三镶华板栏杆

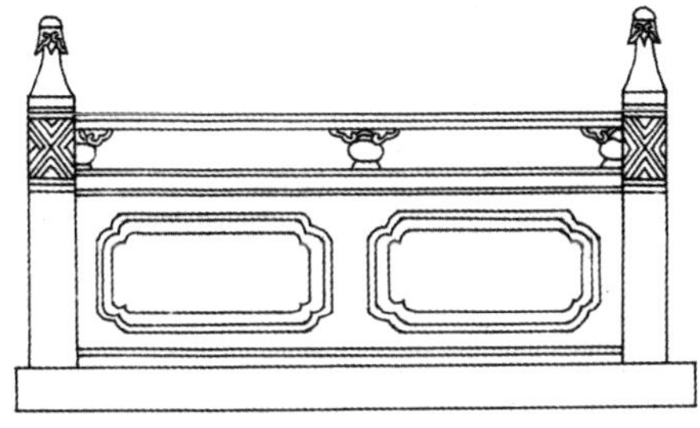
明式四入角栏板望柱栏杆

明清式三明四暗华板望柱栏杆

明式荷花拱栏杆

明式锦地涤环栏板栏杆

明式花板栏杆

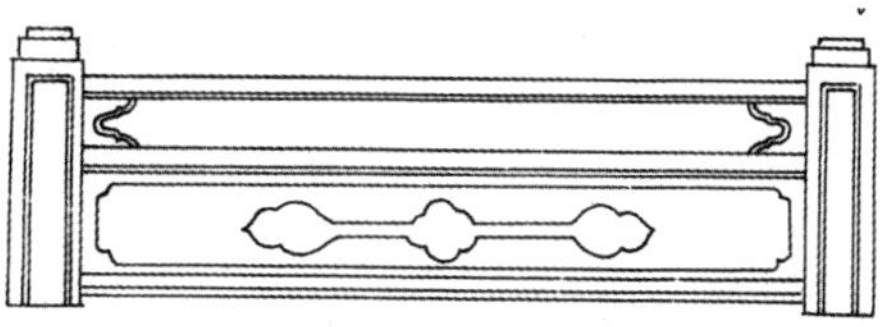

明清式涤环栏板望柱栏杆

明式格方栏板栏杆

明式荷花工栏杆

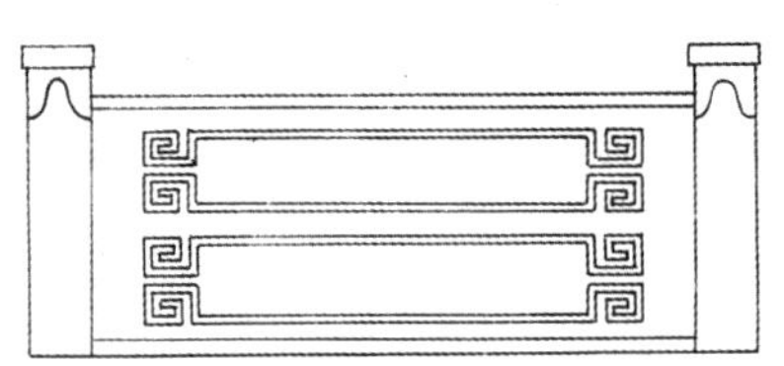

明清式爽拐纹栏板平望柱栏杆

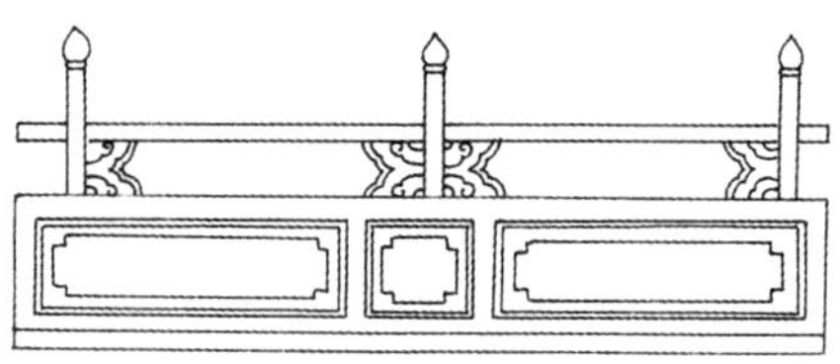

明式柱出头三镶华板栏杆

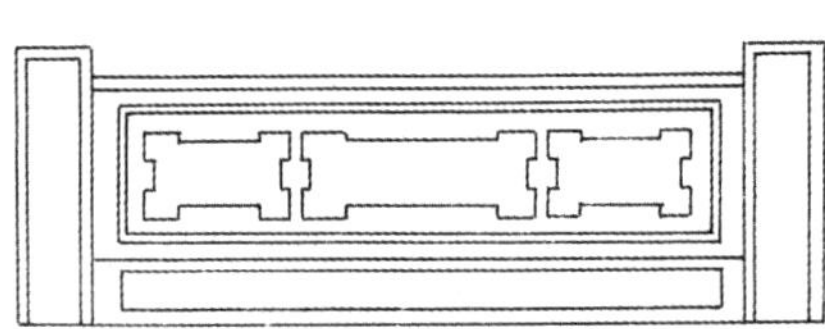

明清式四出角栏板平头望柱栏杆

明清式一明两暗花板望柱栏杆

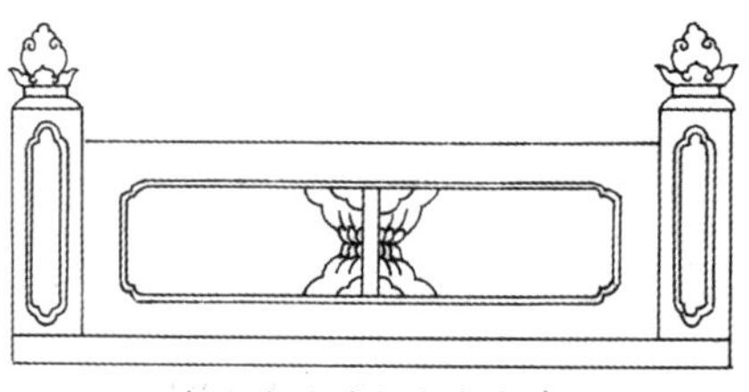

明清荷花莲花托望柱栏杆

明清式如意涤环栏板望柱栏杆

清初金钱心栏板望柱栏杆

明式银锭栏板栏杆

明清式单拐栏板平望柱栏杆

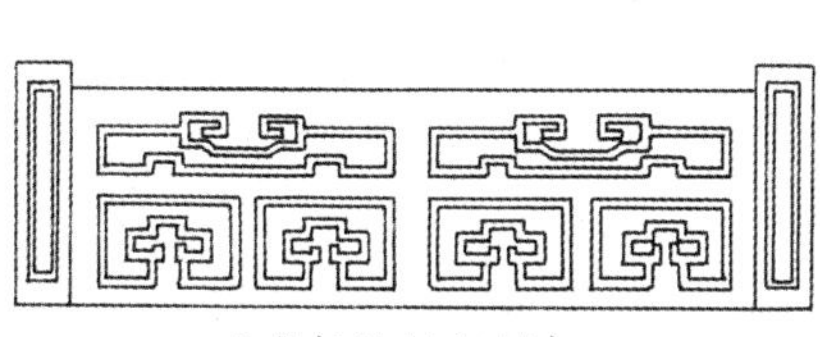

明式拐纹栏板栏杆

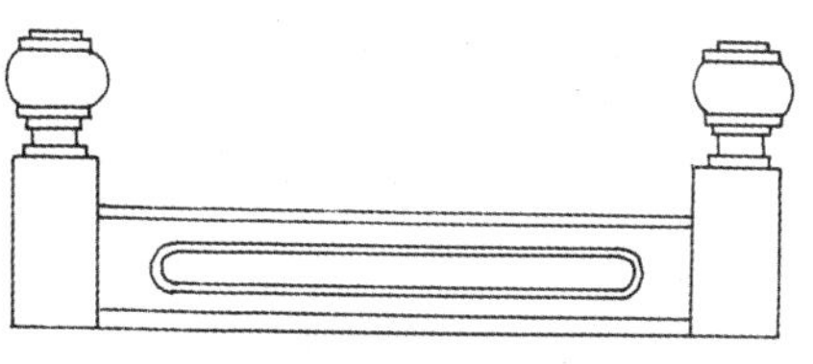

明清式涤环栏板鼓望柱头栏杆

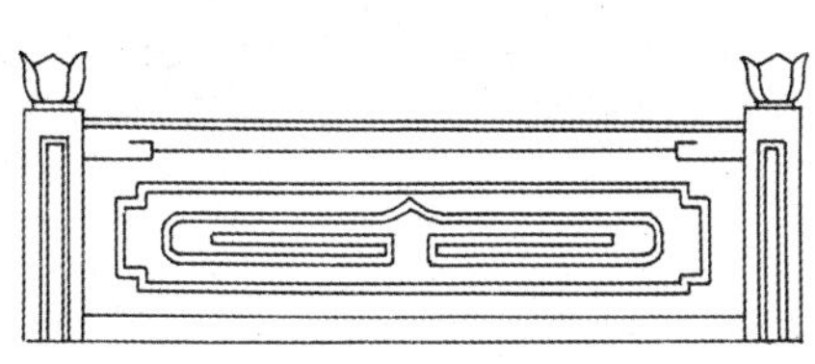

明清式玉板望柱栏杆

清初牡丹心栏板望柱栏杆

清式山石花栏板望柱栏杆

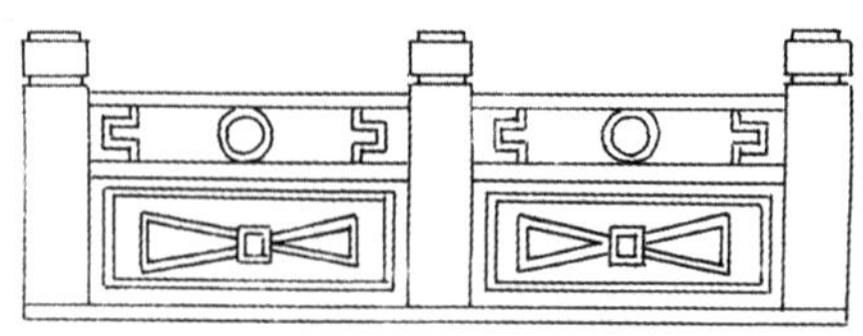

清式华板望柱栏杆

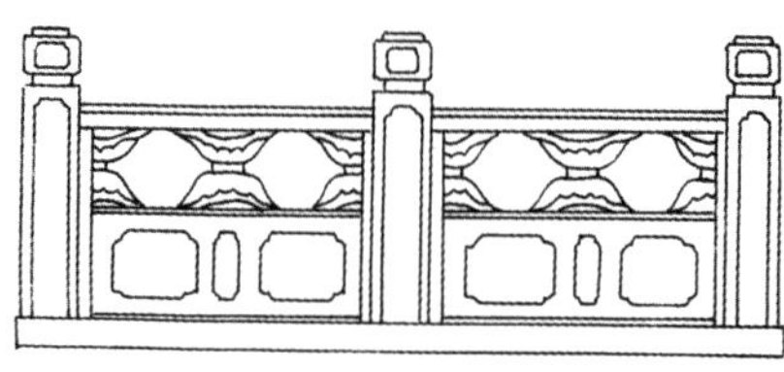

清式寻杖望柱栏杆

清式荷花云拱华板栏杆

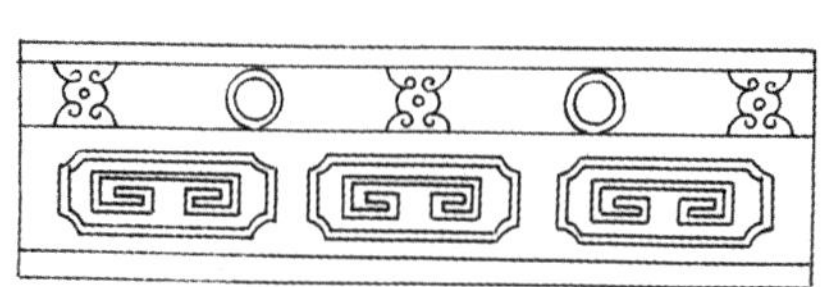

清式聊涤环华板栏杆

清式玉板望柱栏杆

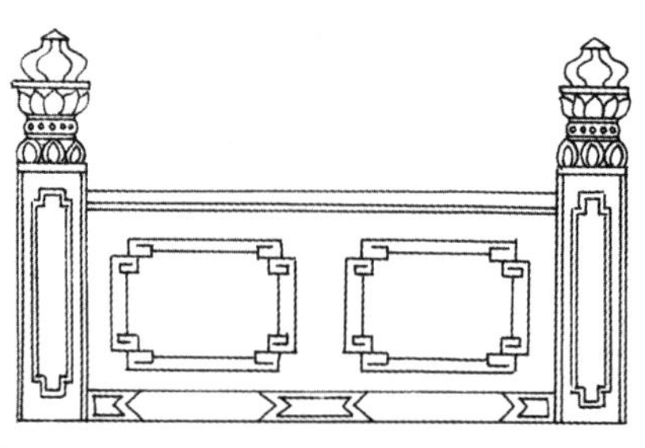

清式拐纹栏板望柱栏杆

清式玉虎龙华板栏杆

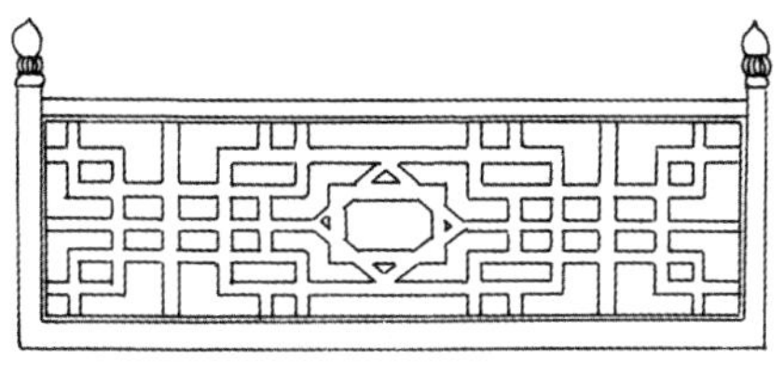
清式套方传棱格栏杆

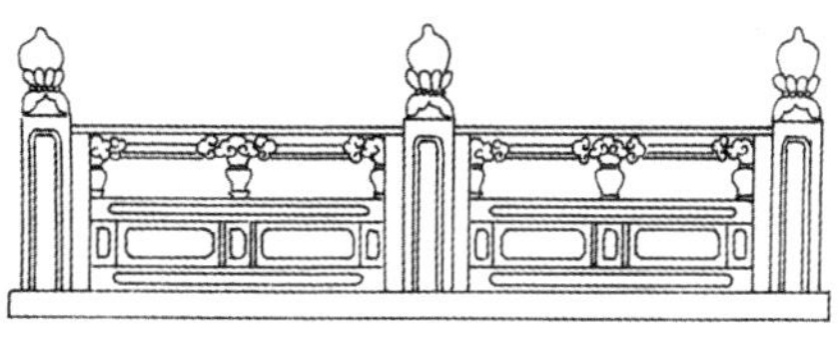
清式蟠桃望柱栏杆

清式海棠长寿格栏杆

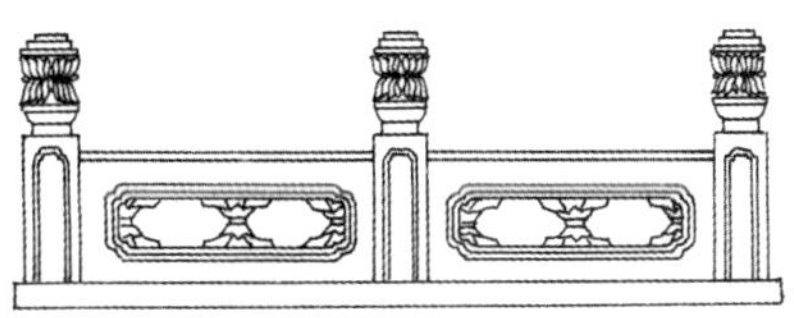
清式华板望柱栏杆

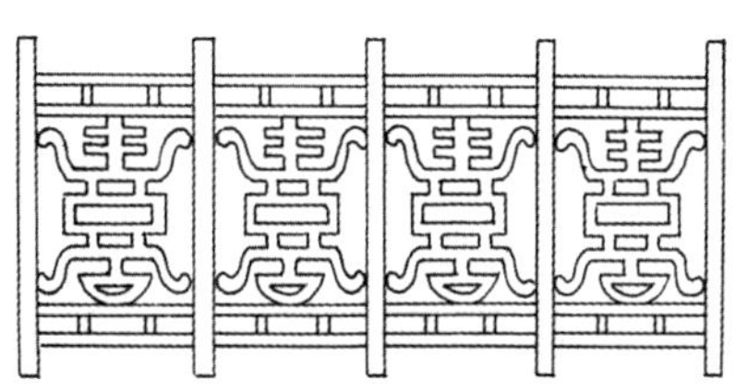
清式长寿格栏杆

清式三明两暗格华板望柱栏杆

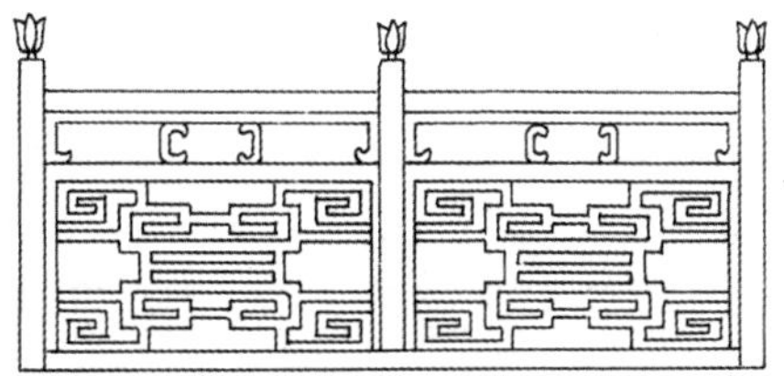
清式卧蚕拱拐纹华板栏杆

清式柿蒂圆光栏板望柱栏杆

清式方胜锦栏杆

清式云头华板望柱栏杆

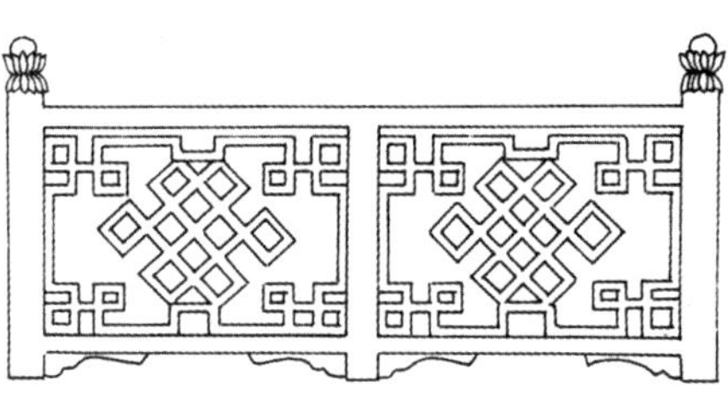

清式盘长格栏杆

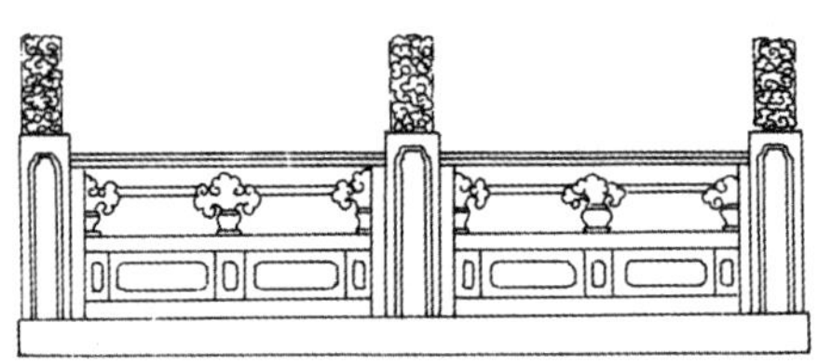

清式祥云望柱栏杆

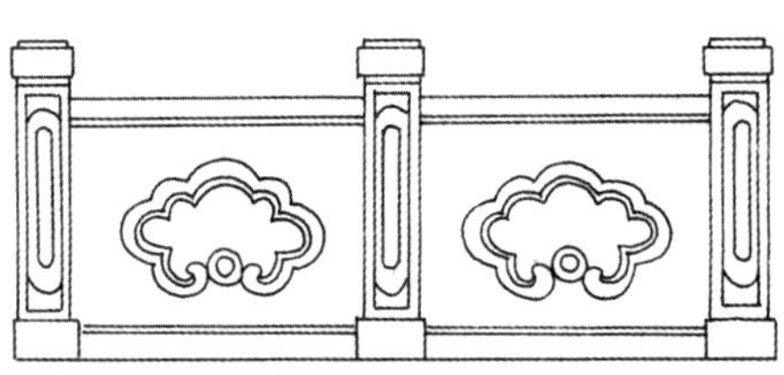

清式如意头栏板望柱栏杆

清式云头华板望柱栏杆

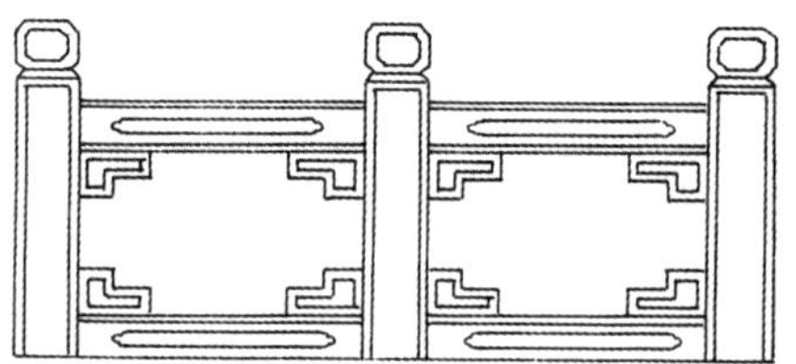

清式四抱角栏板望柱栏杆

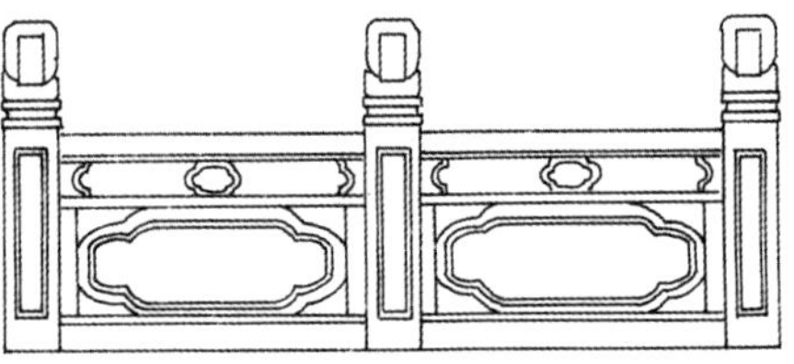

清式涤环栏板望柱栏杆

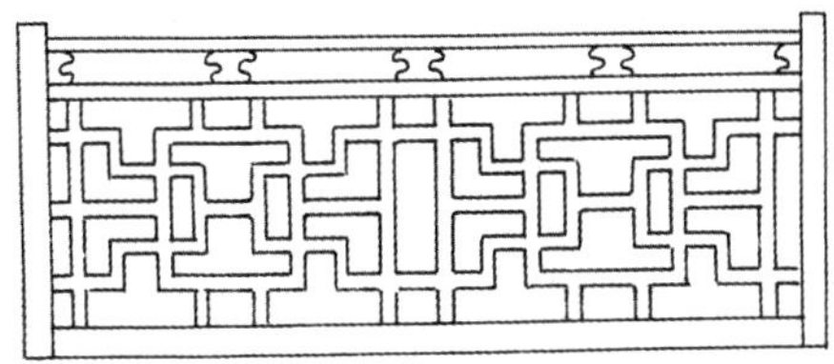

明清式套方格栏板栏杆

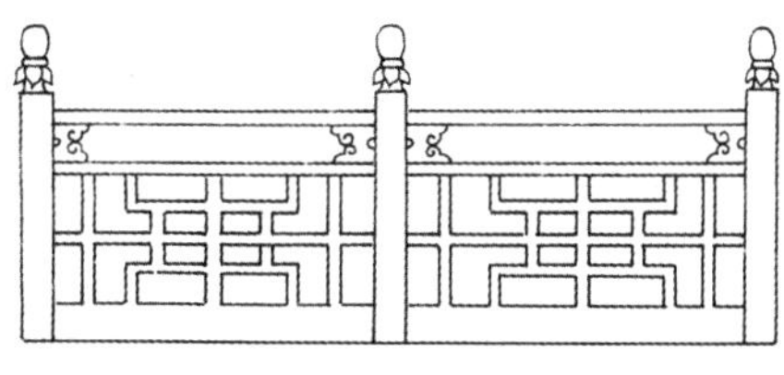

明清式十字穿格栏板望柱栏杆

明清式四八连方竹节栏杆

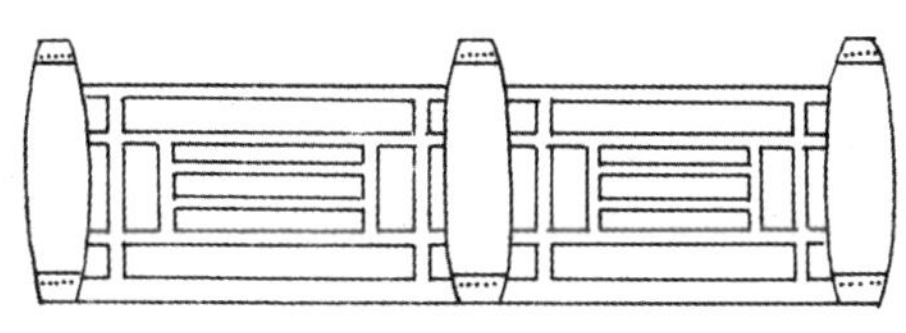

明清式书架格栏板石鼓望柱栏杆

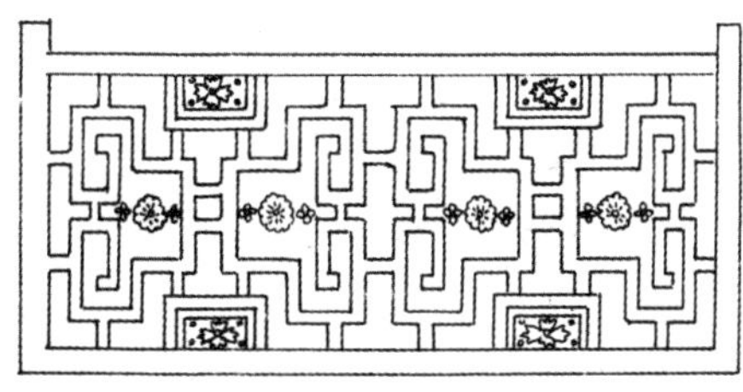

清式拐纹锦格栏杆

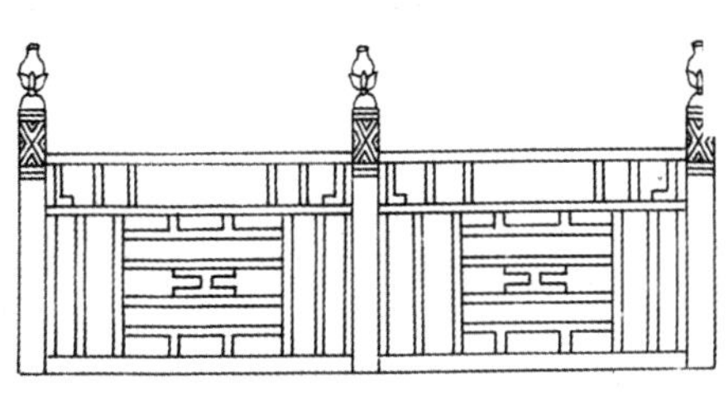

明清式书条卧蚕栏板望柱栏杆

清式卧蚕皮球团寿格栏杆

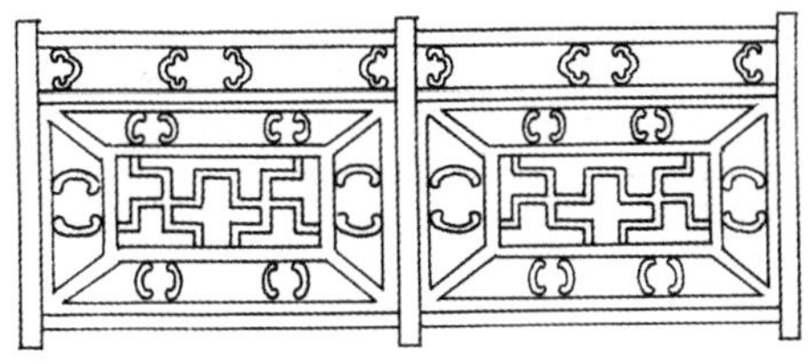

明清式双万字卧蚕栏杆

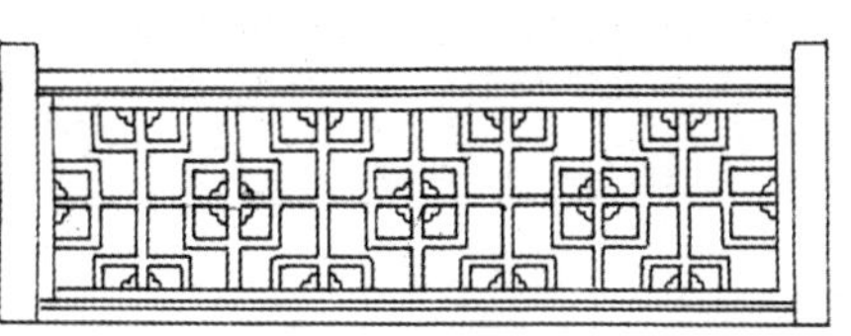

清式方格锦栏杆

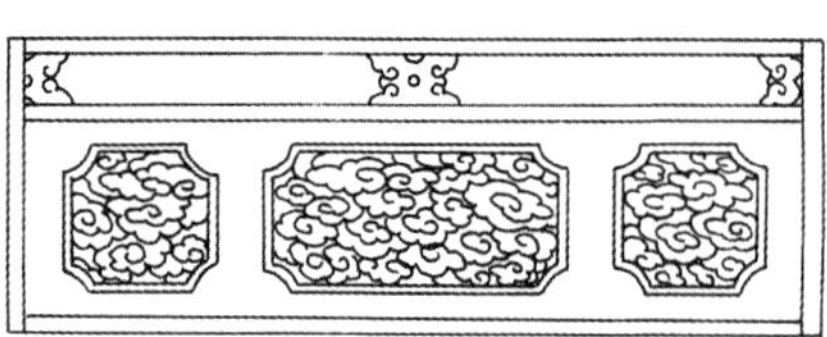
明清式云纹栏板

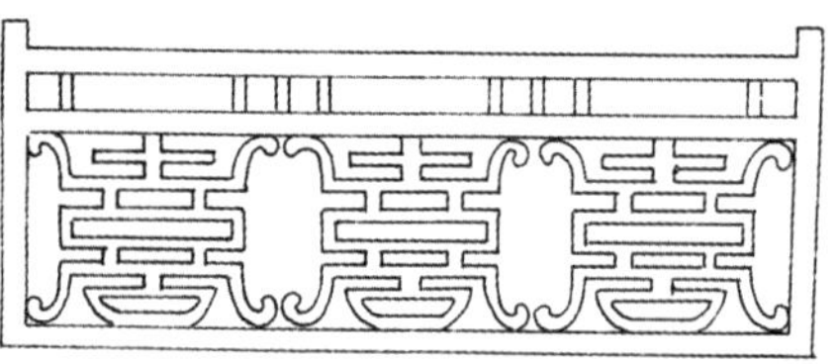
清式长寿格栏杆

明清式四合三穿十字栏杆

清式花瓶栏杆

明清式云纹华板望柱栏杆

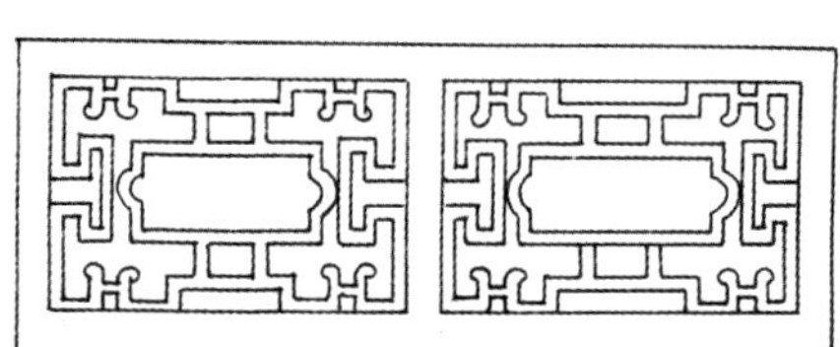
清式拐纹栏杆

清式荷拱二镶华板栏杆

清式吉祥草华板栏杆

清式金钱心栏板望柱栏杆

清式荷瓶拱吉祥草华板栏杆

清式灵芝云拱小华板栏杆

清式三格板华板栏杆

清式花瓶拱两镶华板栏杆

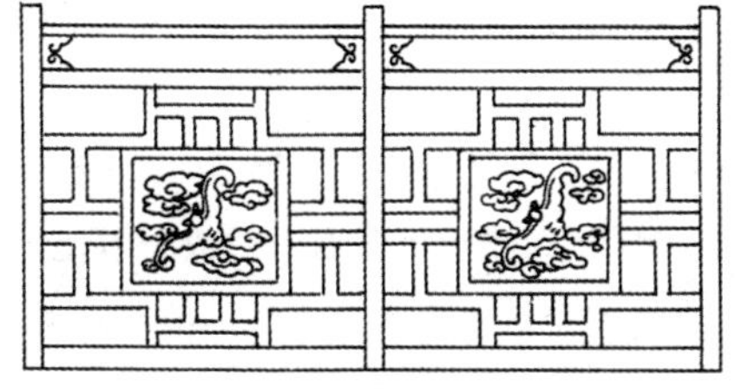

清式方托云蝠格栏杆

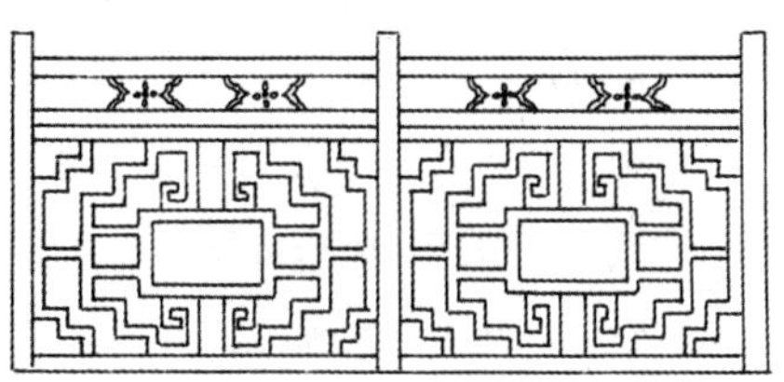

清式拐纹插方格栏杆

八、隔扇、栏板纹样

隔扇

隔扇是一种中国古代的门。凡可以开启或拆卸者可称隔扇门，亦有写作槅扇的。宋时称格门或格木门。清代用于内檐装修的隔扇又称碧纱橱。

明清称宽高比约为 1∶3 至 1∶4，上部有用棂条组成花格的窄门扇为隔扇，系由宋式格子门发展而来，用于分隔室内外或室内空间。根据建筑物开间的尺寸大小，一般每间可安装四扇、六扇或八扇隔扇，也称为“格扇”“长窗”。用木做成的柱与柱之间的隔断窗，周围有框架，中间划分为花心、绦环板、裙板等五道，可透光通气。格门上部为格心，由花样的棂格拼成，可透光。下部为裙板，不透光，可以有木刻装饰，在要求扩大空间时，隔扇门可以除下。

隔扇门是中国传统建筑中的装饰构件之一，从民居到皇家宫殿都可以看到，是古代建筑中不可或缺的东西。安装于建筑的金柱或檐柱间带格心的门也称“格扇门”。作为古代建筑最常用的门扇形式，唐代这种门已经出现，宋代以后大量采用，一般用于民间的装修。隔扇主要由隔心、绦环板、裙板三部分组成，整排使用。

栏板

栏杆上两根望柱之间的石板（木栏杆则为木板），叫“栏板”；栏板是栏杆的重要组成部分，是栏杆的各个构件中雕饰最突出的构件。

栏板是供人在正常使用建筑物时防止坠落的防护措施，是一种板状护栏设施，封闭连续，一般用在阳台或屋面女儿墙部位，高度一般在 1 米左右。栏板一般是用大理石等材料铺成，牢固性较高，方便站立。栏板置于望柱与望柱之间，地袱之上，其剖面为上窄下宽的形式。因为栏板多用雕刻花纹作为装饰，非常漂亮、华丽，所以也称为“华板”。

各个时代的华板装饰与纹样，都有自己的特征。汉代有套环、斜方格等形式。南北朝至隋、唐、五代多钩片纹、卍字纹；有的用龙纹或刻人物故事。明清则雕刻繁复细腻；园林花栏杆的华板纹样有梅花、镜光、冰片、方胜等，十分丰富，《园冶》所载就有百余种形式。栏板的样式随着栏杆的不断发展而变化，禅杖拦板是其中较为常见的一种。禅杖栏板按雕刻式样又可分为透瓶栏板和束莲栏板两种。

透瓶栏板

透瓶栏板是禅杖栏板的一种代表式做法。完整的栏杆由弹杖、净瓶和面枋等几部分组成。禅杖位于栏板的最顶部，又称“寻杖”或“上枋”，也就是栏杆的扶手。栏板的下部是中枋和下枋，枋件间为华板。枋件和华板心部皆称池子，可在上面作雕饰。上枋或称禅杖，与中枋之间镂空，在这中间连接禅杖和面枋的就是净瓶。标准式样的透瓶栏板，净瓶上多雕荷叶或云纹，除在两望柱之间设置一完整净瓶之外，在靠近望柱的两端还要各设半个净瓶，这是透瓶拦板的标准设置形式。

束莲栏板

束莲栏板是寻杖栏板的一种，它与透瓶栏板的不同之处在于栏板中间连接禅杖和面枋的净瓶改成了束莲。束莲的造型就是上下为仰俯莲花、中为束带扎捆的束腰形式，有些近似于雕着仰俯莲瓣的须弥座。标准式样的束莲栏板，除了将净瓶改作束莲外，其他方面并没有变化。变化样式除了莲花本身外，还有一种是省略下部的面枋而将束莲装饰直通至底边的。

栏板的虚实处理

栏板的形式大体上可分为宽透式、实体式、虚实兼有式三种。

栏板是防护措施，应安全、坚固、耐久，同时造型应美观。空透式栏板虽说空透轻巧，有利通风，但不便堆物，有碍观瞻，不甚实用。实体式栏板虽笨重呆板，不利通风，却无住户自行改造、随意封堵、外观不雅之虞，且有隔声减噪的功能，方便实用。虚实兼有式栏板则二者利弊兼而有之。

混合式栏杆是指空花式栏杆和栏板两种形式的组合，栏杆竖杆作为主要抗侧力构件，栏板则作为防护和美观装饰的构件。

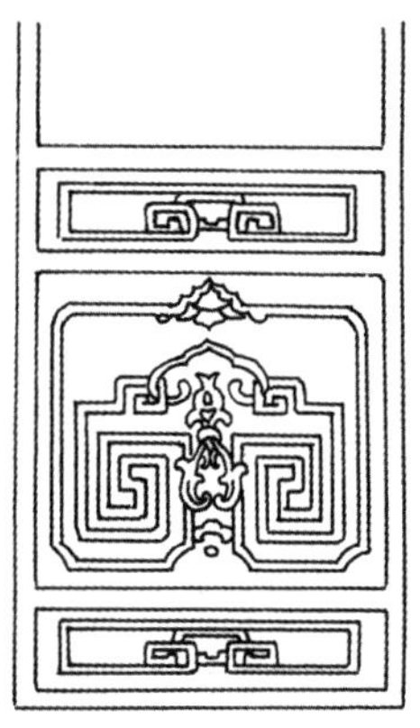
拐纹吉祥草裙板图案

如意头式裙板图案

吉祥如意云头式裙板图案

如意头裙板图案

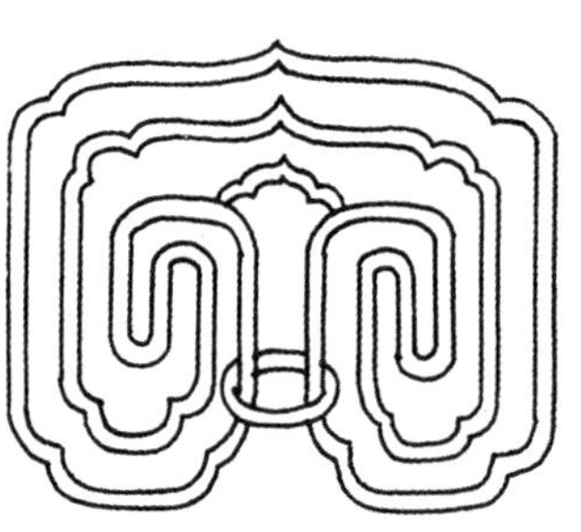
如意双至裙板图案

套如意裙板图案

吉祥草裙板图案

仙草如意裙板图案

如意裙板图案

套如意裙板图案

岁寒三友裙板图案

草龙式裙板图案

五福捧寿式裙板图案

拐龙式裙板图案

天降翔龙式裙板图案

福寿临头式裙板图案

双龙砖雕纹样（明）

夔龙砖雕纹样（明）

勾栏板夔龙纹样（明）

勾栏板双狮图案（明）

勾栏板夔龙图案（明）

勾栏板夔龙图案（明）

草龙式裙板图案

草龙式裙板图案

拐龙纹式裙板图案

天降福寿式裙板图案

草龙式裙板图案二幅（清）

草龙式裙板图案

祥云纹裙板图案

吉祥草裙板图案

天降如意裙板图案

九、门飞罩木雕

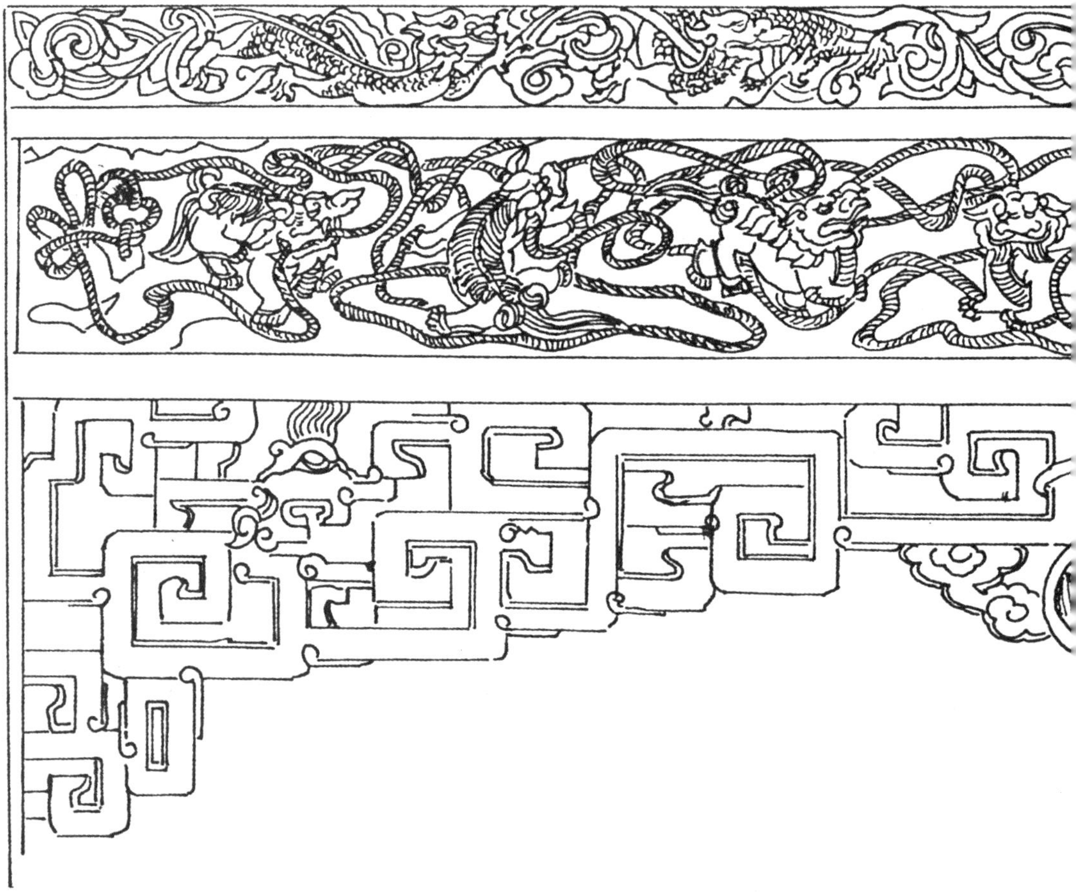

河南开封山陕甘会馆卷草及狮子、龙纹木雕（清）

河南南阳社旗山陕会馆卷草旋子纹样木雕（清）

河南开封山陕甘会馆八马、狮、虎纹样雀替木雕（清）

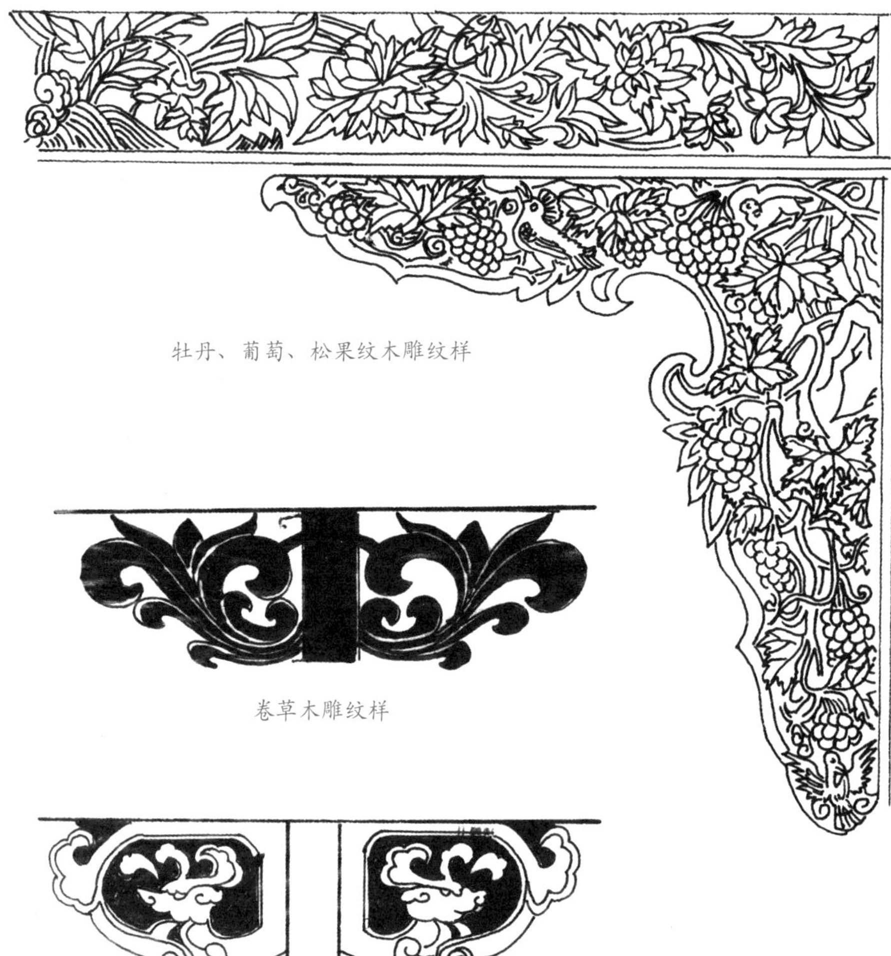

牡丹、葡萄、松果纹木雕纹样

卷草木雕纹样

龙纹木雕纹样

牡丹木雕纹样

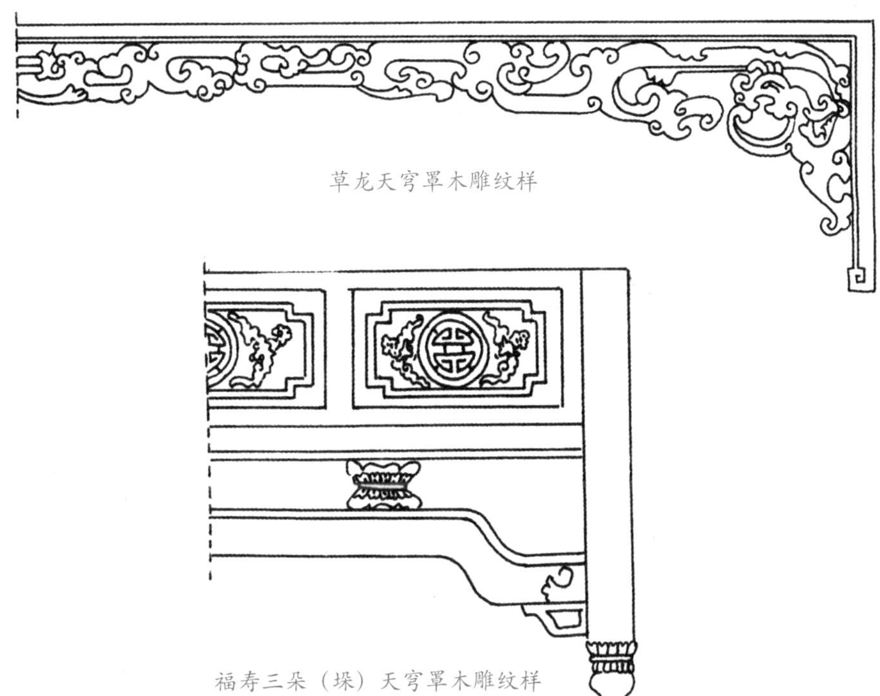

草龙天穹罩木雕纹样

福寿三朵（垛）天穹罩木雕纹样

凤戏牡丹龙纹木雕纹样

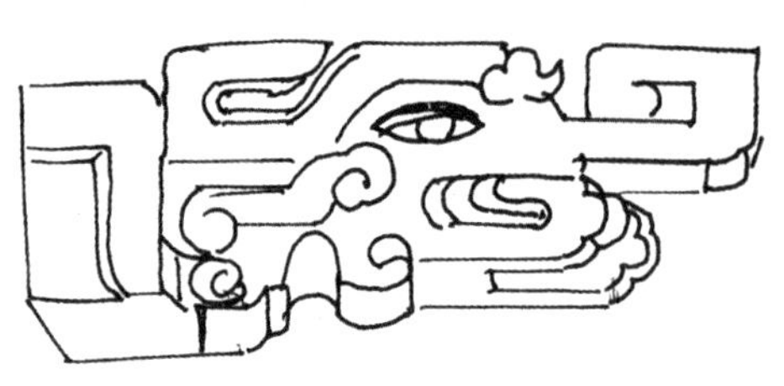
龙纹

龙纹

花卉纹

凤纹

象纹

象云纹

卷草纹

龙纹

河南开封山陕甘会馆（清）

河南南阳社旗山陕会馆（清）

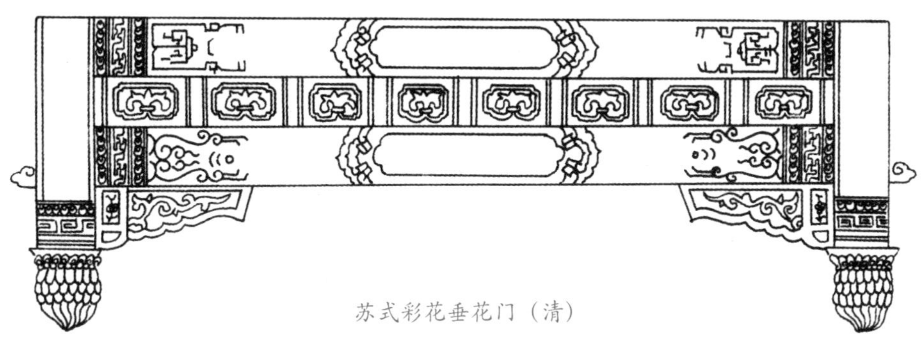

苏式彩花垂花门（清）

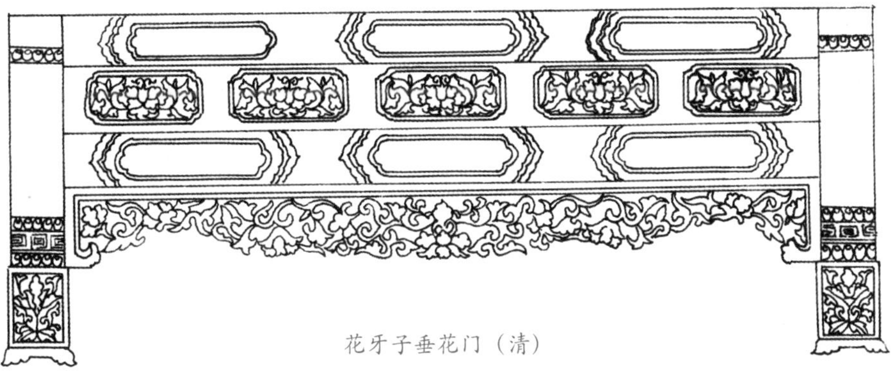

花牙子垂花门（清）

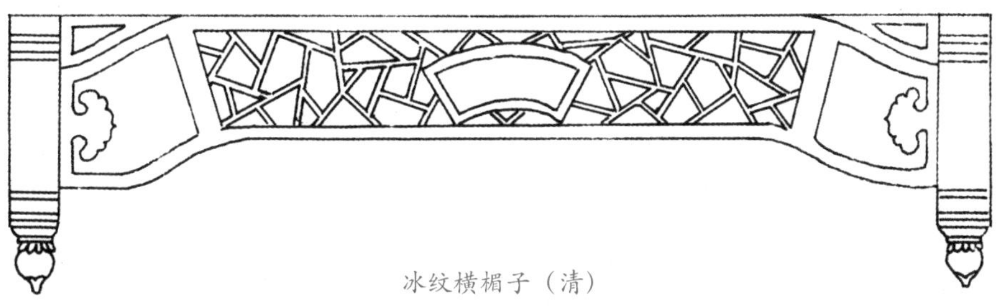

冰纹横楣子（清）

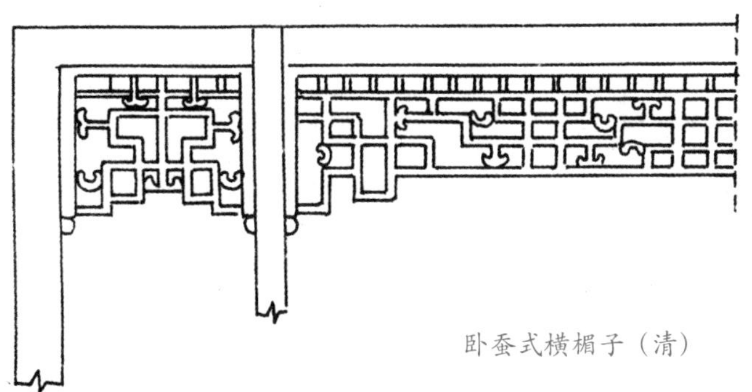

卧蚕式横楣子（清）

双凤牡丹横楣子

凤戏牡丹天穹罩

二龙戏珠天马罩

博古天穹罩

龙纹

云鹤纹

双凤朝阳

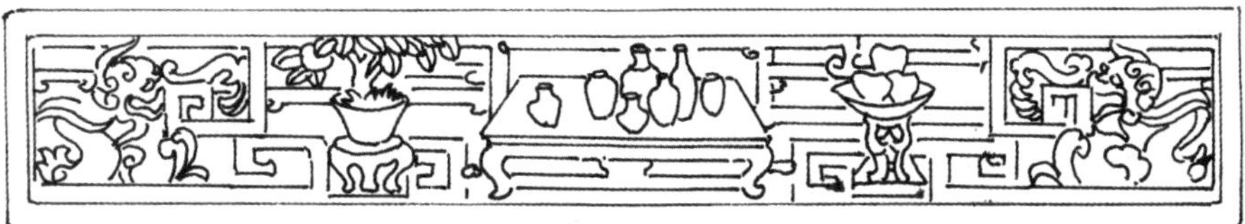

富贵图

卷草纹样

卷草纹

河南开封山陕甘会馆

戴胜纹木雕（清）

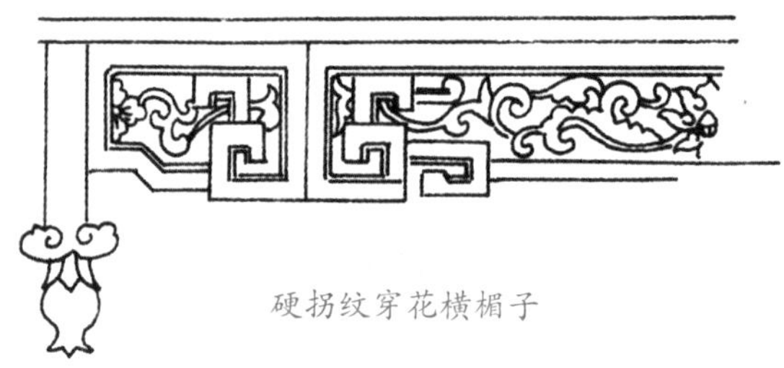

硬拐纹穿花横楣子

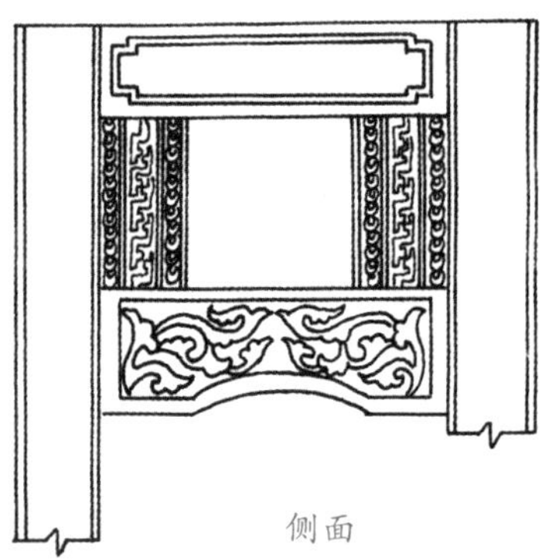

侧面

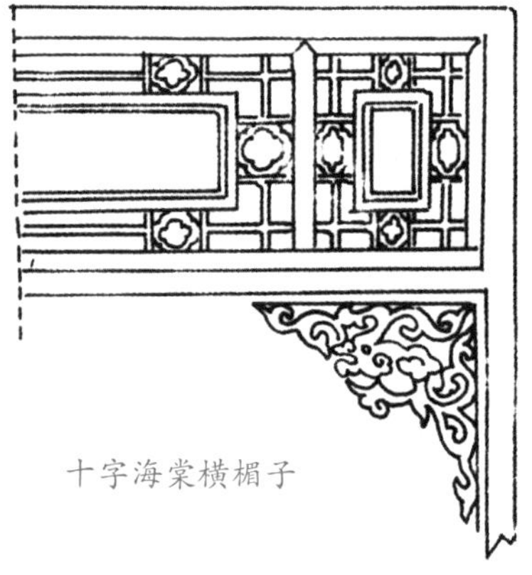

十字海棠横楣子

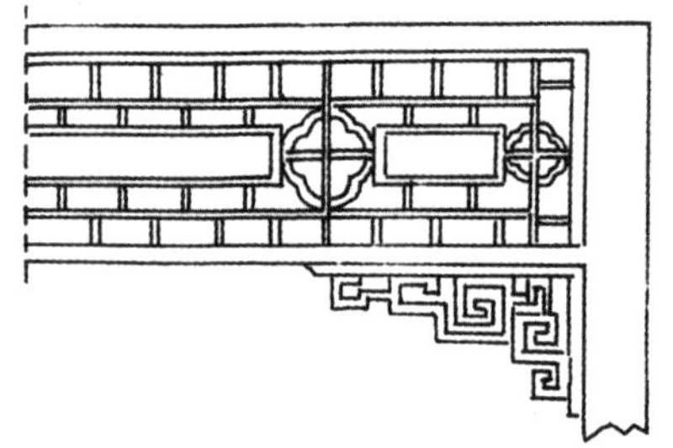

步步锦穿海棠横楣子

四云纹、卷草纹木雕

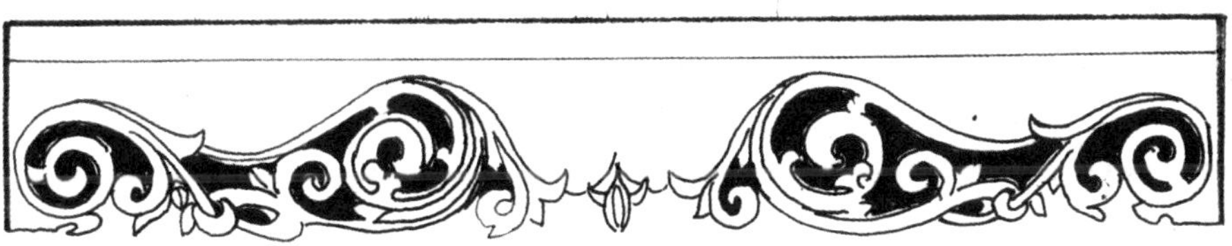

卷草纹木雕

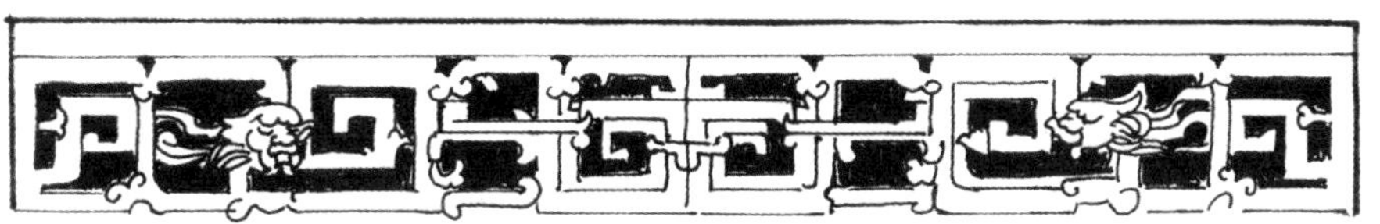

草龙式木雕纹样

树、石、松鼠、龙首、别字纹木雕

河南南阳山陕会馆（清）

云龙寿木雕纹样

河南南阳山陕会馆草龙木雕（清）

河南洛阳关林神龛菊花纹木雕（明）

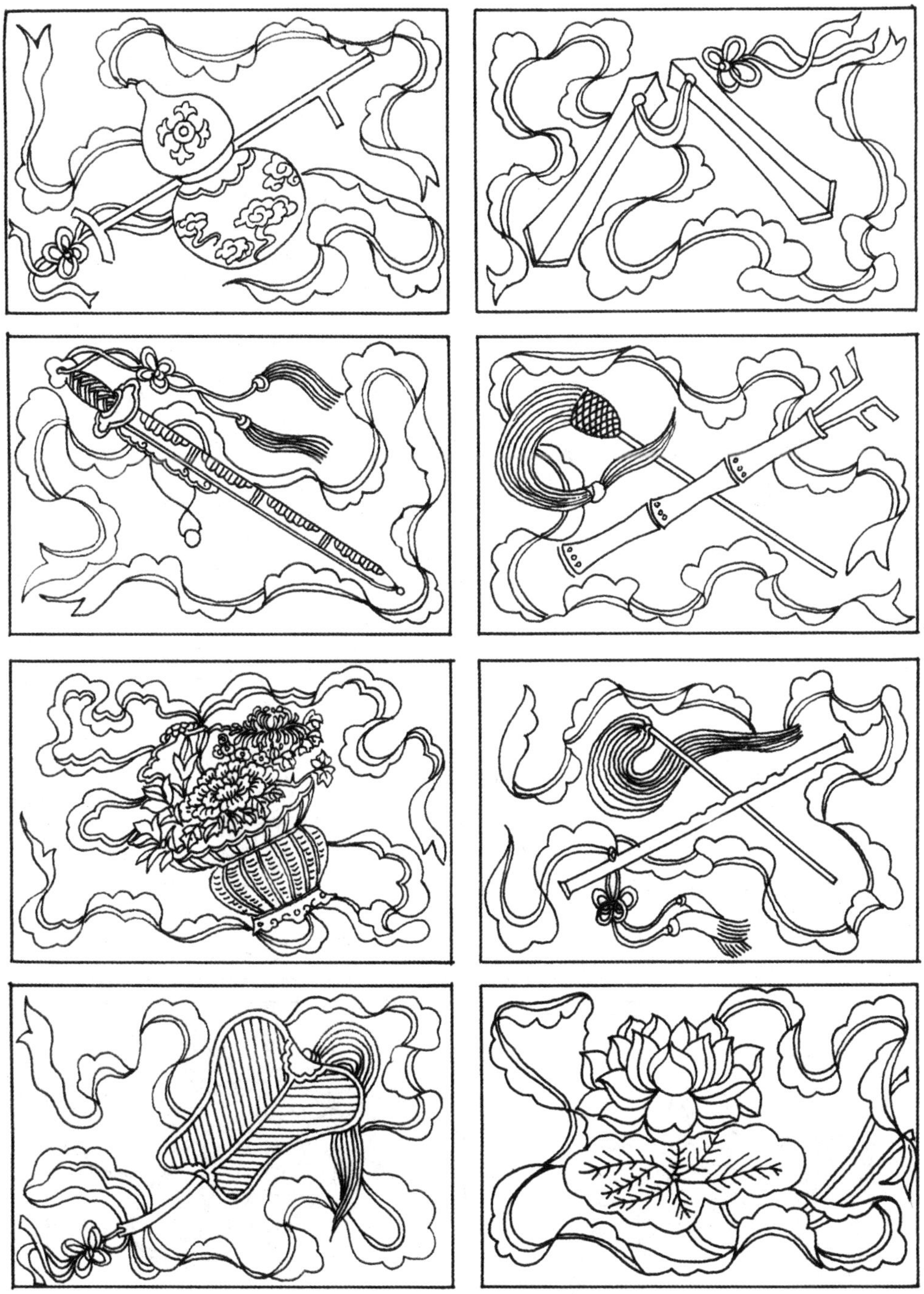

建筑装饰图案——暗八仙

建筑装饰图案——八宝（花、轮、罐、螺、鱼、伞、长、盖）

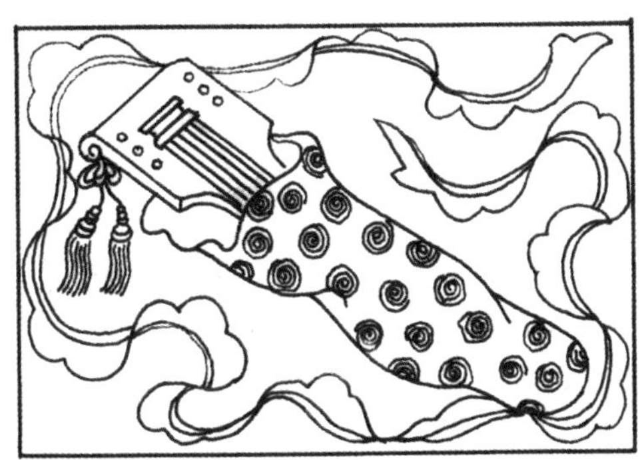

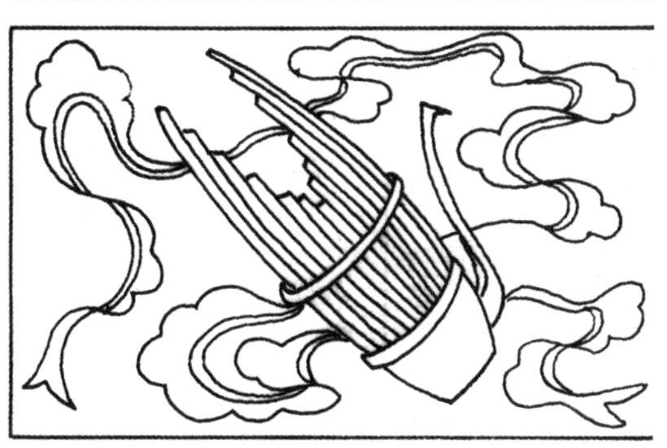

建筑装饰图案——四音
（鼓、钟、磬、笙）

建筑装饰图案——四文
（书、画、琴、棋）

裙板木雕纹样（清）

裙板木雕纹样（清）

十、天花及梁柱彩绘纹样

天花彩绘牡丹（清）

天花彩绘仙鹤（清）

佛经字天花板彩画（清）

天花板彩画（清）

天花板彩画（清）

天花板彩画（清）

天花板彩画（清）

天花板彩画（明）

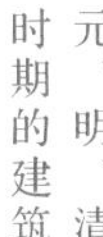

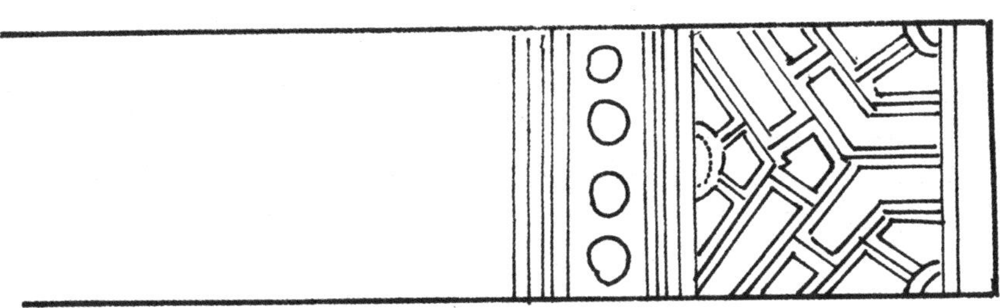

建筑彩画（元）

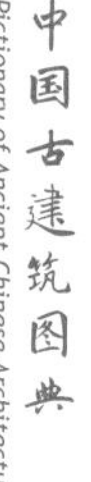

建筑彩画（明）

建筑彩画（明）

建筑彩画（明）

建筑彩画（明）

梁枋大木彩画龙、双凤牡丹（明、清）

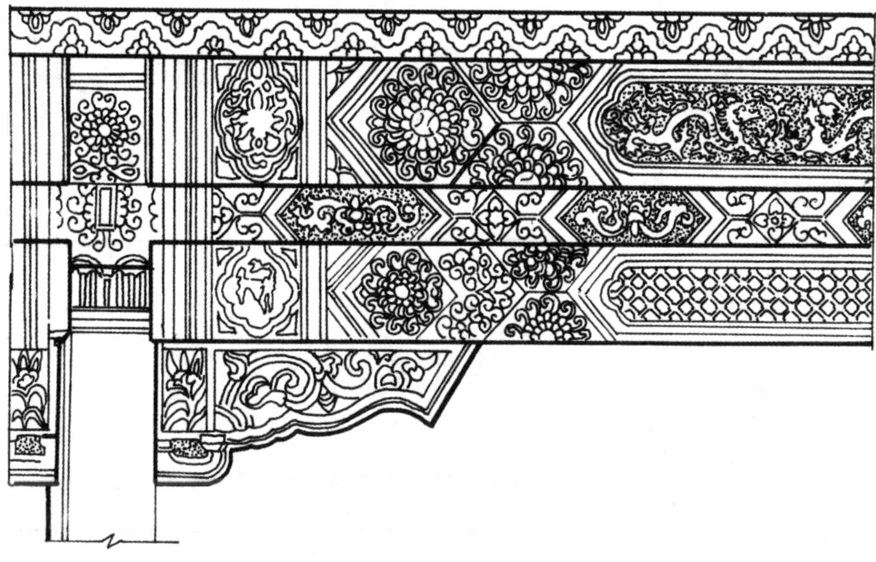

旋子彩画（清）

和玺彩画（清）

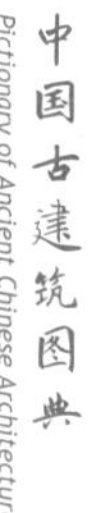

福（蝠寿、卷草）绘画（清）

建筑彩画图案（清）

建筑彩画纹样（清）

建筑彩绘纹样（清）

建筑彩绘纹样（清）

建筑彩绘纹样（清）

建筑彩绘纹样（清）

建筑彩绘纹样（清）

建筑彩绘纹样（清）

建筑彩绘纹样（清）

建筑彩绘纹样（清）

建筑彩绘纹样（清）

建筑彩绘纹样（清）

建筑彩绘纹样（清）

苏式檐板彩画（清）

金琢黑桂檐彩画（清）

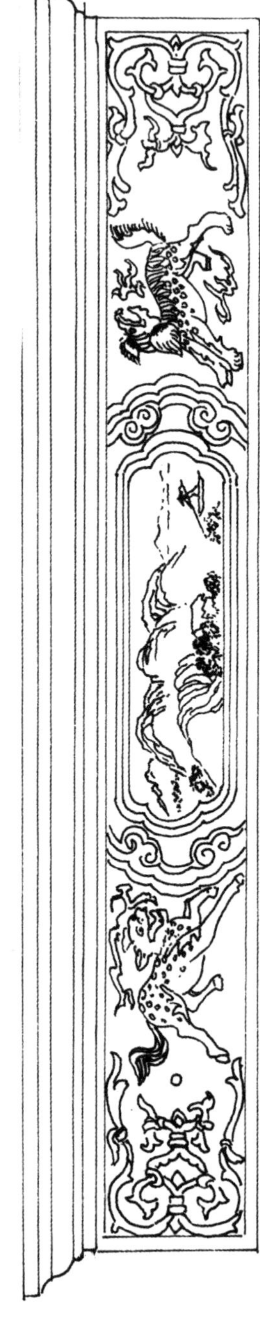

片金桂檐彩画（清）

建筑彩画（清）

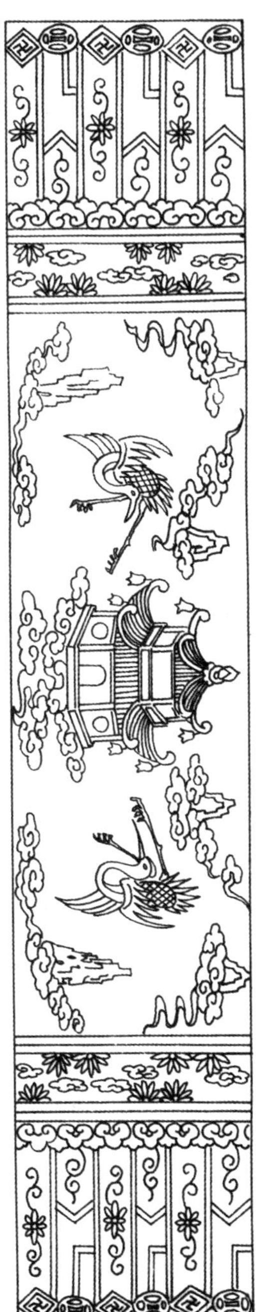

建筑彩画（清）

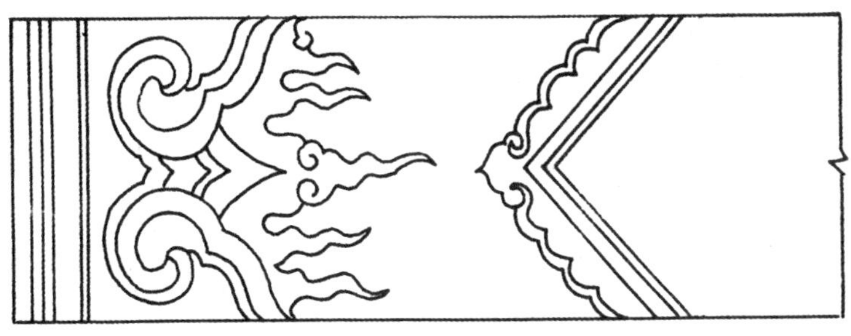

云头火焰建筑彩画

佛手云头建筑彩画

火轮云头建筑彩画

硬拐云蝠建筑彩画

硬拐云头建筑彩画

云头建筑彩画

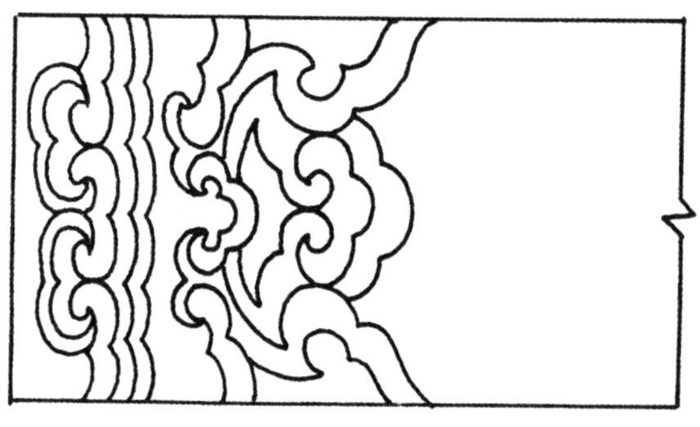

云头建筑彩画

建筑彩绘纹样（清）

二破云头建筑彩画

盆角云头建筑彩画

斗拱及斗拱板彩画

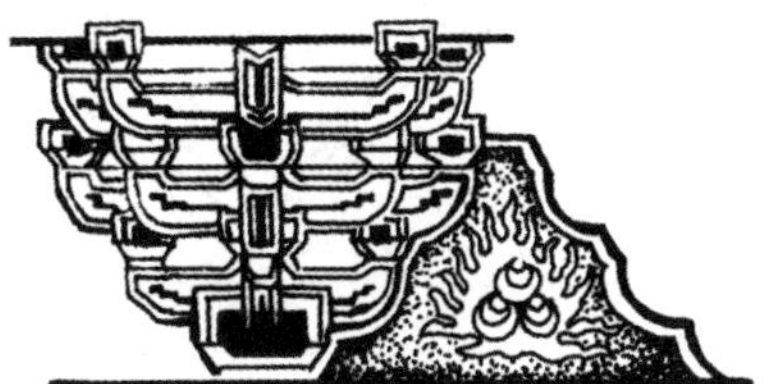

大默金龙锦坊斗拱彩画

建筑彩绘纹样（清）

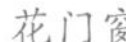

花门窗

建筑彩画（清）

延年益寿天花板彩画

巩义市石窟平拱装饰

寿桃鸟砖雕纹样（清）

卷草石刻

南阳社旗山陕会馆麒麟·寿字石雕（清）

天花板彩画（明）

民居梁柱彩绘

十一、屋山、宝顶、吻兽

宝顶

宝顶是中国古建筑的构件，原用于封护屋脊使之不受雨水等侵蚀，后来逐渐突出装饰性，所用材料多为金属或琉璃，位于建筑的中轴线中央，形状有圆形、束腰圆形、楼阁形或宝塔形。

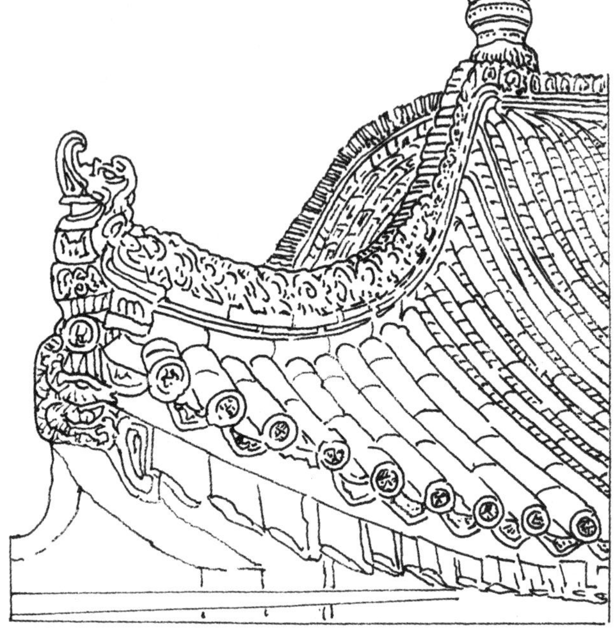

颐和园转轮殿房顶（明）

北京故宫文渊阁碑亭顶（明）

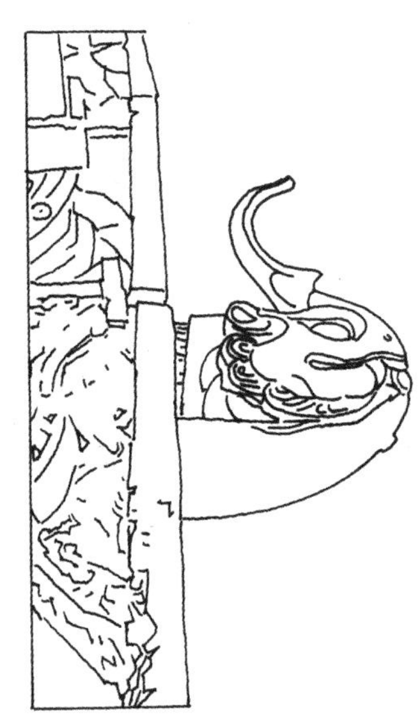

太和殿正吻背兽（明）

宝顶饰样（明、清）

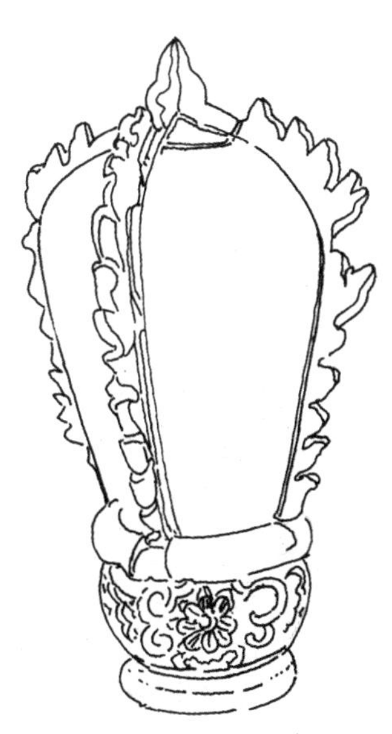

宝顶（清）

牌楼云罐毗卢帽（清）

颐和园多宝塔幡杆云罐

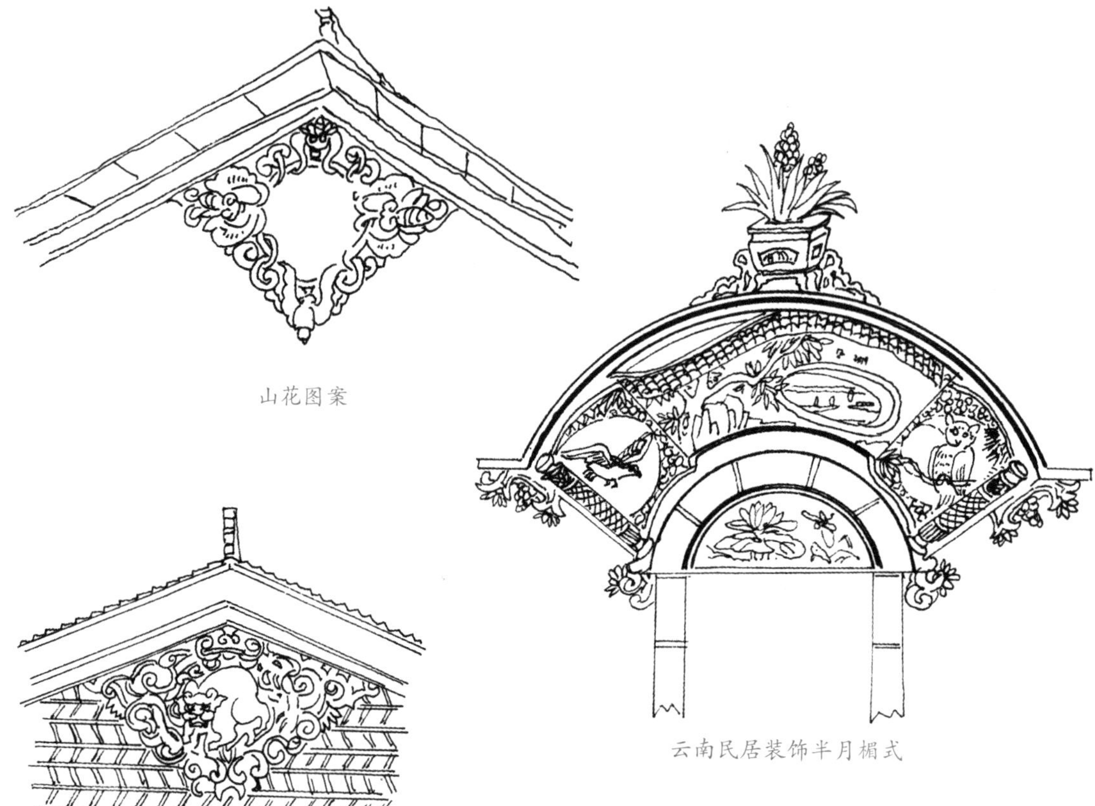

山花图案

山花图案

云南民居装饰半月楣式

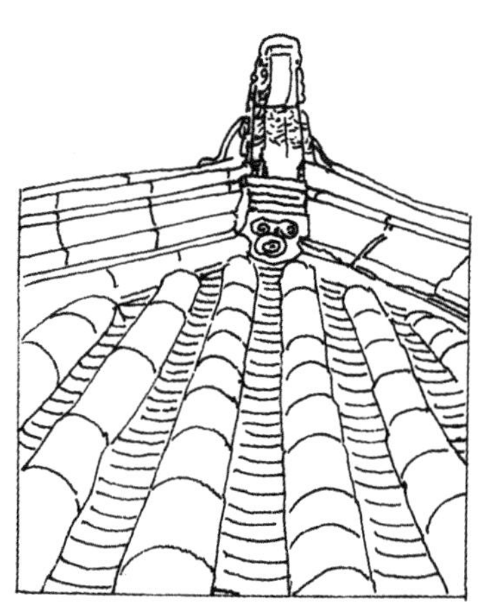

太和殿正吻北面

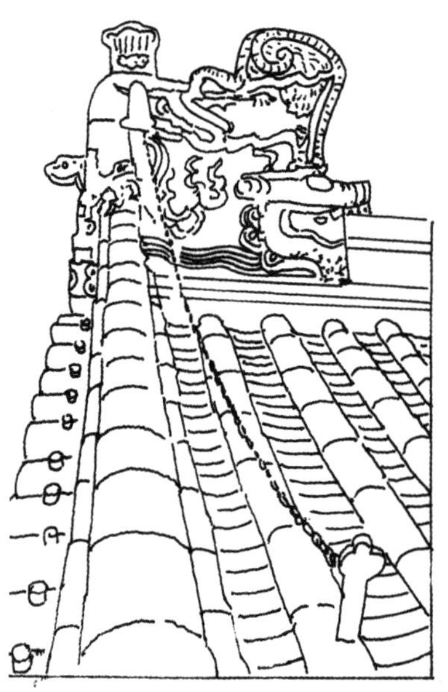

故宫太和门正吻

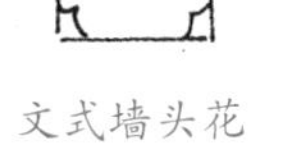

文式墙头花

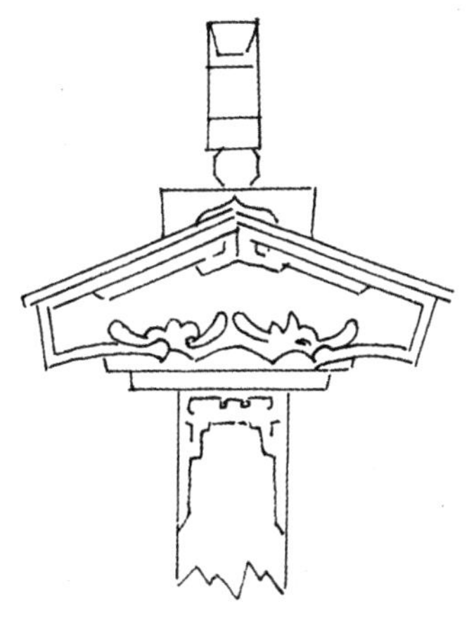

武式墙头花

字牌式

人字楣式

苏州民居古建彩绘纹样

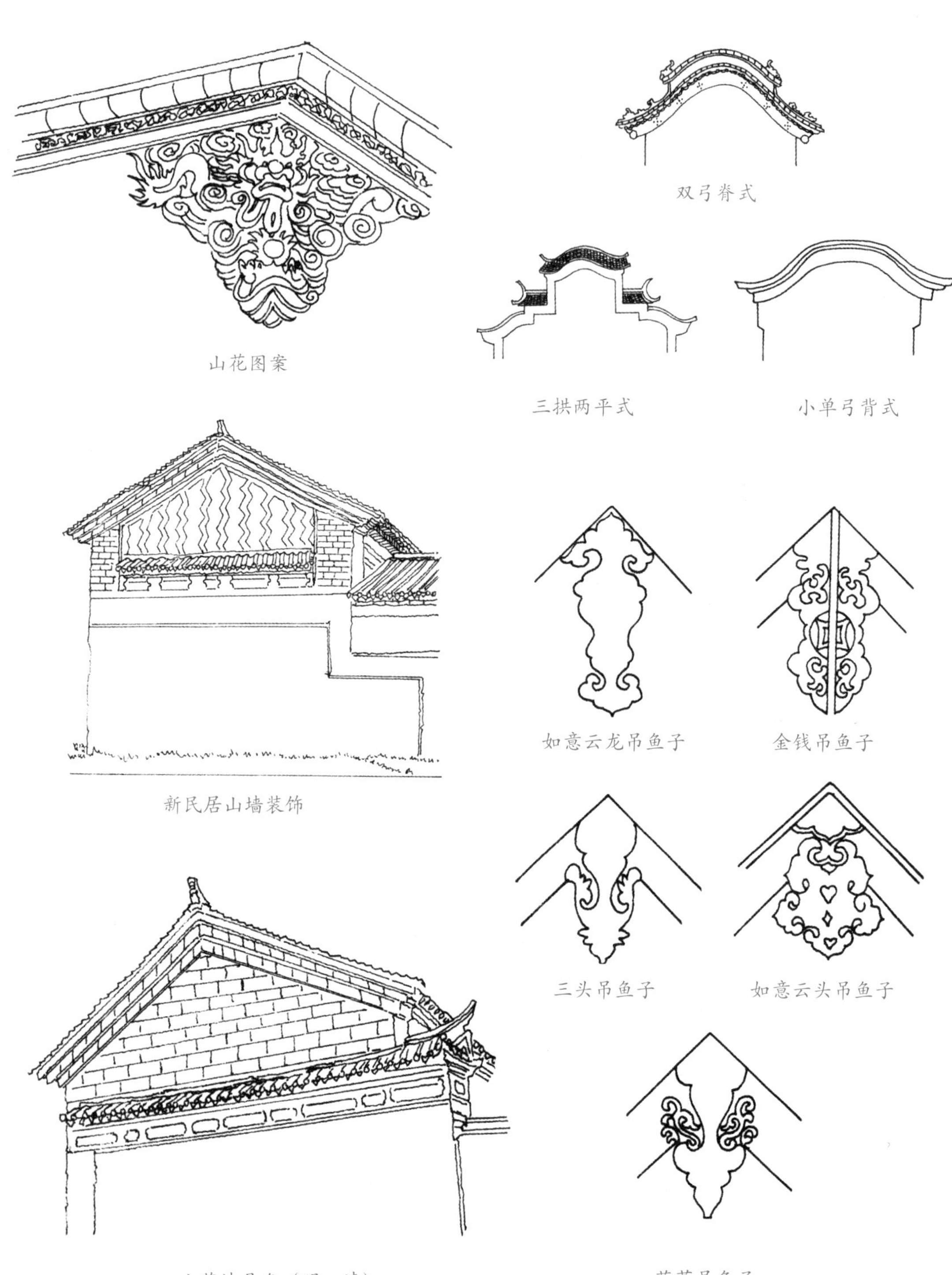

山花图案

双弓脊式

三拱两平式

小单弓背式

新民居山墙装饰

如意云龙吊鱼子

金钱吊鱼子

三头吊鱼子

如意云头吊鱼子

山花墙悬鱼（明、清）

葫芦吊鱼子

苏州民居古建装饰

悬山式
硬观音兜式
大硬山式
八字山墙
软观音兜式
五平净式
五花朝天式
衮脊式
猫拱背式
庑殿顶式
悬山滚脊式
团龙吊鱼子
歇山顶式
五花悬山卷棚顶式
一镂花吊鱼子

明清式北方建筑屋顶

宝顶（明、清）

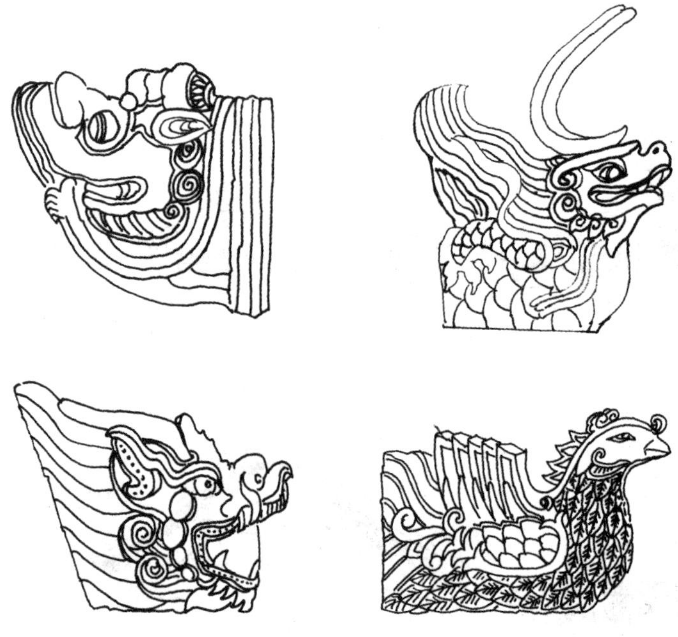

吻兽四种（明、清）

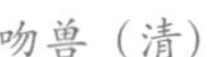

吻兽（清）

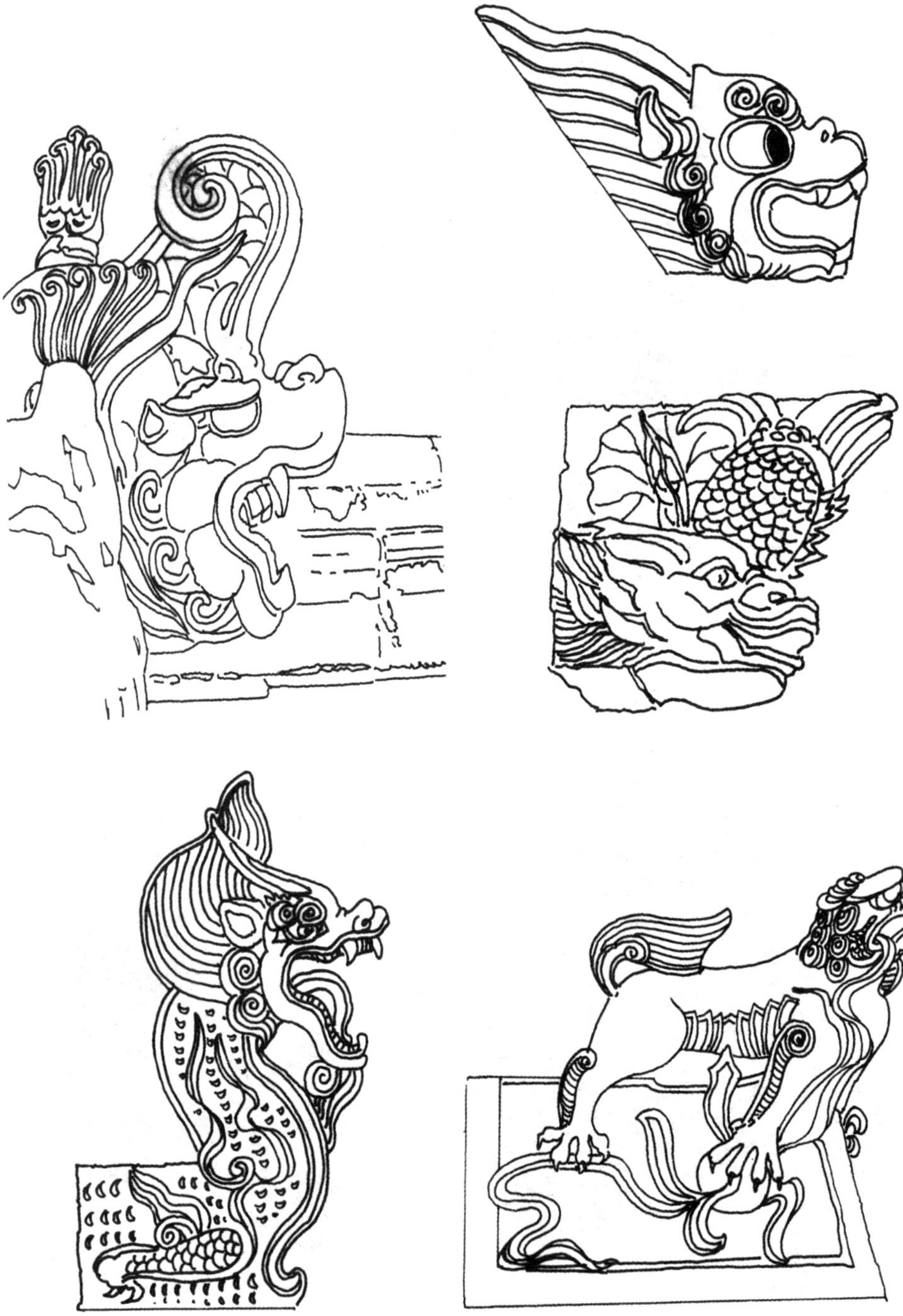

吻兽（清）

十二、垂花门、照壁、洞门

垂花门，是内宅与外宅（前院）的分界线和唯一通道，是四合院中一道很讲究的门。

垂花门是指门上檐柱不落地，而是悬于中柱穿枋上，柱上刻有花瓣联（莲）叶等华丽的木雕，以仰面莲花和花簇头为多。因垂花门的位置是在整座宅院的中轴线上，界分内外，建筑华丽，所以，垂花门是全宅中最为醒目的地方。

垂花门一般都在外院北侧正中，与临街的倒座南房中间那间相对，一般垂花门都建在三层或五层的青石台阶上，垂花门的两侧则为磨砖对缝精致的砖墙。垂花门是四合院内的一个重要建筑，是四合院的外院与内宅的分水岭。垂花门建在四合院的中轴线上，与院中十字甬路、正房一样，同在一条南北走向的主轴线上并最先展示在客人面前。进内宅后的抄手游廊、十字甬路均以垂花门为中轴而左右分开。

前院与内院用垂花门和院墙相隔。外院多用来接待客人，内院则是自家人生活起居的地方，外人一般不得随便出入，连自家的男仆都必须执行。旧时人们常说的“大门不出，二门不迈”,“二门”即指此垂花门。垂花门整座建筑占天不占地，这是垂花门的特色之一，因此垂花门内有一很大的空间，给家庭主妇与女亲友的对话提供了极大的方便。

垂花门的构造

独立柱担梁式垂花门是垂花门中构造最简洁的一种，它只有一排柱，梁架与柱十字相交，挑在柱的前后两侧，梁头两端各承担一根檐檩，梁头下端各悬一根垂莲柱，从侧立面看，整座垂花门形如樵夫挑担，所以被形象地称为“二郎担山”式垂花门。这种垂花门的特点是两面完全对称，从任何一面观赏都有较好的艺术效果。垂花门的两柱间装楹框、安装（攒边门）或屏门。

独立柱担梁式垂花门多见于园林之中，作为墙垣上的花门，在古典皇家园林及大型私园中不乏其例。

一殿一卷式垂花门是垂花门中最普遍、最常见的形式。它既常用于宅院、寺观，也常用于园林建筑。从正立面看，为大屋脊悬山形式，两个垂莲柱悬于麻叶梁头之下，其间由连拢枋、罩面枋相联系。在罩面枋之下，有的安装花罩，做各种题材的雕刻，也可装雀替。在前檐两柱间安装楹框、门扉。垂花门的背立面为卷棚悬山形式，柱间装屏门，起屏障作用。一殿一卷式垂花门主要梁架为麻叶抱头梁。它的前端落于后檐柱柱头之上，前端与前檐柱相交，并挑出于前檐柱之外一步架。梁头下面悬有垂莲柱。在麻叶抱头梁之下，前后共承托六根桁檩，其中三根，一根落于前檐柱柱头檩碗中，成为脊部的脊檩，其余两根安装在后部的月梁上，作为卷棚部分的双脊檩。

四檩廊罩式垂花门多见于园林之中，常与游廊相连接，并作为横穿游廊的路口，其面宽按一般垂花门，或根据实际需要定。廊罩式垂花门是两面完全对称的建筑，这点与一殿一卷式垂花门不同。由于两面都有垂莲柱，所以，梁头两端均向外挑出，挑出长度（即柱与垂莲柱中间）一般与游廊上出相等。梁两端上面挖檩碗承檐檩，下面悬挑垂莲柱。梁的中间部分装瓜柱安角背上承月梁，担双脊檩（两脊檩间距离常定为三檩径），使垂花门梁架构成四檩卷棚形式。在四架麻叶抱头梁之下有麻叶穿插枋，作为联系两柱并悬挑垂莲柱的主要构件。为构架稳定及安装方便，在面宽方面，两柱柱头间还有跨空枋相联系。

垂花门的装饰

垂花门中另外一个重要的装饰是抱鼓石。抱鼓石都与门枕石连在一起，放置在垂花门门口两侧专门用来稳定檐柱。以门槛为界，在外侧带雕刻装饰的是抱鼓石，内侧是用来安置门扇的是门枕石。因此抱鼓石也有一定的实用功能。园内抱鼓石一般采用汉白玉雕刻，按形状分圆形和方形两种。雕刻图案内容丰富，以松鹤延年、鹤鹿同春、犀牛望月、麒麟献宝、如意草、宝相花、荷花等为主，表达着福寿吉祥的寓意。

彩画装饰也是垂花门装饰的重要手法。颐和园中垂花门的彩画形式主要为清苏式彩画。彩画的内容丰富多彩，题材大多为山水花鸟、人物故事、线法等，内容常常是为封建帝王歌功颂德或表示多福多寿等吉祥寓意的内容。

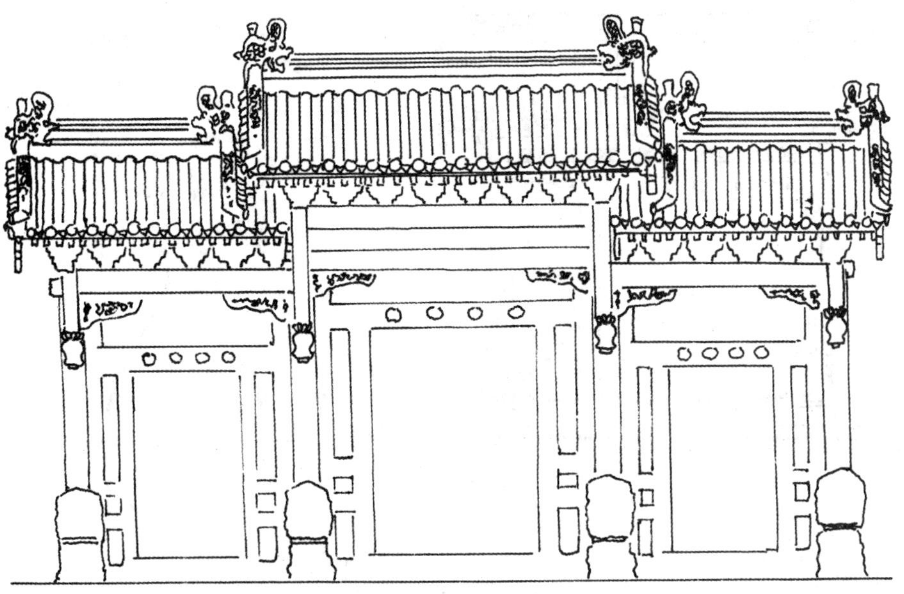

北京西黄寺垂花门正面（清）

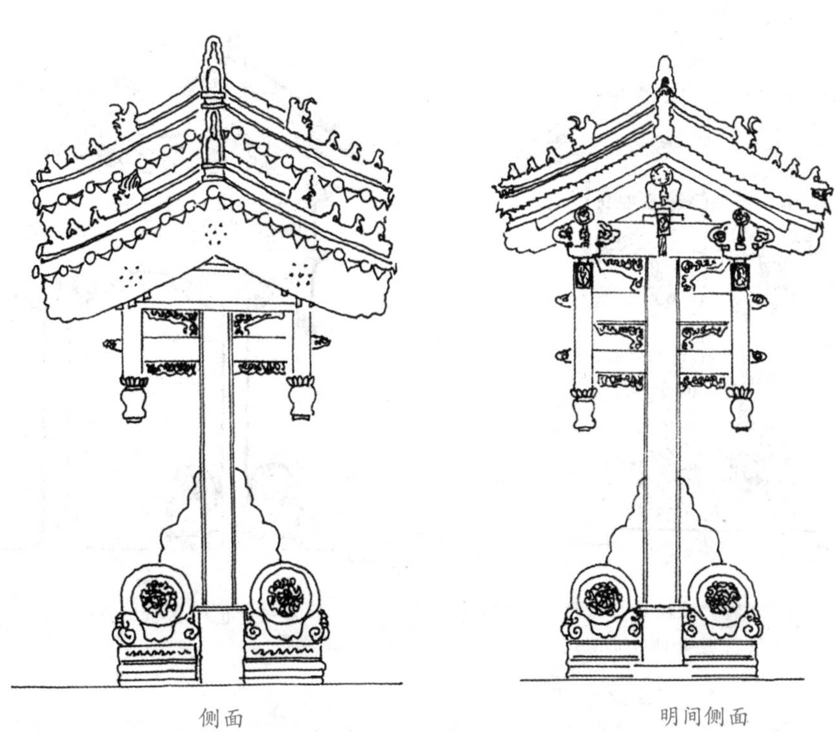

侧面　　明间侧面

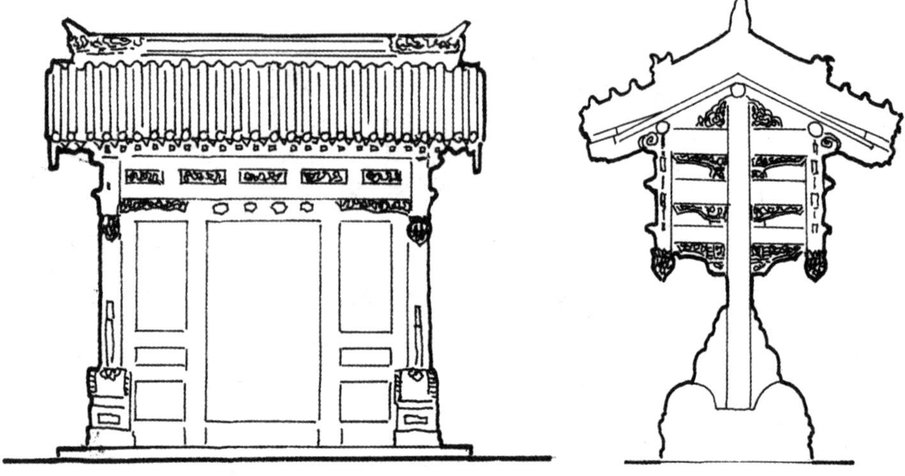

北京北海漪澜堂垂花门（清）

独柱前后出厦垂花门明间剖面（清）

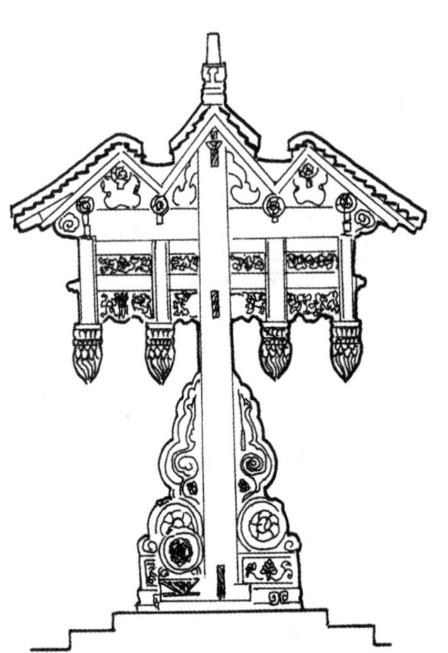

《工程做法则例》独柱前后出厦垂花门复原图明间剖面（清）

护国寺垂花门复原图剖面（清）

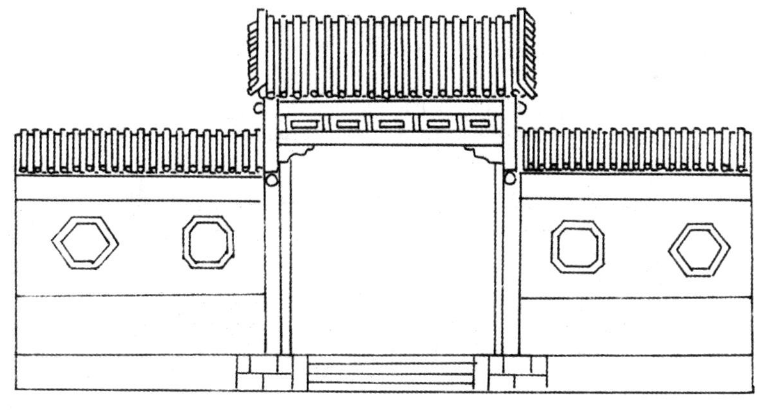

北方衮背式仪门什锦窗墙

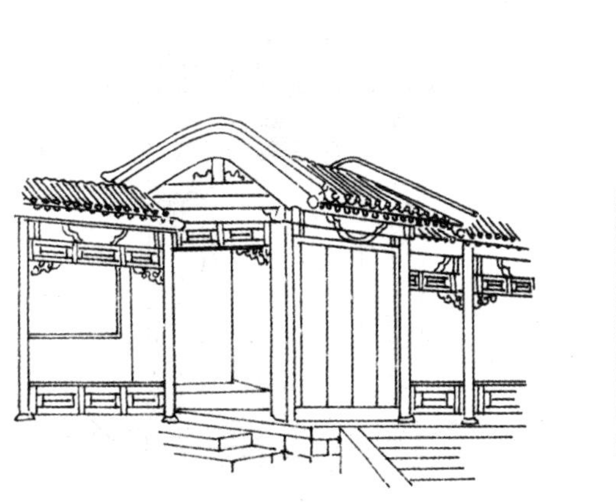

北方衮背式穿廊仪门

起脊式角门

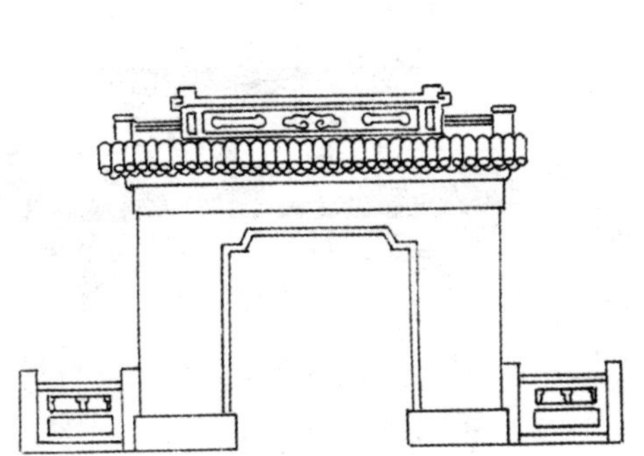

接栏式园林屏风门

门墙门罩拱门

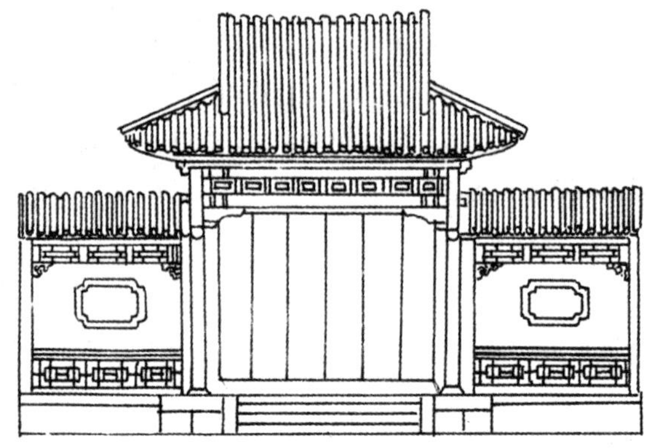

卷棚式北方垂花仪门内观

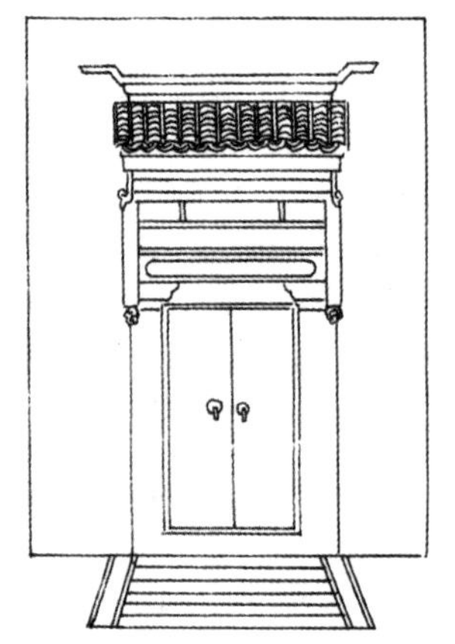

南方门罩式角门

卷棚式垂花门外观

南方八字大门

广东宗祠仪门

画凤角门

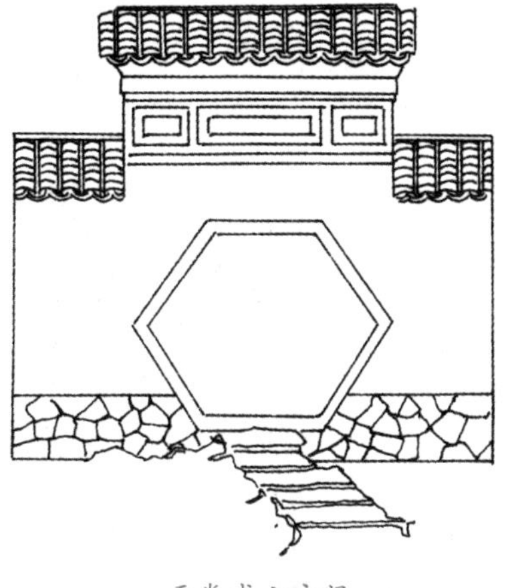

平脊式六方门

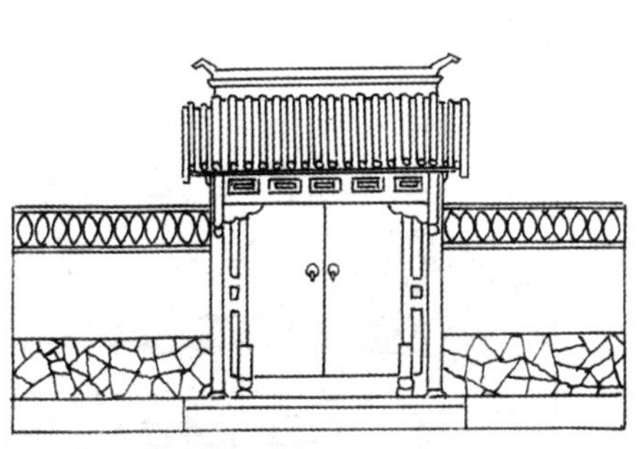

角脊式北方垂花仪门外观

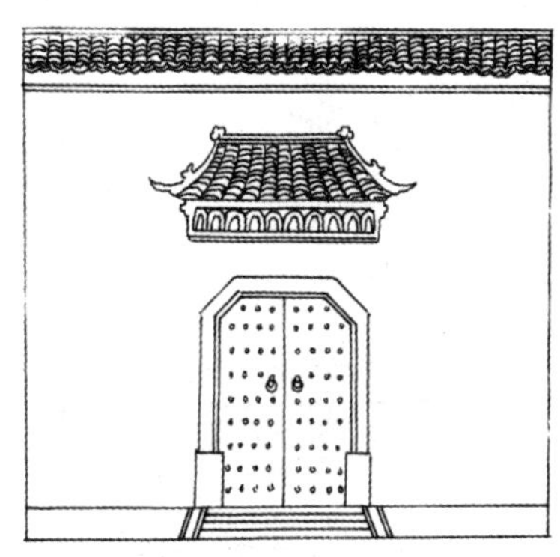

南方依墙罩式角门

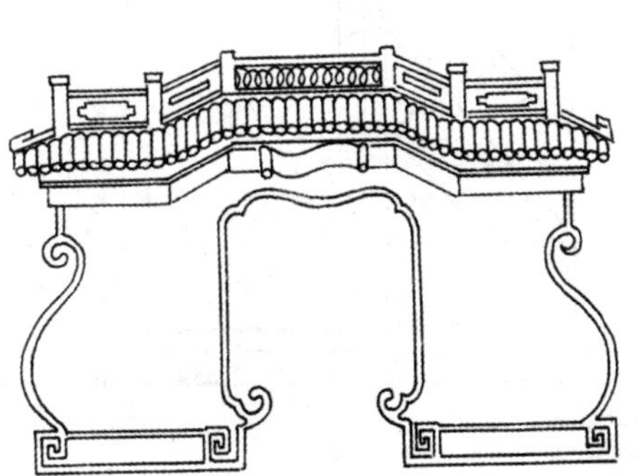

顶栏式云头园林屏风门

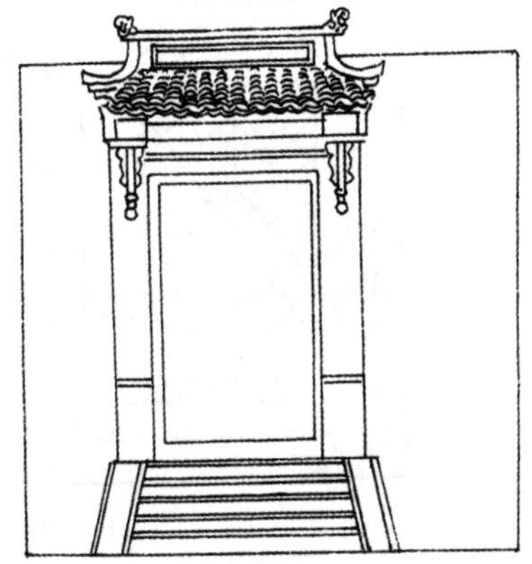

南方角门

南方朝天式八字拱门

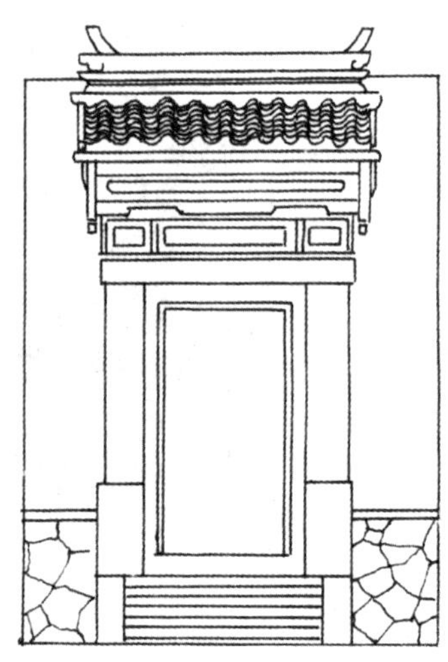

南方角门

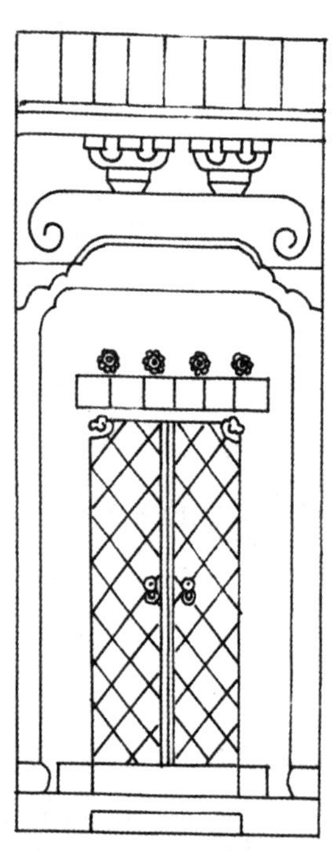

南方斗拱砖面角门

南方依墙式门罩角门

琉璃宫门

南方斗方式牌楼角门

蒙古王府描龙大门走马板式大门

南方门罩式角门

小翅脊角门

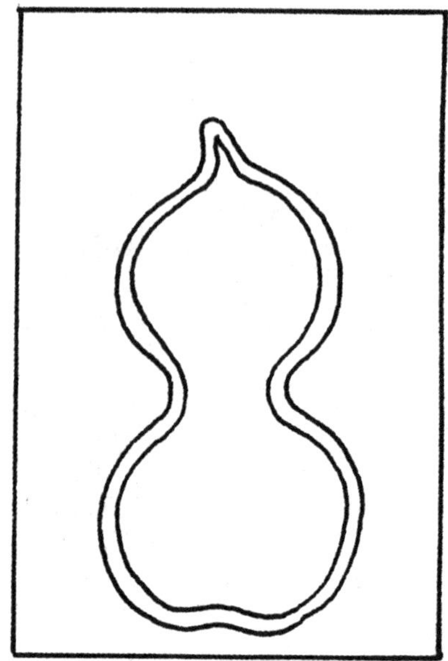
葫芦式角门

美人结式角门

汉瓶式角门

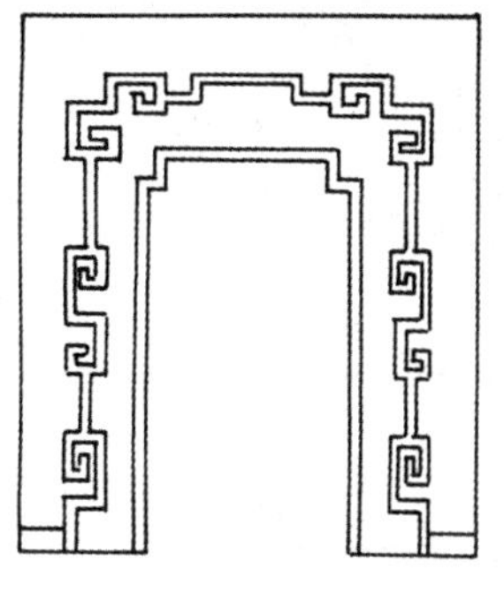
外拐纹角门

内入角口角门

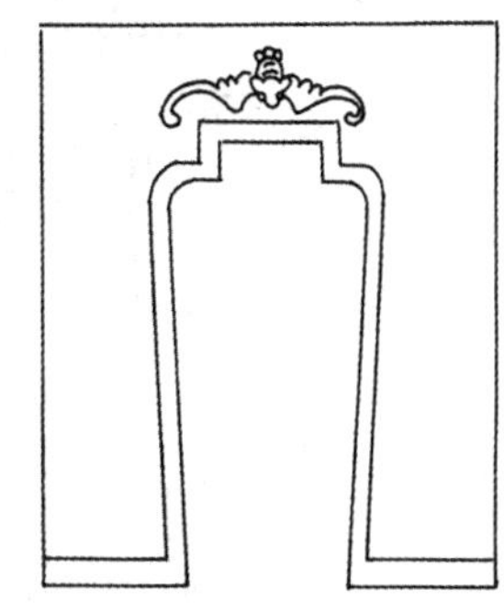
汉瓶式角门

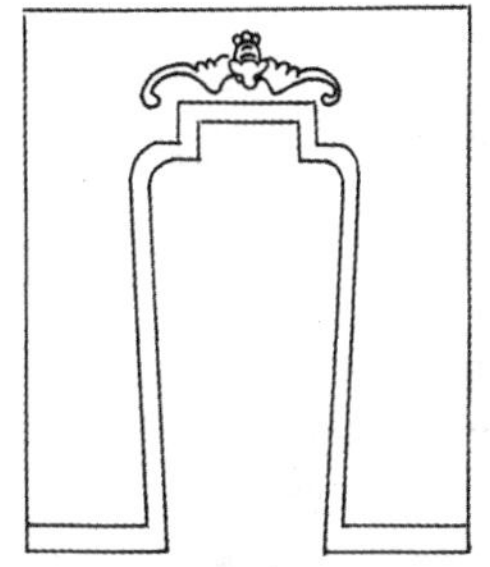
云头执圭角门

勾莲顶角门

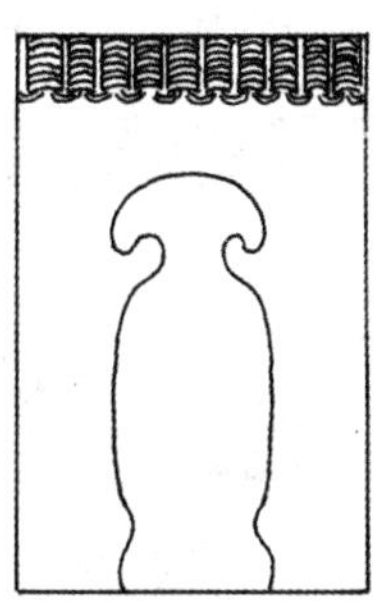
倒悬鱼式角门

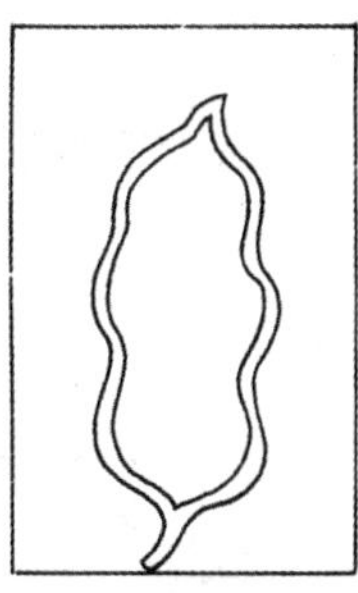
蕉叶式角门

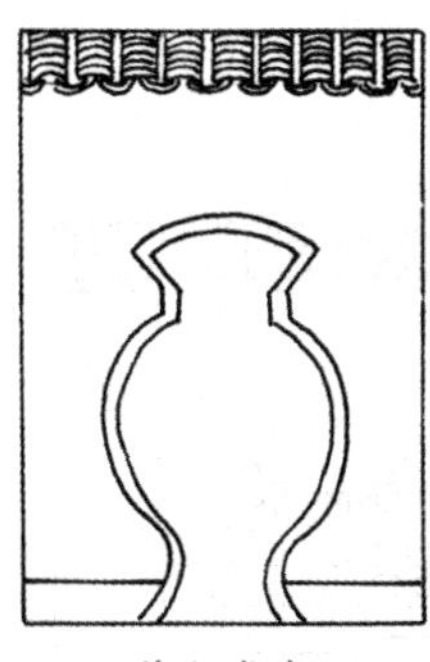
尊瓶式角门

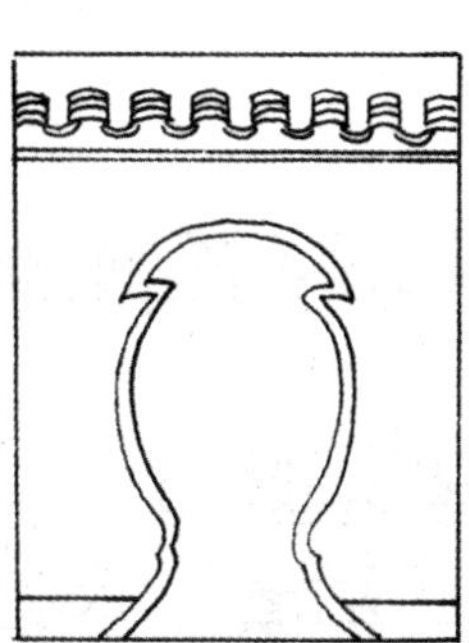
秦汉砣式角门

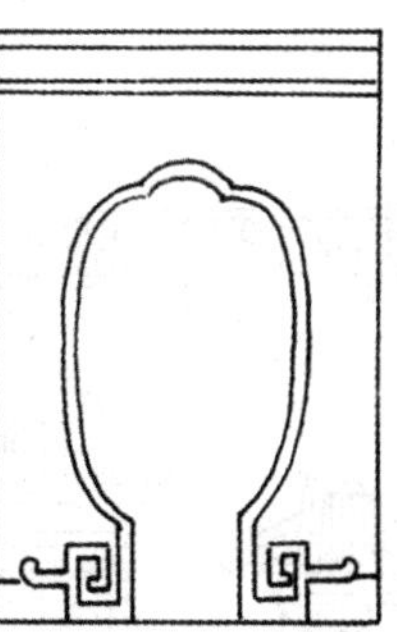
牡丹花瓣角门

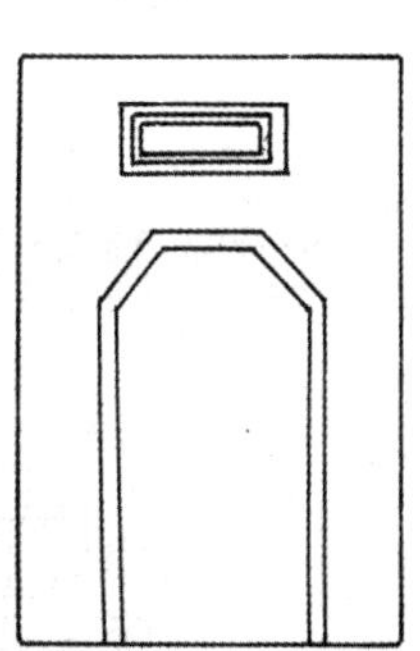
执圭式角门

内宅粉墙门

门式建筑造型（明、清）

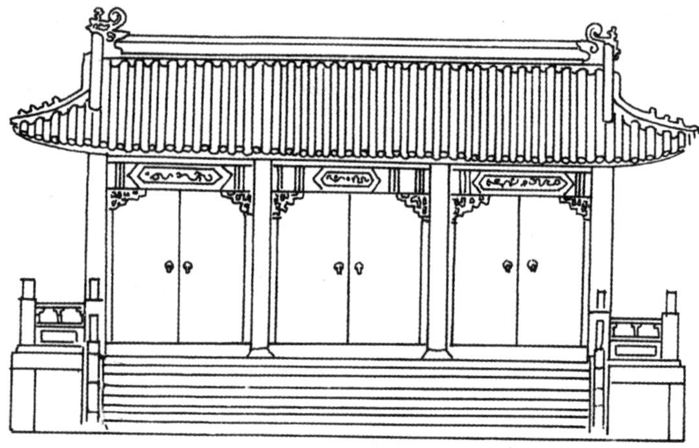

清式单重檐三洞大门

拱形宫门

方形宫门

形式立面图

形式立面图

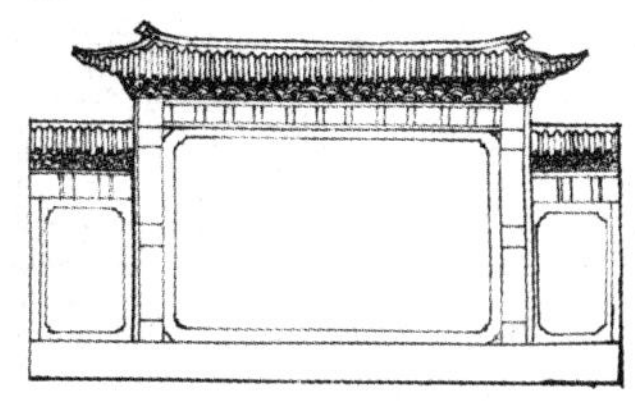
宽度等于四间正房面开照壁立面图

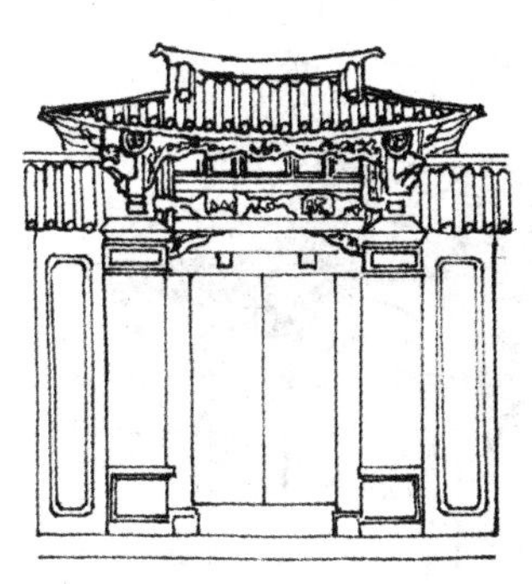
形式立面图

形式立面图

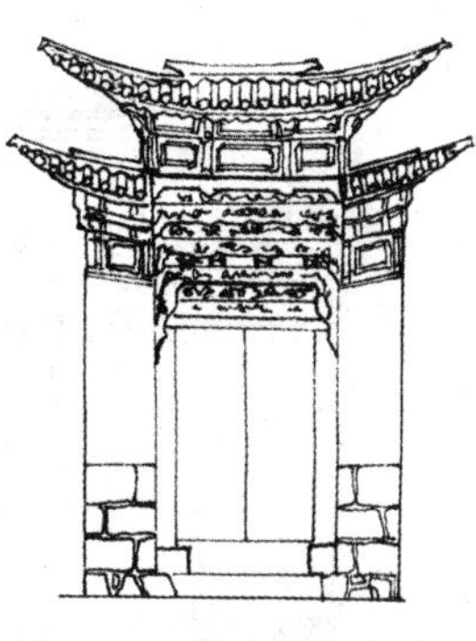
形式立面图

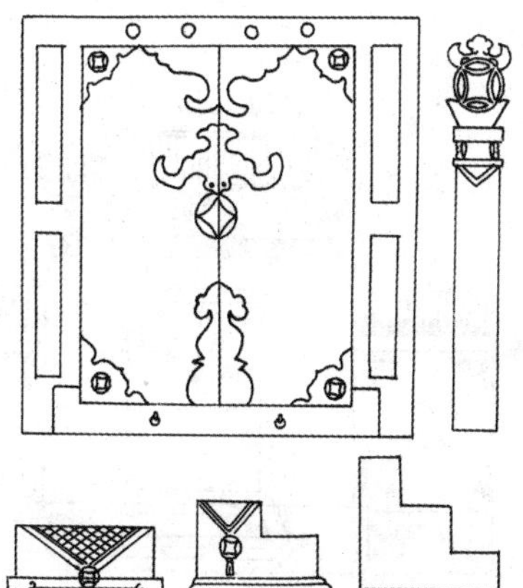
东北四季发财、福至眼前式大门及门前装饰物

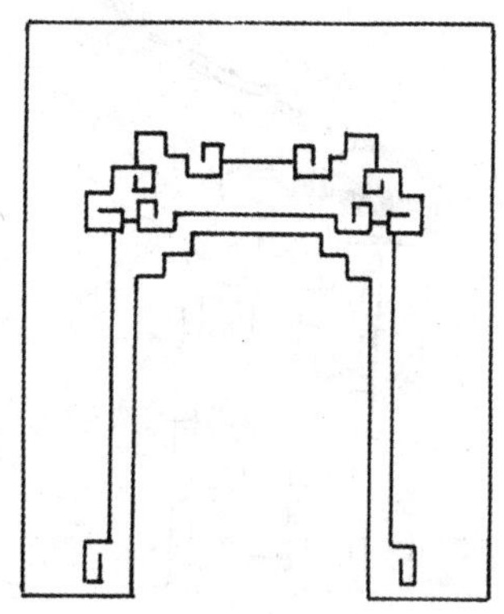
内拐纹角门

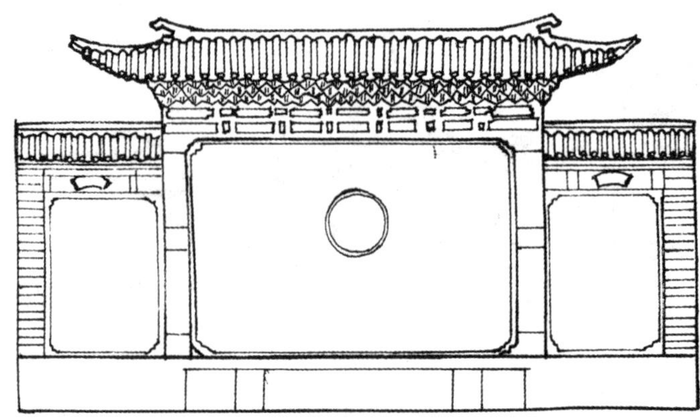

照壁正立面

玄宫门

有厦式门楼

无厦大门

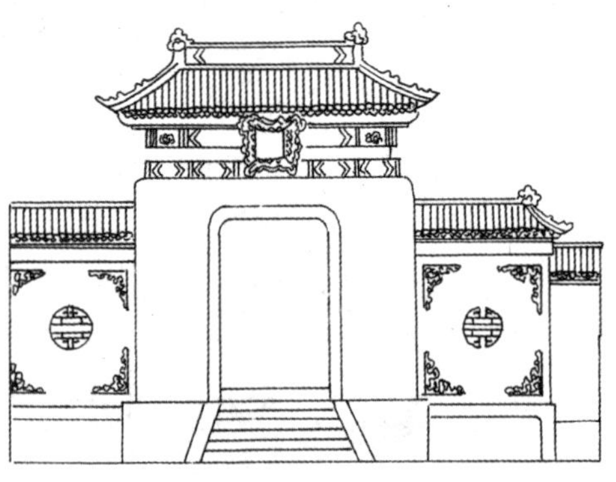

照壁大门

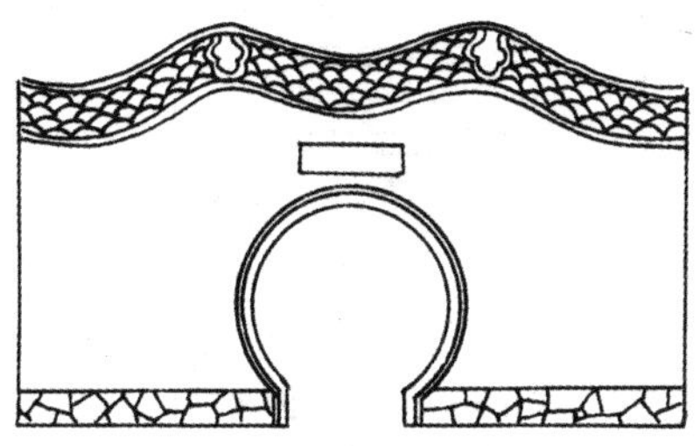
玻璃墙月洞门

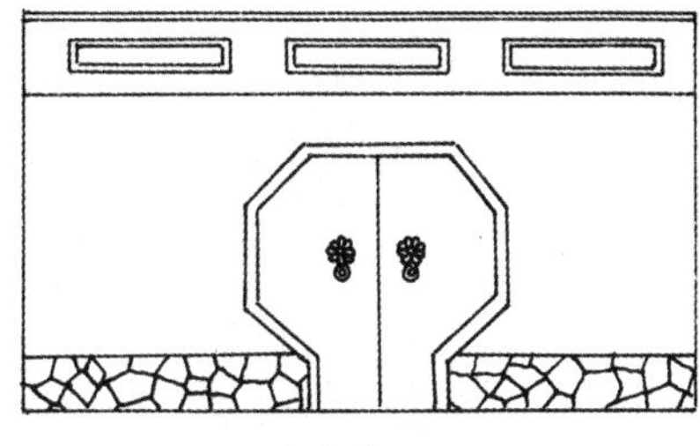
十方东门

如意头洞门

接栏杆式洞门

洞门

中国园林的园墙常设洞门。洞门仅有门框而没有门扇，常见的是圆洞门，又称月亮门、月洞门；还可作成六角、八角、长方、葫芦、蕉叶等不同形状。其作用不仅引导游览、沟通空间，本身又成为园林中的装饰。通过洞门透视景物，可以形成焦点突出的框景。采取不同角度交错布置园墙、洞门，在强烈的阳光下会出现多样的光影变化。

北方衮脊式什锦窗墙仪门

垫石海棠洞门

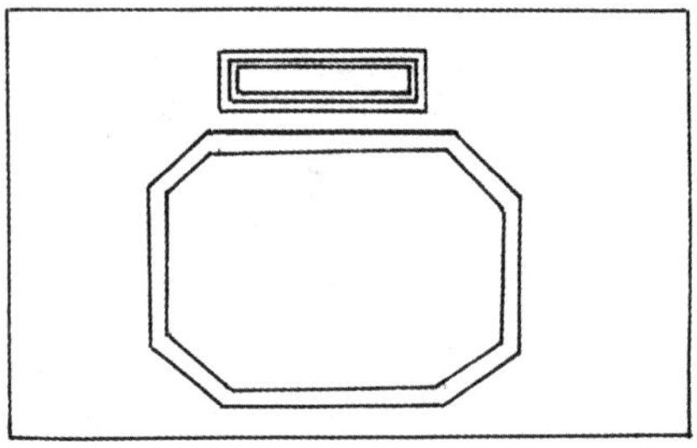

八方洞门

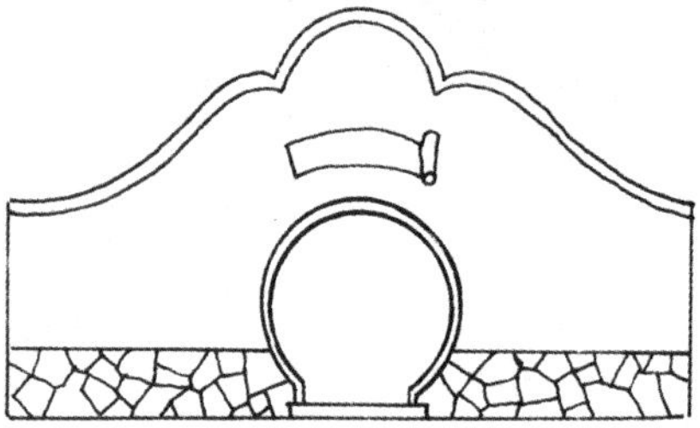

拱背墙月洞门

如意洞门

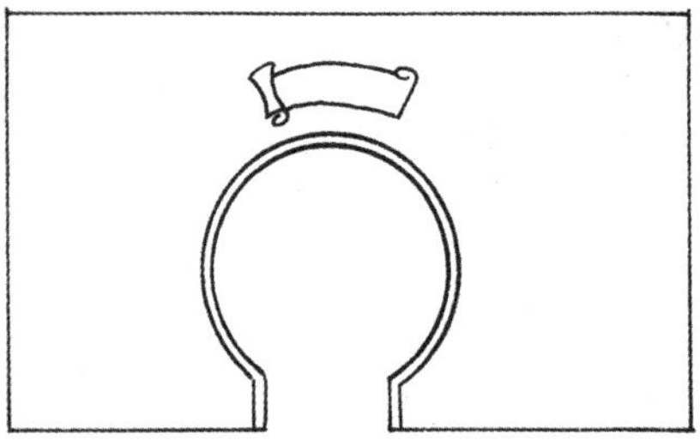

月洞式门

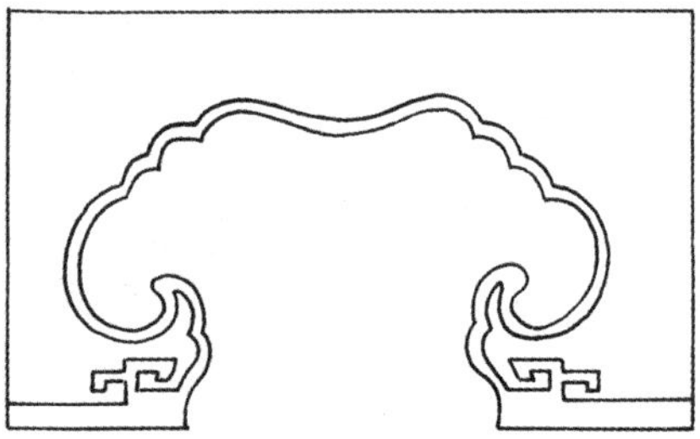

祥云洞门

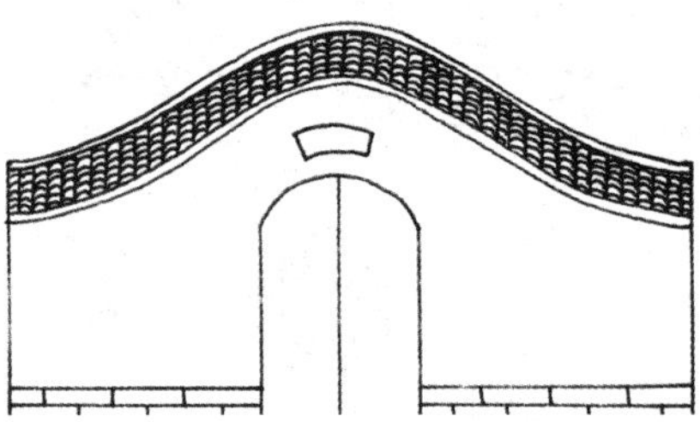

波浪墙拱门

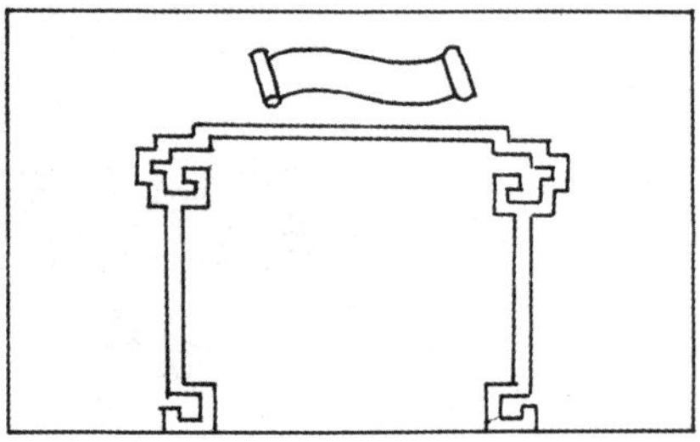

拐纹洞门

园林粉墙门

门式建筑造型（明、清）

十三、亭、廊、楼阁

中国古代建筑中的多层建筑物。早期楼与阁有所区别，楼指重屋，多狭而修曲，在建筑群中处于次要位置；阁指下部架空、底层高悬的建筑，平面呈方形，两层，有平坐，在建筑群中居主要位置。后来楼与阁互通，无严格区分。楼阁多为木结构，构架形式有井傒式、重屋式、平坐式、通柱式等。佛教传入中国后，大量修建的佛塔即为楼阁建筑。

楼阁泛指楼房。阁是架空的楼。《后汉书·吕强传》:“造起馆舍，凡有万数，楼阁连接，丹青素垩，雕刻之饰，不可单言。”唐白居易《长恨歌》:“楼阁玲珑五云起，其中绰约多仙子。”

中国古代建筑中的多层建筑物中，楼与阁在早期是有区别的。楼是指重屋，阁是指下部架空、底层高悬的建筑。阁一般平面近方形，两层，有平坐，在建筑组群中可居主要位置，如佛寺中有以阁为主体的，独乐寺观音阁即为一例。楼则多狭而修曲，在建筑组群中常居于次要位置，如佛寺中的藏经楼，王府中的后楼、厢楼等，处于建筑组群的最后一列或左右厢位置。后世楼阁两字互通，无严格区分，不过在建筑组群中给建筑物命名仍有保持这种区分原则的。如清代皇家的几处大戏园，主体舞台建筑平面近方形的均称“阁”，观戏扮戏的狭长形重屋均称“楼”。

古代楼阁有多种建筑形式和用途。城楼在战国时期即已出现。汉代城楼已高达三层。阙楼、市楼、望楼等都是汉代应用较多的楼阁形式。汉代皇帝崇信神仙方术之说，认为建造高峻楼阁可以会仙人。武帝时建造的井干楼高达五十丈。佛教传入中国后，大量修建的佛塔建筑也是一种楼阁。北魏洛阳永宁寺木塔，高四十余丈，百里之外，即可遥见。建于辽代的山西应县佛宫寺释迦塔高67.31米，仍是中国现存最高的古代木构建筑。历史上有些用于庋藏的建筑物也称为“阁”，但不一定是高大的建筑，如石渠阁、天一阁等。可以登高望远的风景游览建筑往往也用楼阁为名，如黄鹤楼、滕王阁等。

中国古代楼阁多为木结构，有多种构架形式。以方木相交叠垒成井栏形状所构成的高楼，称井干式；将单层建筑逐层重叠而构成整座建筑的，称重屋式。唐宋以来，在层间增设平台结构层，其内檐形成暗层和楼面，其外檐挑出成为挑台，这种形式宋代称为平坐。各层上下柱之间不相通，构造交接方式较复杂。明清以来的楼阁构架，将各层木柱相续成为通长的柱材，与梁枋交搭成为整体框架的通柱式。此外，尚有其他变异的楼阁构架形式。

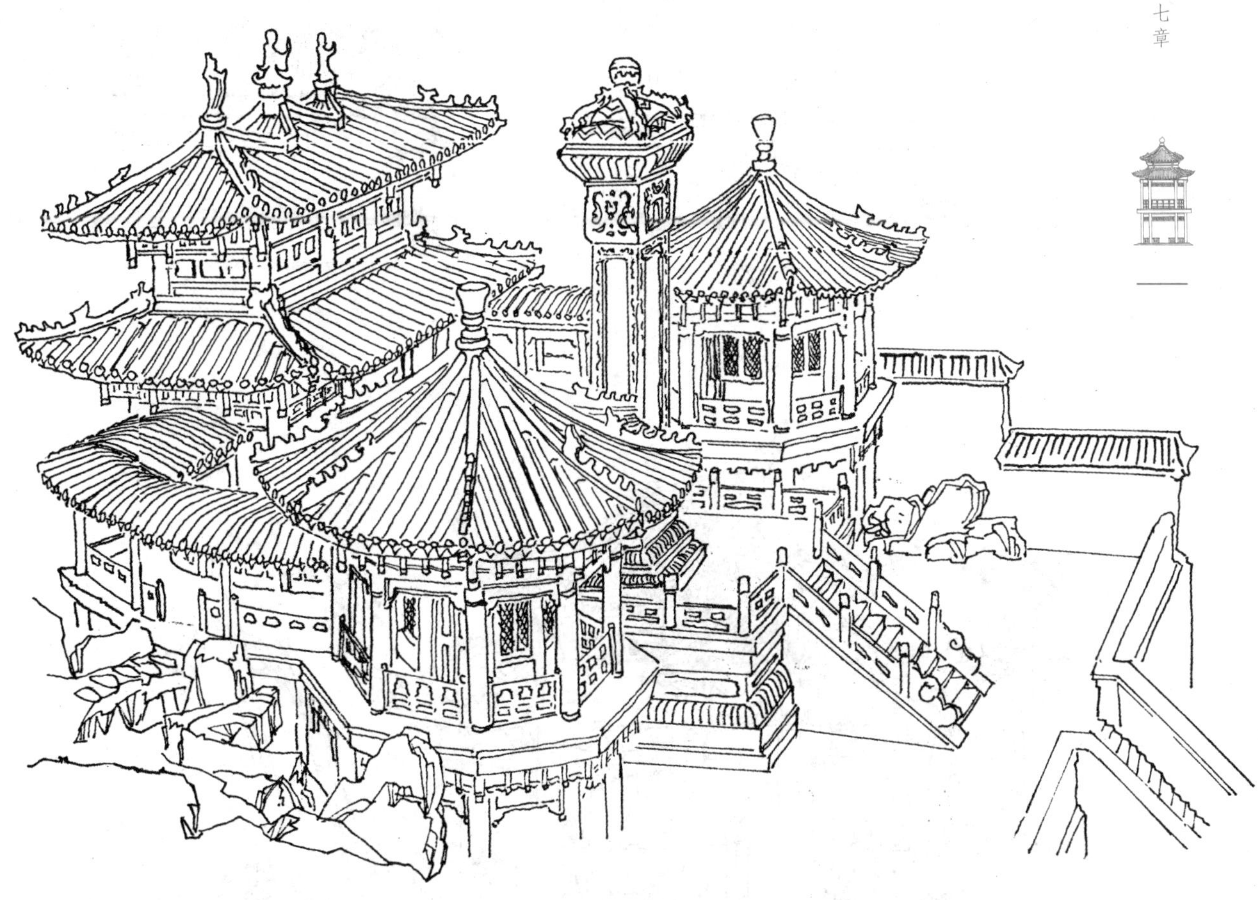

颐和园转亭（清）

北海公园长亭

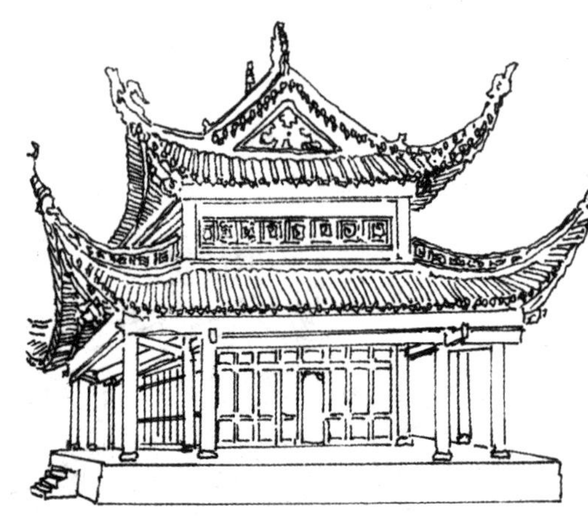

岳阳楼三醉亭

福建鼓山亭

拙政园塔影亭

拙政园绣绮亭

沧浪亭看山楼横剖面

沧浪亭看山楼侧面

网师园濯缨水阁横剖面

网师园濯缨水阁

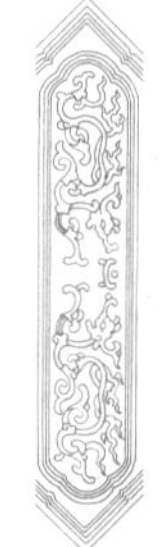

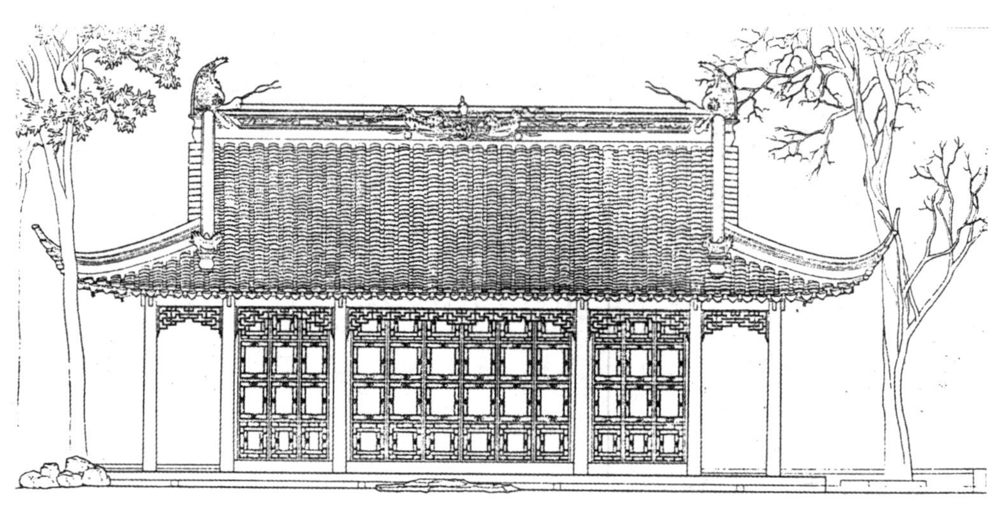

网师园濯缨水阁正立面

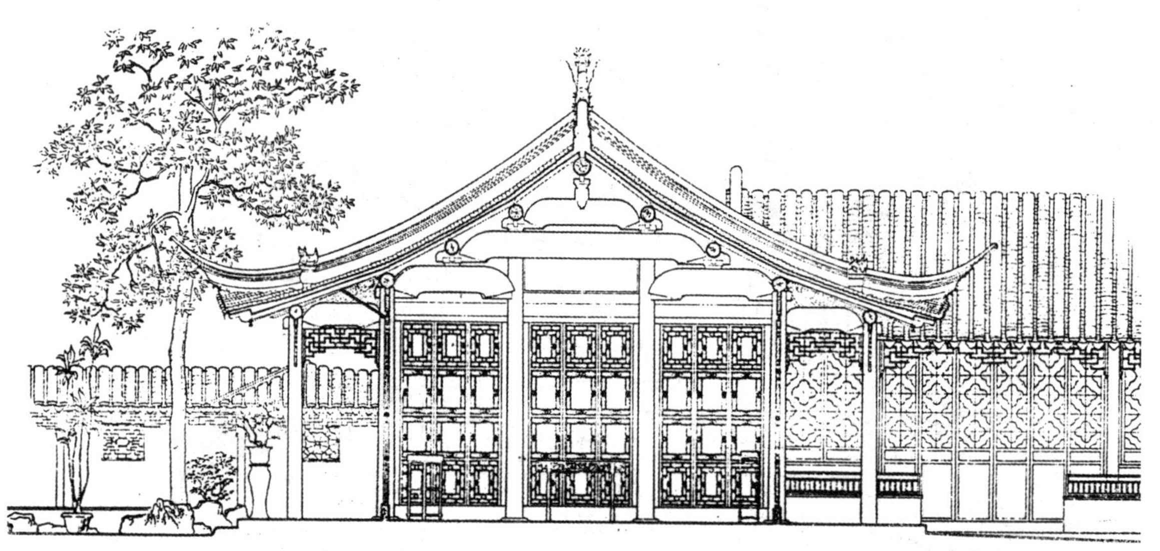

拙政园远香堂横剖面

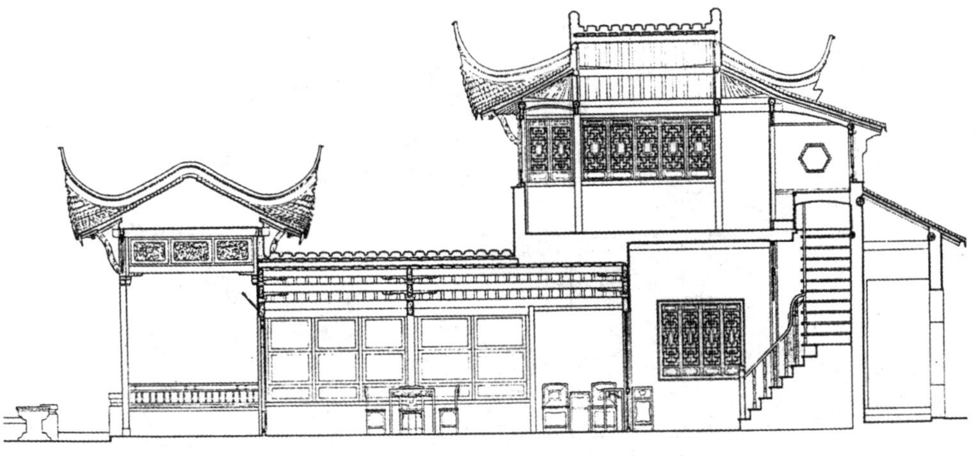

拙政园香洲剖面

拙政园香洲正面

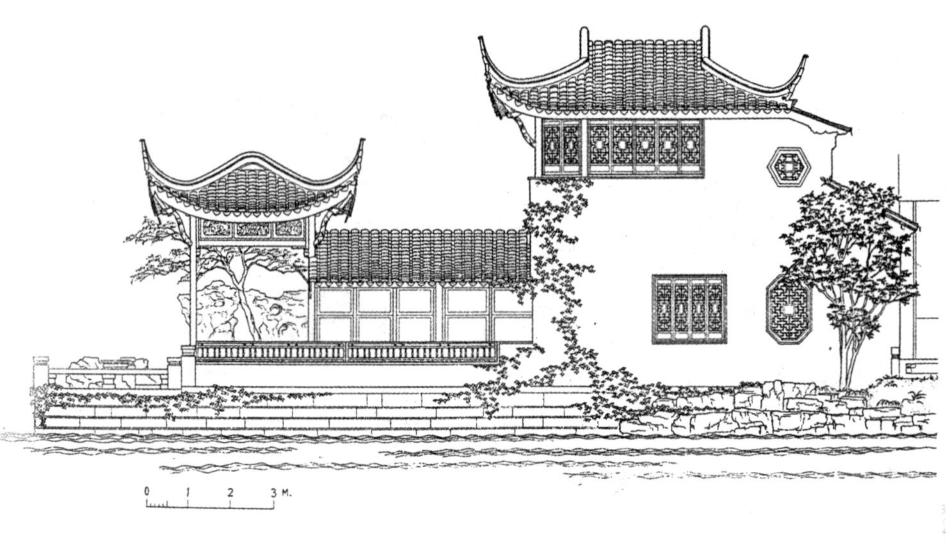

拙政园香洲侧面

天平山四仙亭

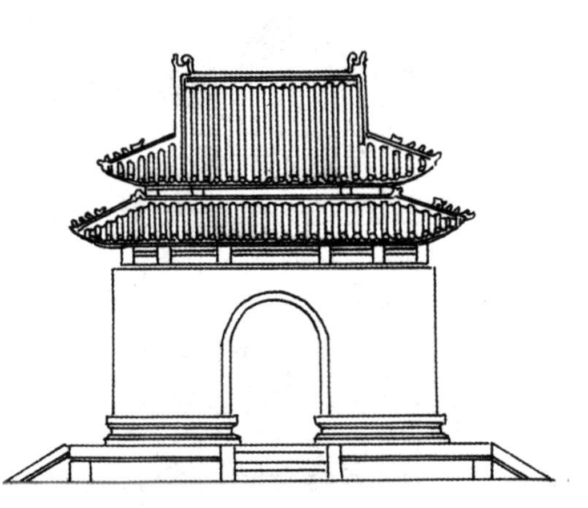

明式双重檐歇山顶碑亭

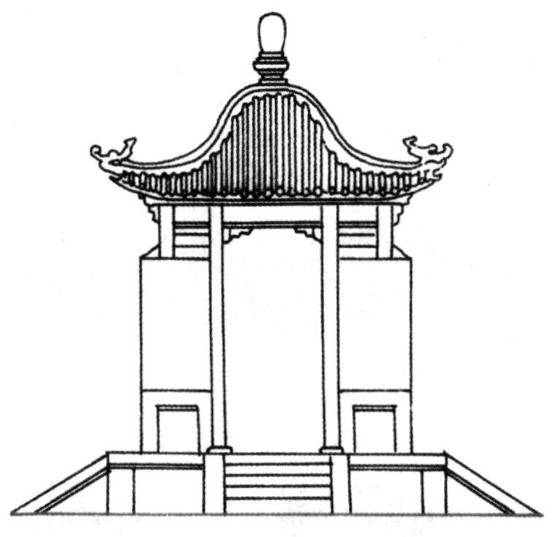

明式单重檐四角盏顶碑亭

清式双重檐四角亭

清式重台重檐歇山顶殿堂

清式单檐四角亭

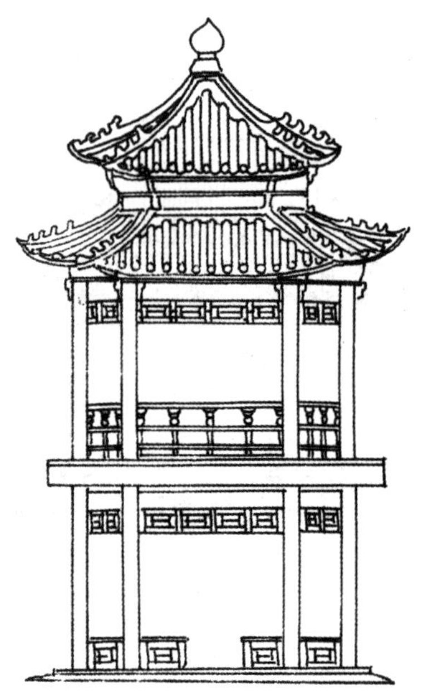

清式双重檐楼亭

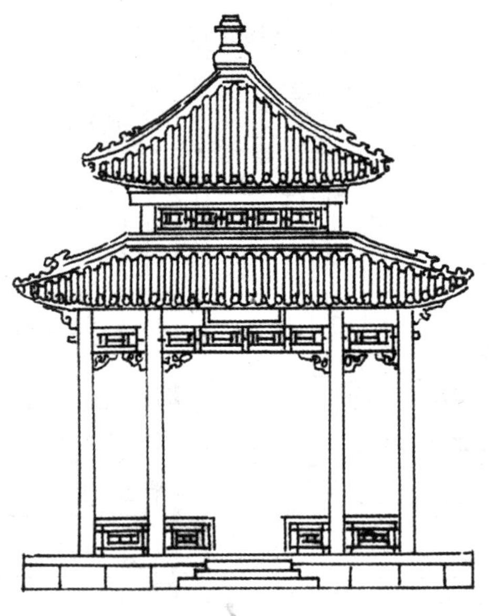

清式双重檐四角亭

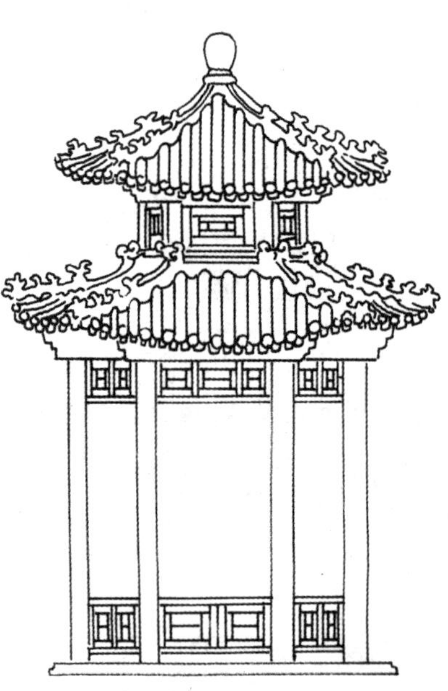

清式双重檐八角亭

清式双重檐八角亭

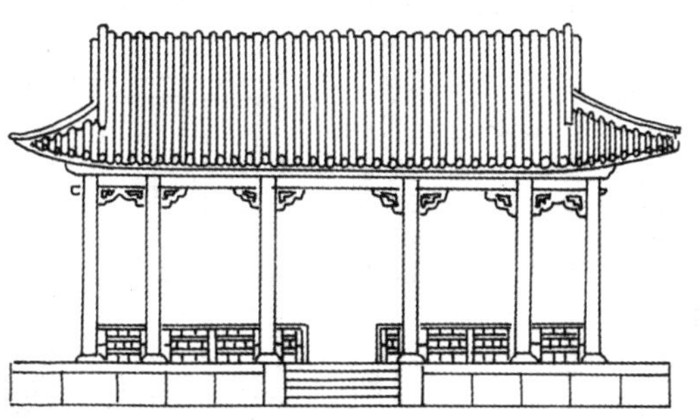

清式单檐凉阁

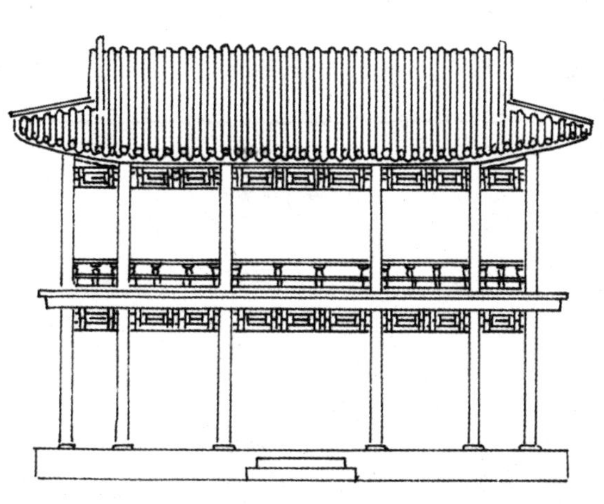

清式单重檐凉楼阁

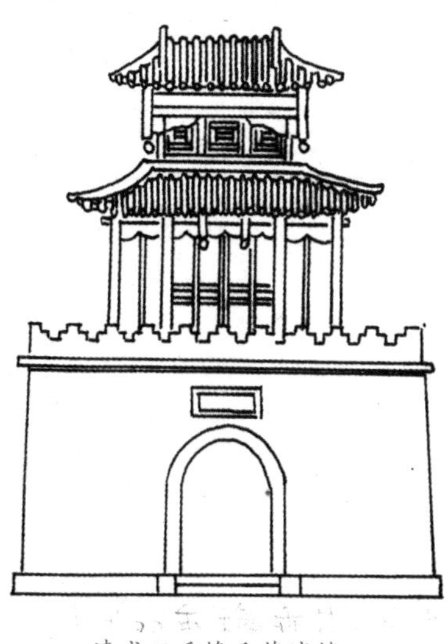

清式双重檐垂花城楼

镇海壮市镇某宅

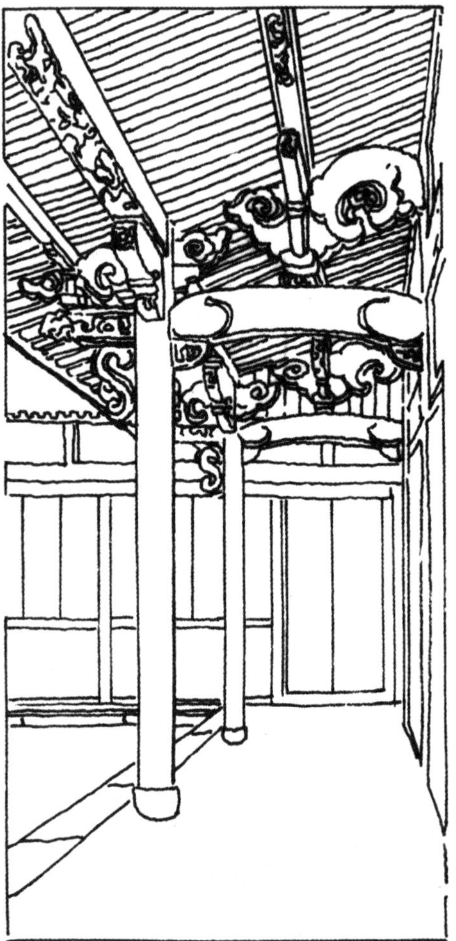
东阳巍山镇某宅

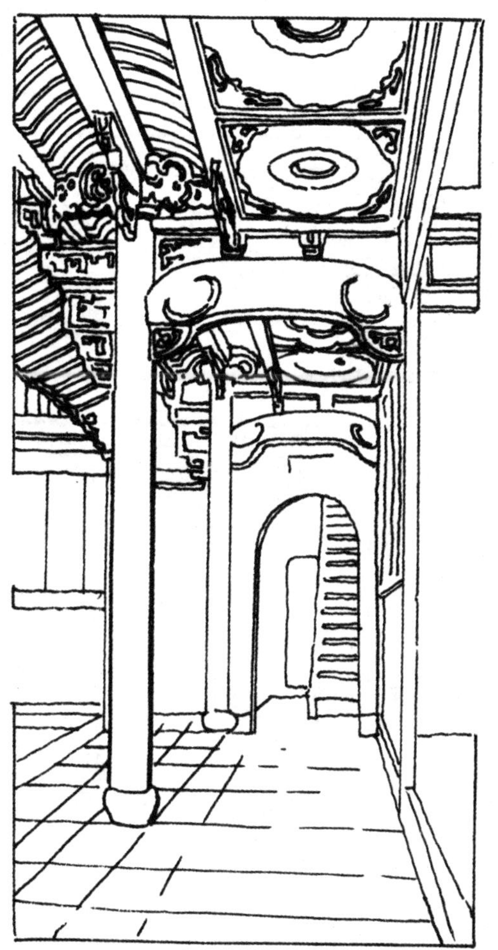

东阳吴宅

南浔庞宅

十四、牌楼、牌坊

雍和宫牌楼（清）

牌 楼

牌楼，是一种有柱门形构筑物，一般较高大。与牌坊类似，是中国传统建筑之一。牌楼最早见于周朝，最初是用于旌表节孝的纪念物，后来在园林、寺观、宫苑、陵墓和街道均有建造。北京是中国牌楼最多的城市。旧时牌楼主要有木、石、木石、砖木、琉璃几种，多设于要道口。在近现代，牌楼曾作为多届世博会中国馆的门面建筑，吸引了世人的视线。其中，1867 年世博会中国馆牌楼使用木、竹和麦秆等材料，造型简单，令人赏心悦目；1876 年美国费城世博会，中国馆以一座精心雕琢、涂饰的全木牌楼为正门，浓郁的民族特色吸引了参观者和各国参展官员；1900 年巴黎世博会的中国牌楼外形仿造国子监琉璃牌楼，气势恢宏。

牌楼是中国建筑文化的独特景观，是由中国文化诞生的特色建筑，如文化迎宾门，又是中国特有的建筑艺术和文化载体。北京现存明清时期的牌楼有 65 座，其中有琉璃砖牌楼 6 座、木牌楼 42 座、石牌楼 17 座。现存街道上的牌楼有 6 座，即国子监街上的 4 座牌楼、朝阳门外神路街东岳庙前的琉璃砖牌楼和颐和园东宫门前的牌楼。在一些大的庆祝活动中，也有用竹、木等扎彩搭成的临时牌楼。在老北京的街道上，曾横亘着不少牌楼，最著名、最典型的有东单牌楼、西单牌楼、东四牌楼、西四牌楼、东长安街牌楼、西长安街牌楼、前门五牌楼等。这些牌楼多在 20 世纪 50 年代因妨碍交通而拆除。

牌坊在周朝的时候就已经存在了，《诗·陈风·衡门》上说“衡门之下，可以栖迟”。《诗经》编成于春秋时代，大抵是周初至春秋中叶的作品，由此可以推断，“衡门”至迟在春秋中叶即已出现。衡门是什么呢？当时是以两根柱子架一根横梁的结构存在的，旧称“衡门”也就是牌坊的老祖宗。其实牌坊与牌楼是有显著区别的，牌坊没有“楼”的构造，即没有斗拱和屋顶，而牌楼有屋顶，它有更大的烘托气氛。但是由于它们都是我国古代用于表彰、纪念、装饰、标识和导向的一种建筑物，又多建于宫苑、寺观、陵墓、祠堂、衙署和街道路口等地方，再加上长期以来老百姓对“坊”“楼”的概念不清，所以到最后两者成为一个互通的称谓了。

牌楼的作用

一般来说，牌楼的作用不外乎是作为装饰性建筑；增加主体建筑的气势；表彰、纪念某人或某事；作为街巷区域的分界标志等。北京的牌楼比别的城市多，数百年国都使北京的殿堂、庙宇、大建筑群，以及值得纪念和表彰的事件、人物相对要多，作为装饰性的牌楼也就多了起来。元大都时，全城分为 50 坊，明代分四城（区）36 坊，清代分五城（区），坊依旧。这也是北京牌坊多的一个原因。

牌楼的建筑形式

从形式上分，牌楼只有两类。一类叫“冲天式”，也叫“柱出头式”。顾名思义，这类牌楼的间柱是高出明楼楼顶的。另一类是“不出头式“。这类牌楼的最高峰是明楼的正脊。如果分得再细一些，可以以每座牌楼的间数和楼数的多少为依据。无论柱出头或不出头，均有“一间二柱”“三间四柱”“五间六柱”等形式。顶上的楼数，则有一楼、三楼、五楼、七楼、九楼等形式。在北京的牌楼中，规模最大的是“五间六柱十一楼”。宫苑之内的牌楼大都是不出头式，街道上的牌楼则大都是冲天式。

牌楼建筑结构

牌楼由下列几部分组成：

第一，基座。由于牌楼整体的重量都承重在立柱上面，为了立柱的稳固性，要有基座来固定。

第二，立柱。牌楼是靠几根柱子立起来的，这个柱子要想立得住，就要有夹杆石。把这个柱子立成一个杆儿，两边有石头夹住它。它和我们建宫殿不一

样。有的时候宫殿没了，但是它下边有一个石杵，那是柱子的地基。立牌楼不是这样，牌楼是一边有一块石头，夹着这根杆子。然后有枋梁，牌楼干什么的，有枋额，有题字的地方，有楼顶。这个之所以叫楼，叫牌楼，因为它有顶，顶是等级的象征。

黄琉璃瓦牌楼档次最高。上边是三个楼，下边还有四个楼，我们称这样的牌楼为“七楼三开间四柱，七楼的牌楼”。有七个楼，最高的是九个楼，一般封建皇帝最高的也就到九个楼。

牌楼的种类

从结构上分，中国的牌楼可分为木牌楼、琉璃牌楼、石牌楼和彩牌楼四类。

木牌楼楼数最多，基础以下（地下部分）用柏木桩（现代用水泥浇铸），称地丁。基础以上各根柱子的下部用“夹杆石”包住，外面再束以铁箍。如果是不出头式，则柱子的顶端以“灯笼榫”直达檐楼的正心行（檩）鰕，与檐楼斗拱连接，上下一气。所以柱上不另有坐斗，拱翘等都插入榫内。街巷木牌楼顶部出檐甚短，做成悬山式或庑殿式。每根柱端耸出脊外，柱顶覆以云罐（也叫毗卢帽）以防风雨侵蚀木柱。楼顶所用之瓦，亦因其作用和地点不同而异。内廷各坊之顶用各色琉璃瓦，街巷诸坊多用黑色布瓦。

琉璃牌楼多用于佛寺建筑群内。经初步调查，北京仅有三间四柱七楼的一种。它的结构是，在石基础上筑砌 6 ～ 8 尺的砖壁，壁内安喇叭柱、万年枋为骨架。砖壁上辟圆券门三个，壁下为青、白石须弥座，座上雕刻着各种风格的艺术图案。壁上的柱、枋、雀替、花板、楷柱、龙凤板、明楼、次楼、夹楼、边楼等均与木坊相似。所不同的是，这种坊用黄、绿二色琉璃砖嵌砌壁面，威严壮观。

石牌楼以景园、街道、陵墓前为多。从结构上看繁简不一，有的极简单，只有一间二柱，无明楼。复杂的有五间六柱十一楼者。由于本身的结构特点，有的虽为三间四柱式，却只有花板而无明楼。石坊的明楼比较复杂，浮雕镂刻亦极有特色。如果石质坚细，不但浮雕生动，而且石坊上精细的图案历经数百年也不泯没。

彩牌楼是一种临时性的装饰物，多用于大会、庙市、集市的入口处，会期一过即拆除。一般用杉杆、竹竿、木板搭成。顶部安装五彩电灯泡，一眼望去，色彩缤纷。

随着时光的流逝，许多牌楼已不存在。但是，有些牌楼由于历史悠久，影响很大，地名和遗址犹存。

北京东宅某公主坟牌楼（清）

山东泰山中天门（明）

辽宁沈阳北陵牌楼（清）

三拱七间天宫式

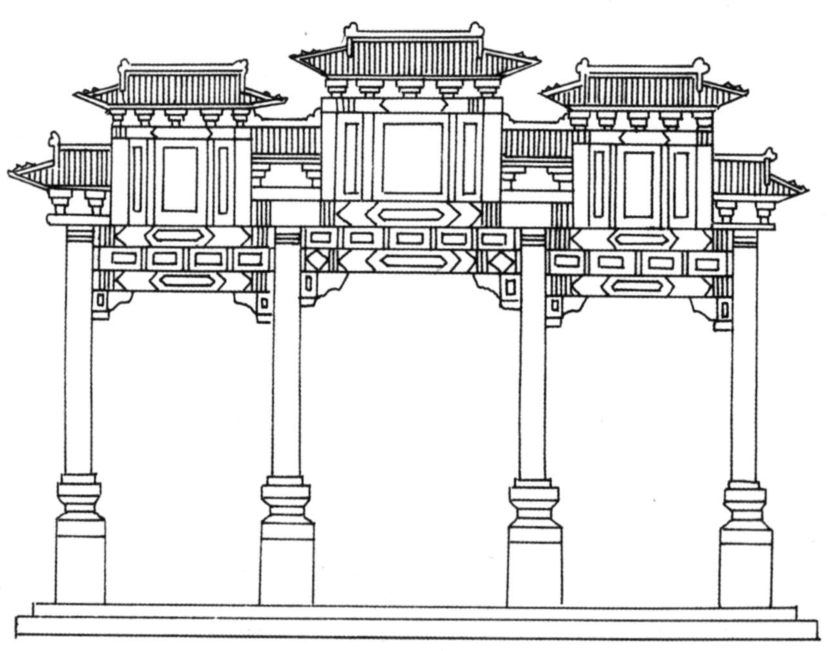

四柱三间七殿顶式

牌楼侧剖面　　　　牌楼石鼓

龙母祖庙牌楼

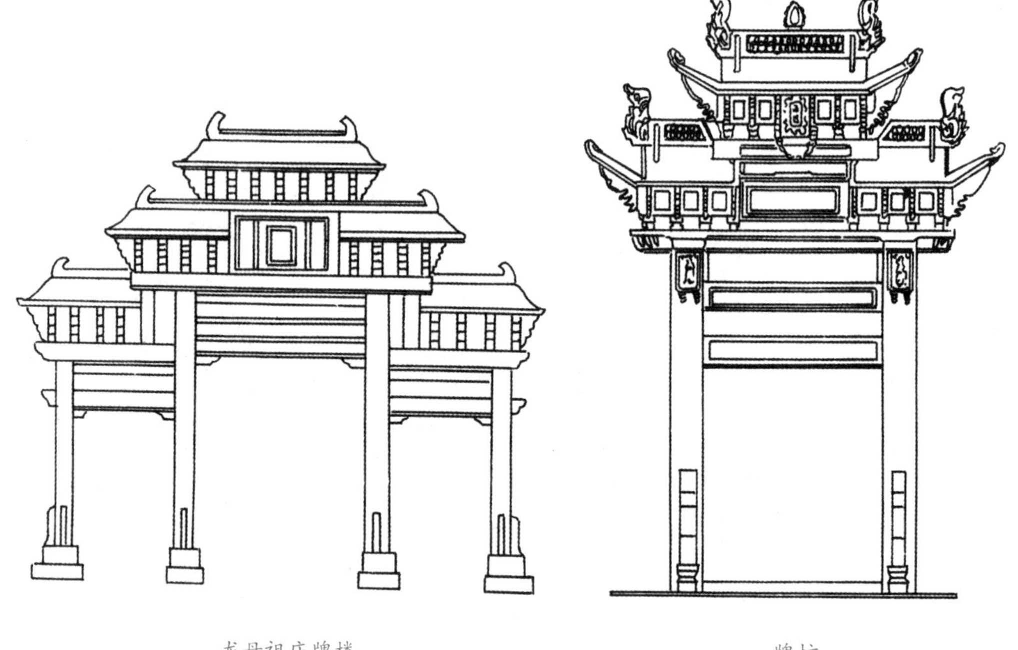

龙母祖庙牌楼　　牌坊

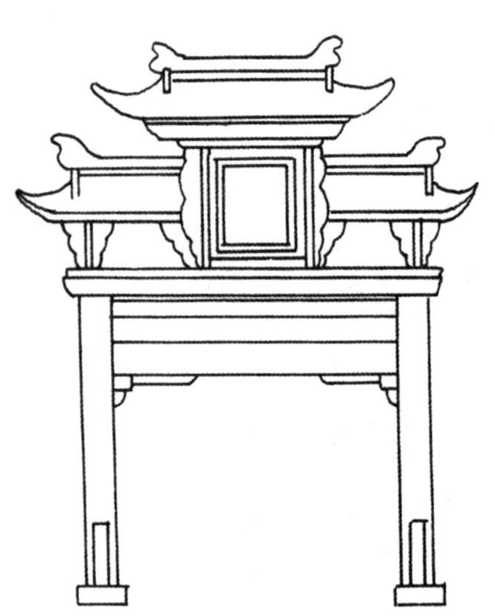

两柱三殿顶式

四柱三间柱出头云牌顶式

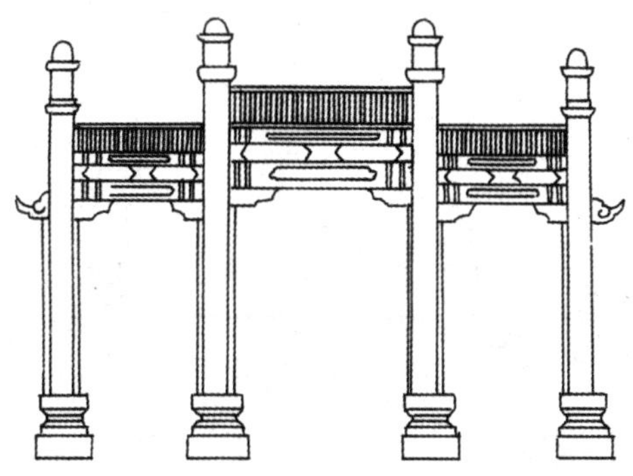
四柱三间出头式（清）

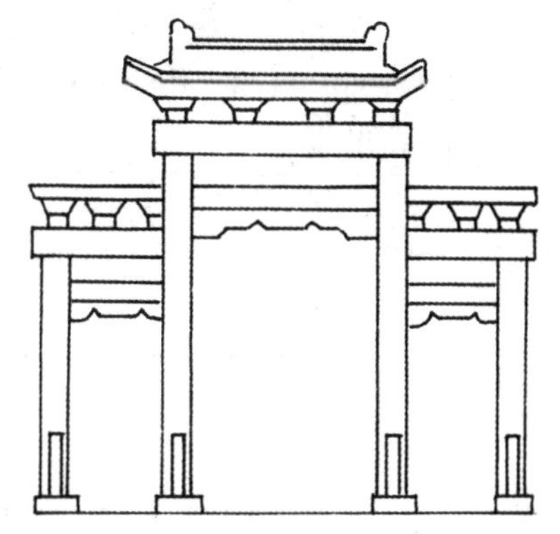
四柱三间顶式

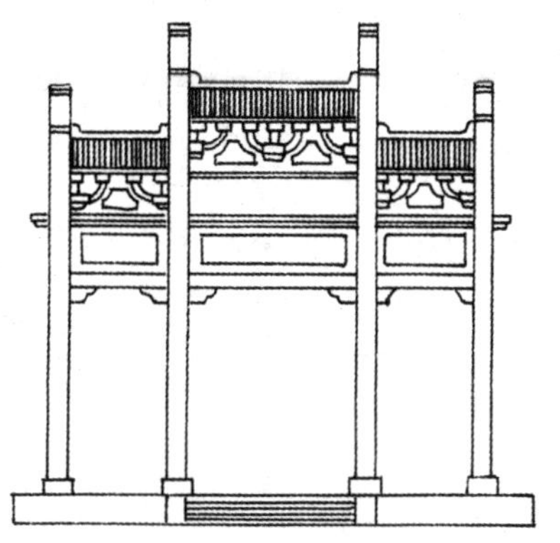
四柱三间柱出头式

河南潞王坟石坊（明）

山东邹城孟子庙牌楼（清）

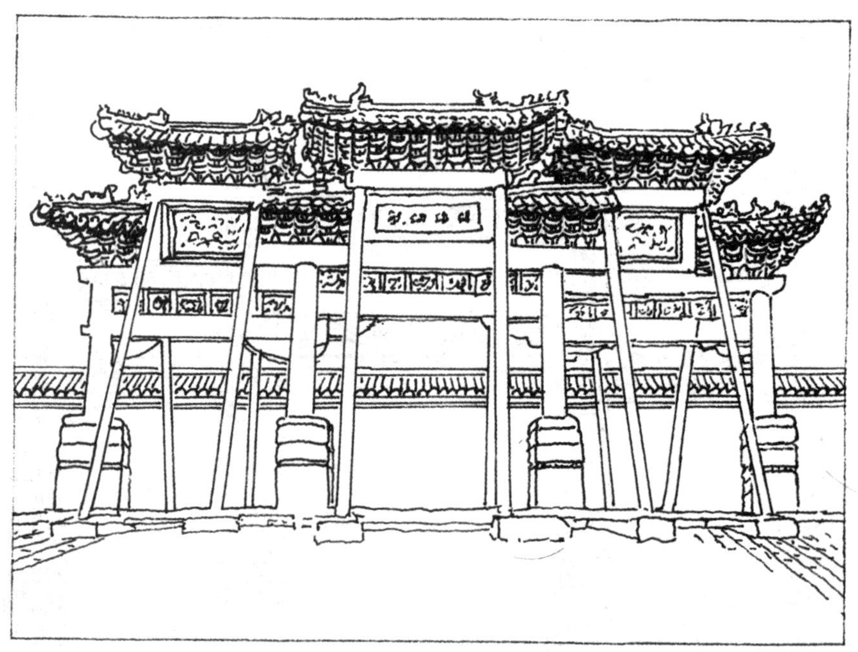

北京福佑寺牌楼（清）

北京黄寺牌楼（清）

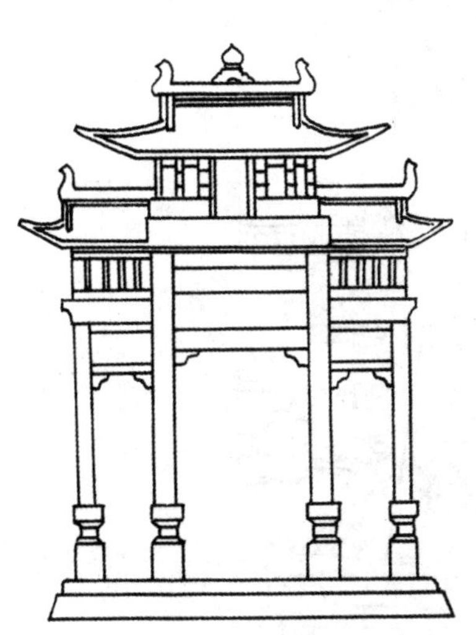

四柱三间三殿顶式（清）

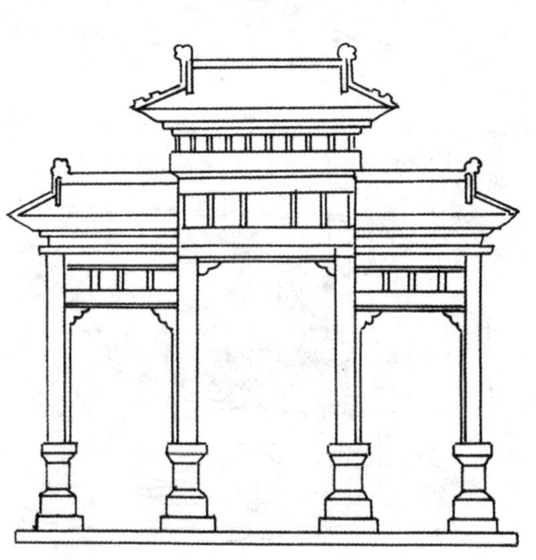

四柱三间三殿顶式（清）

山东曲阜孔庙棂星门（清）

北京交道口南育贤坊（清）

北京东郊某公主坟牌楼（清）

北京南郊某公主坟牌楼（清）

山东高密牌楼（清）

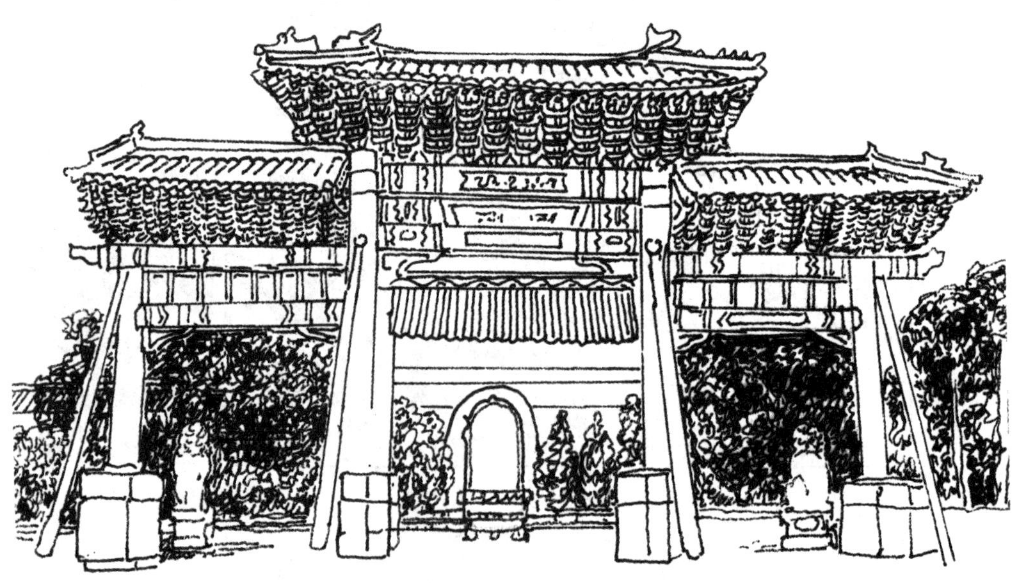

北京北海永安寺前牌楼（明）

三间四柱七牌楼（局部）

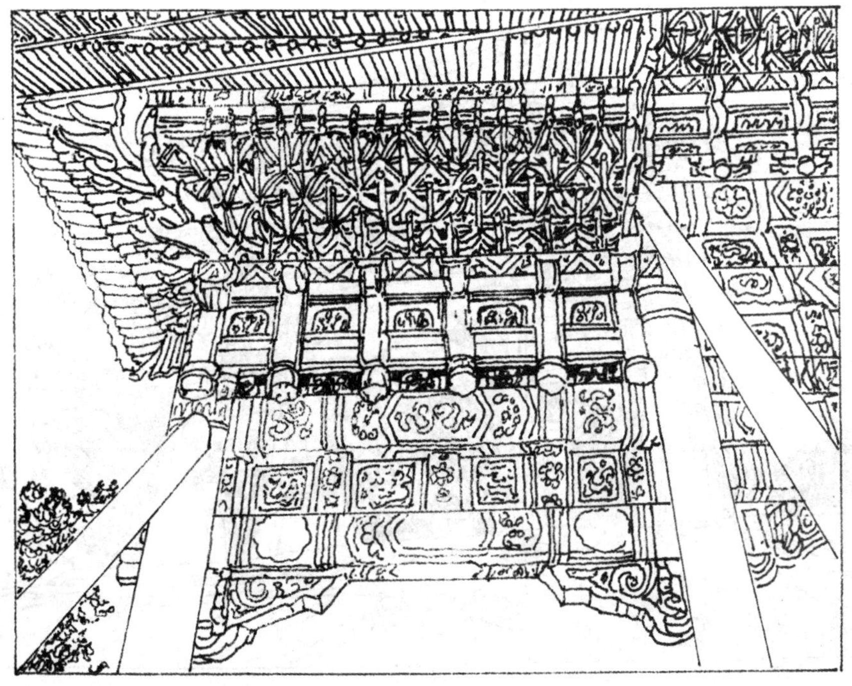

三间四柱三楼（次间）

山东泰安牌楼（清）

沈阳黄寺牌楼（清）

昌陵二柱门及方城明楼（清）

牌亭（清）

北京吴桥牌楼（清）

昌西殿石祭台宝城（清）

北京国子监前牌楼（明）

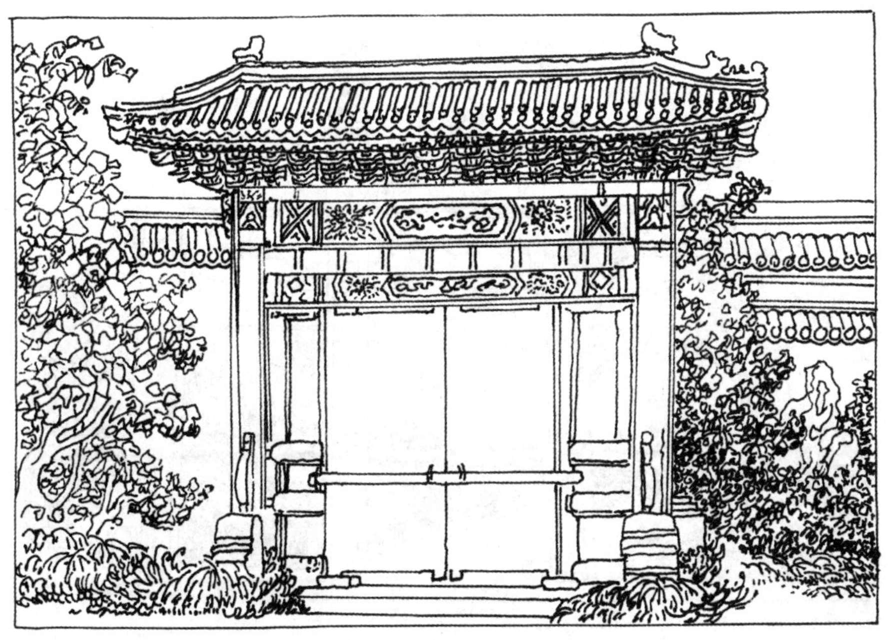

北京寿安宫屏门（清）

南京明孝陵牌楼（明）

北京玉泉山前牌楼（明）

山东宁远石坊（明、清）

北京北海琉璃牌次楼（清）

次楼及云罐（清）

明陵龙凤门上部雕刻（明）

河北易县慕陵龙凤门（清）

北京碧云寺牌楼

北京颐和园琉璃牌坊门券雕刻（清）

山东曲阜孔陵内洙水桥牌楼（清）

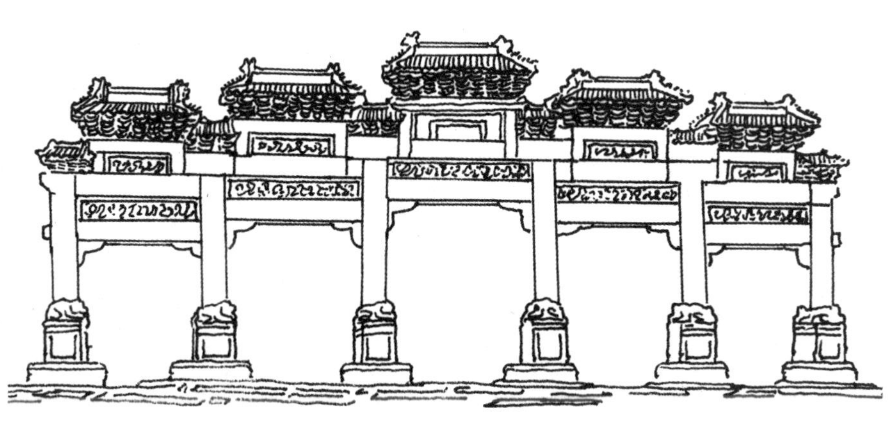

北京昌平明十三陵牌楼（明）

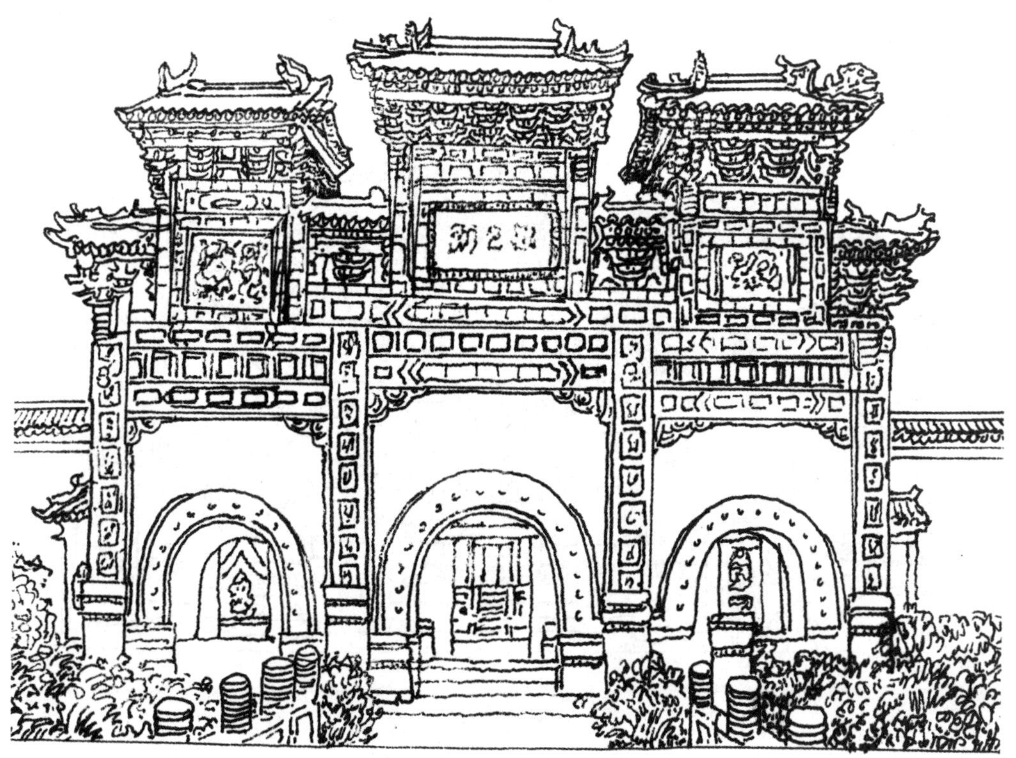

北京北海小西天琉璃牌楼（清）

明长陵龙凤门（明）

河北保定泰陵石坊（清）

`太和元气坊（明）

江苏南京社稷坛石乌头石门（明）

砖雕额枋（明）

北京东郊东陵汉白玉牌楼（清）

阙里坊（明）

云敦雀替额枋纹样

明间火焰纹牌楼（清）

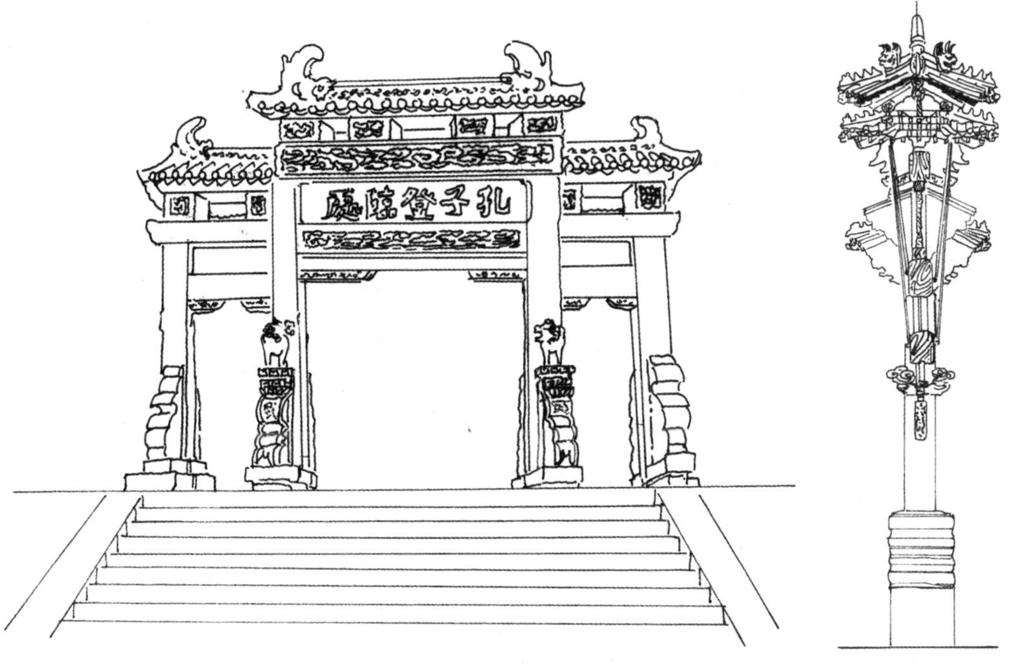

四柱三间石坊（清）

牌坊侧面图

四柱三间石坊（清）

明楼中花板

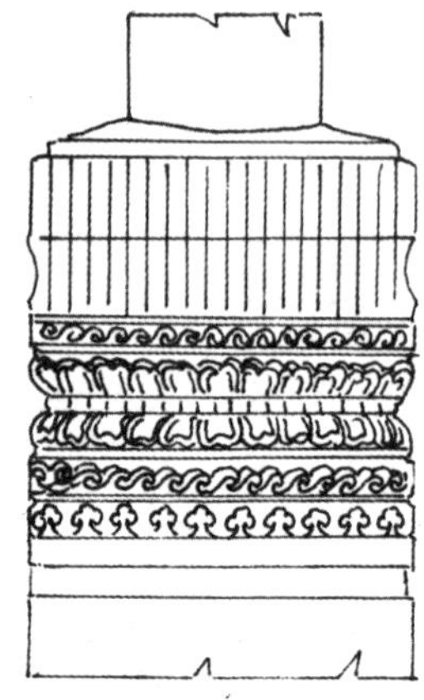
夹柱石头

明楼花板

明楼花板侧面

次楼花板

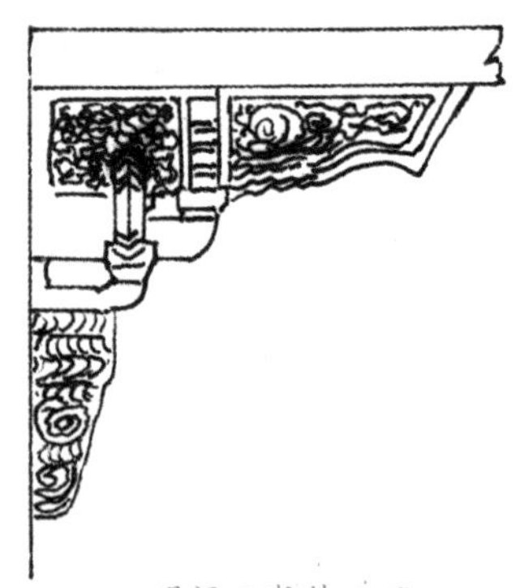
明间云雀替正面

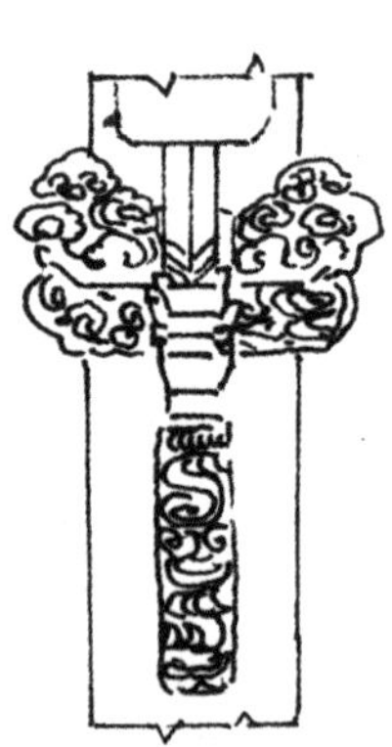
明间云雀替侧面

十五、桥

云南墨江桥（清）

江苏苏州石桥（清）

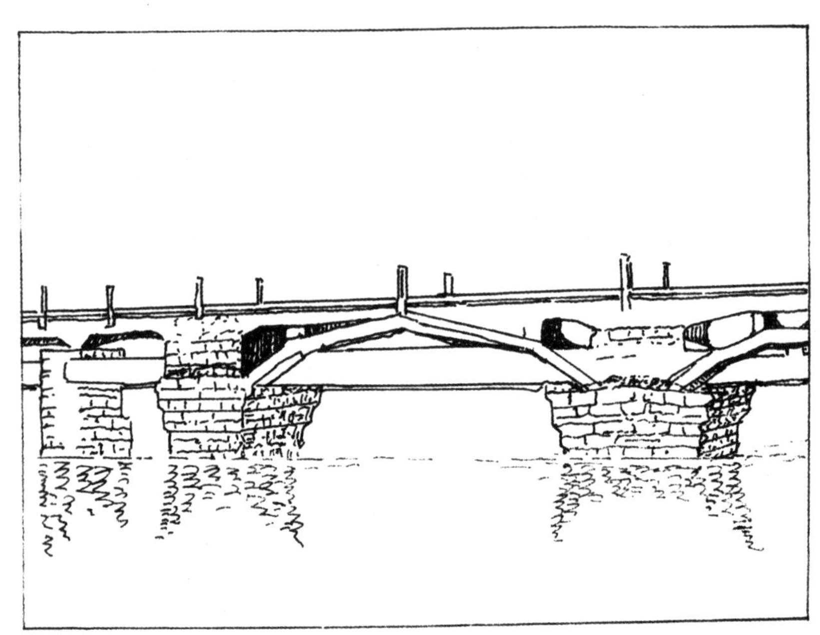

福建漳州江东桥（明）

陕西三原清河龙桥（明）

河北正定文庙泮水桥（明）

浙江余杭营溪桥（明、清）

浙江仙霞关桥（清）

河北赵县永通桥正德二年栏板（明）

河北赵县永通桥东端北面小券（明）

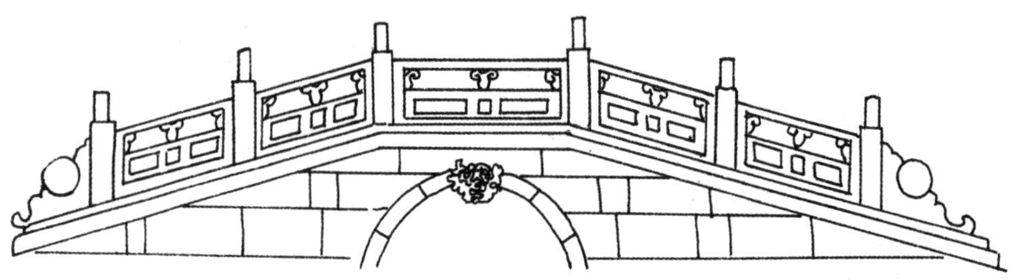

抱鼓栏杆桥（清）

双檐凉阁桥（清）

走马桥

清式凉阁桥

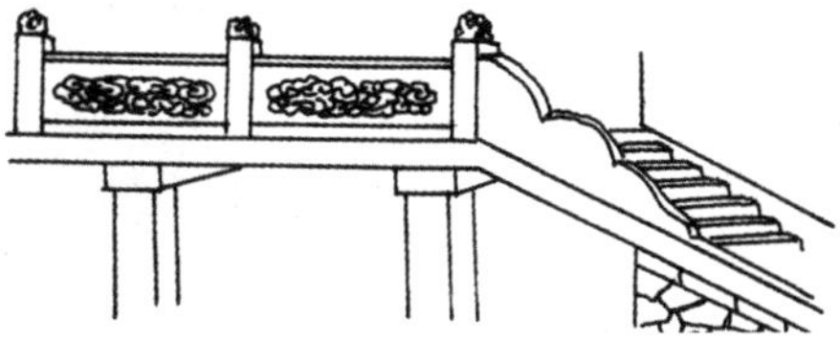

栏板架桥

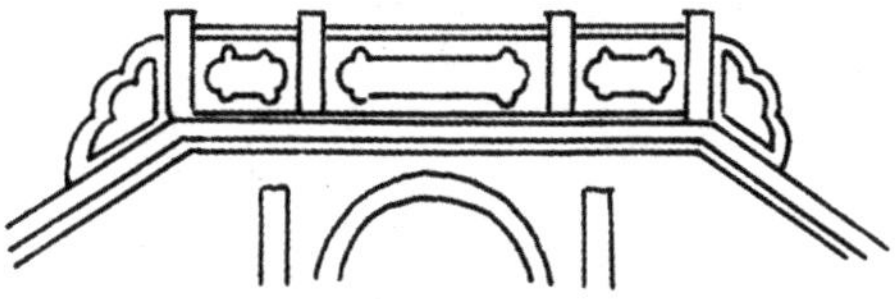

栏板洞桥

石板桥

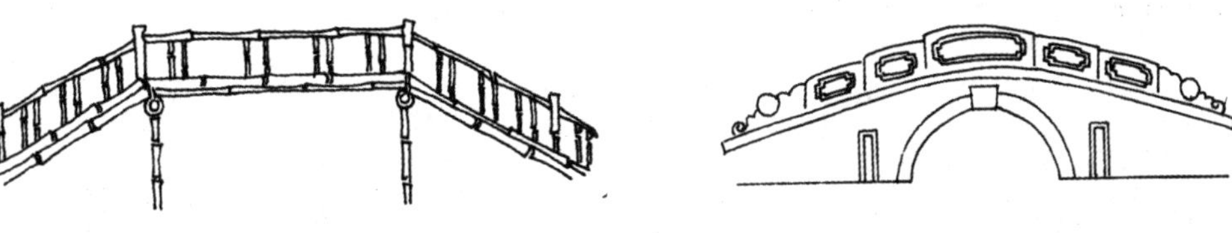

竹桥

抱鼓罗汉石桥

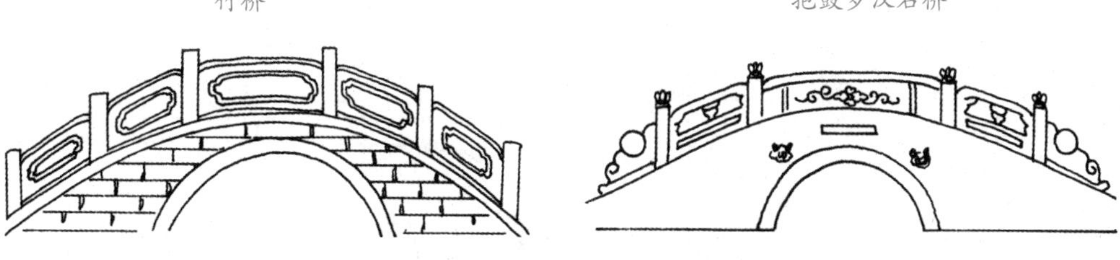

石板桥

抱鼓栏杆板桥

明清式小桥

十六、古塔

浙江宁波天封寺塔（元）

山西五台县显通寺铜塔（明）

普济寺多宝塔

浙江舟山多宝塔又称宝佛塔，俗名太子塔。位于普济寺内海印池南端。建于元朝元统二年（公元1334年），由山僧孚中禅师募资改建，并得到太子宣让王等江南诸藩王资助，还在塔旁建造了太子塔院。现为普陀山最古老的建筑之一和浙江省唯一的元代石塔。位列普陀山镇山三宝之一。

浙江舟山普济寺多宝塔（元）

浙江宁波阿育王塔（元）

云南西双版纳橄榄坝苏曼满佛寺佛塔（清）

北京妙应寺白塔（元）

毗卢帽式墓塔（明）

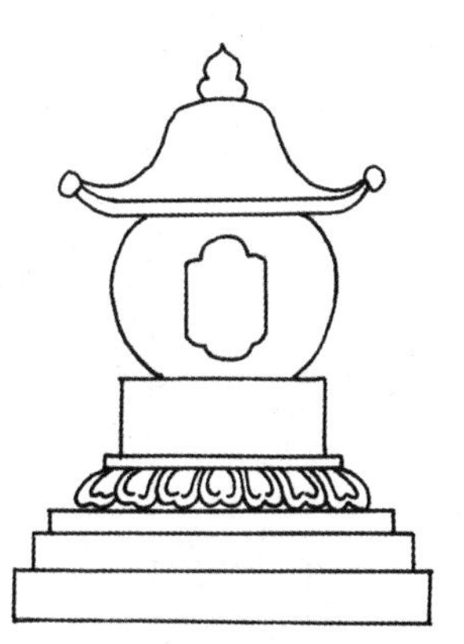

唐楼式墓塔（明）

北京西山法海寺塔门（清）

天津蓟州观音寺白塔北面（金）

天津蓟州观音寺白塔南面（金）

福建福清八角瑞云塔（明）

福建福清瑞云塔下段（明）

云南昆明官渡金刚塔（明）

白居寺菩提塔（明）

官渡金刚塔

金刚塔位于云南昆明官渡古镇。该塔建于明天顺二年(公元 1458 年)，清康熙五年(公元 1666 年)地震，塔上部毁坏，清康熙三十五年（公元 1696 年）重修。金刚塔是我国唯一的一座全部用砂石砌成的宝塔。该建筑群共有五塔，建于一座方形高台基座上，东、西、南、北四道券门十字贯通，故又称“穿心塔”。

江苏扬州白塔（清）

云南经台务苏八角塔亭

浙江杭州六和塔

云南勐海佛寺塔

山西洪洞广胜寺飞虹塔（明）

山西汾阳灵隐寺砖塔（明）

北京慈寿寺（明）

十七、寺庙

永乐宫三清殿

永乐宫三清殿，又称无极殿，为永乐宫的主殿。殿内四壁满布壁画，画面上共有人物286个。这些人物，按对称仪仗形式排列，以南墙的青龙、白虎星君为前导，分别画出天帝、王母等28位主神朝拜三清。围绕主神，28星宿、12宫辰等“天兵天将”在画面上徐徐展开。

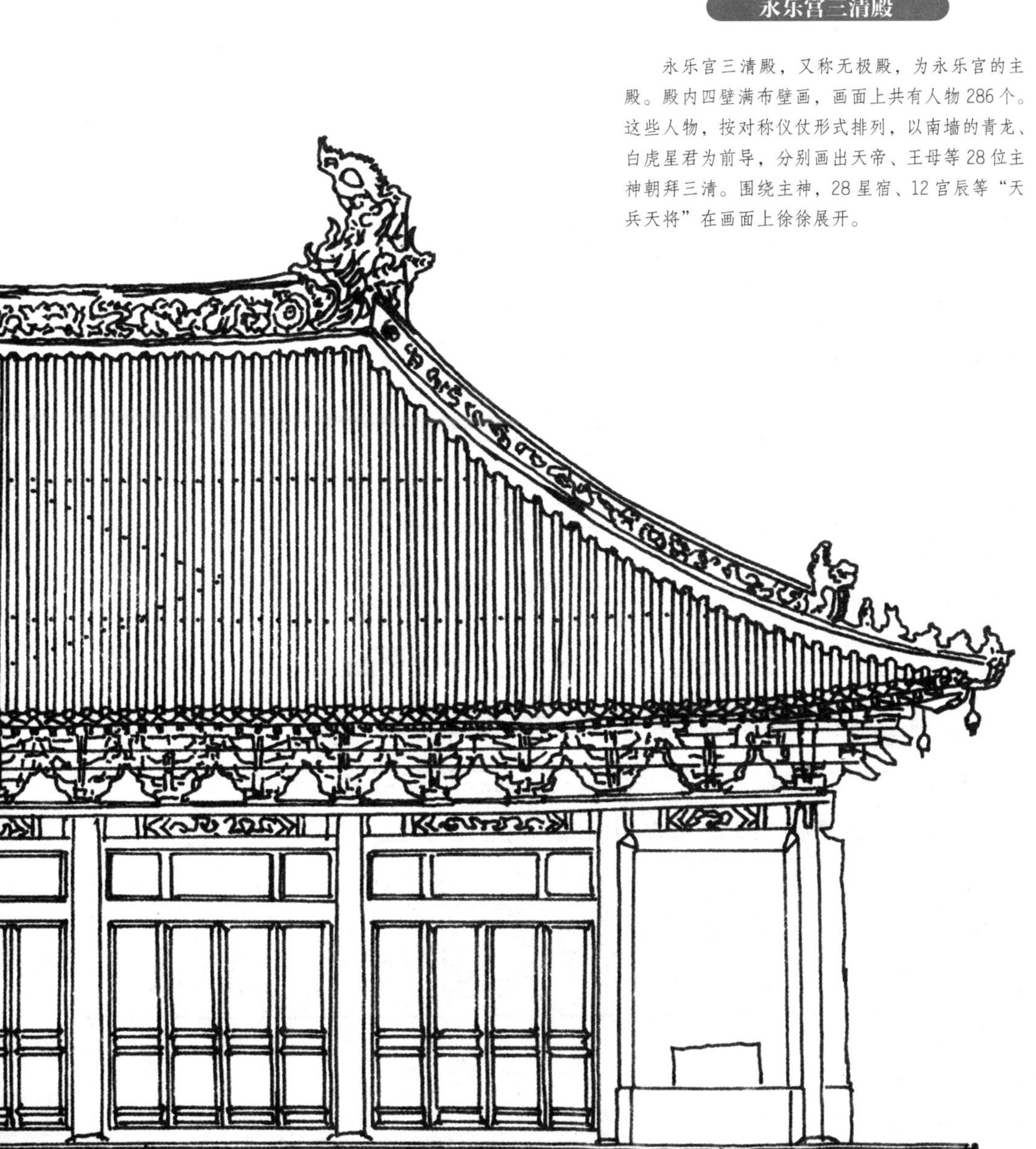

山西芮城永乐宫三清殿（元）

河北承德普宁寺大乘阁正立面图（元）

河北承德普宁寺大乘阁

大乘阁是一座高大的木结构楼阁式建筑物，高 36.65 米。全阁构筑奇特，从外观上看，前面六层，后面四层，左、右两侧各为五层。在第五层的四个角上，各建有一个四角攒尖式的屋顶，上置鎏金铜宝顶。在第六层的正中，又修有一个四角攒尖式的屋顶，顶上同样安有一个鎏金铜宝顶。这五个四角攒尖式屋顶，都铺着黄色琉璃瓦。

河北承德普陀宗乘一庙大红台（元、清）

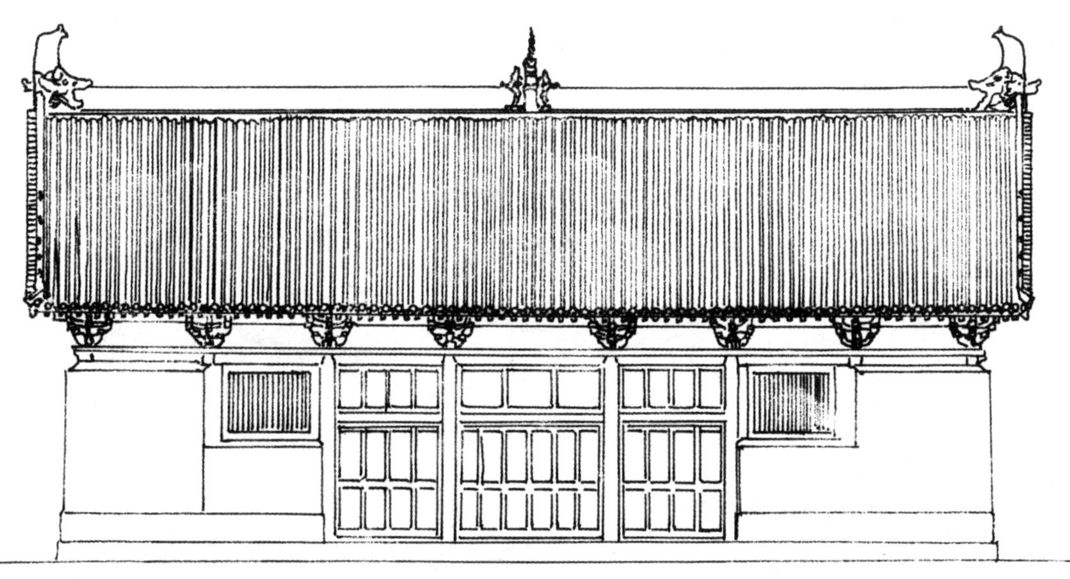

山西洪洞广胜下寺大殿立面图（元）

山西洪洞县广胜下寺

广胜下寺在山西洪洞县城东北 17 千米霍山之麓。由山门、前殿、后殿、垛殿等建筑组成。山门高耸，三间见方，单檐歇山顶，前后檐加出雨搭，又似重檐楼阁，是一座很别致的元代建筑。广胜下寺前殿五开间，悬山式，殿内仅用两根柱子，梁架施大爬梁承，形如人字柁架，构造奇特，设计精巧。后殿建于元至大二年（公元 1309 年），七间单檐，悬山架，殿内塑三世佛及文殊、普贤二菩萨，均属元作。

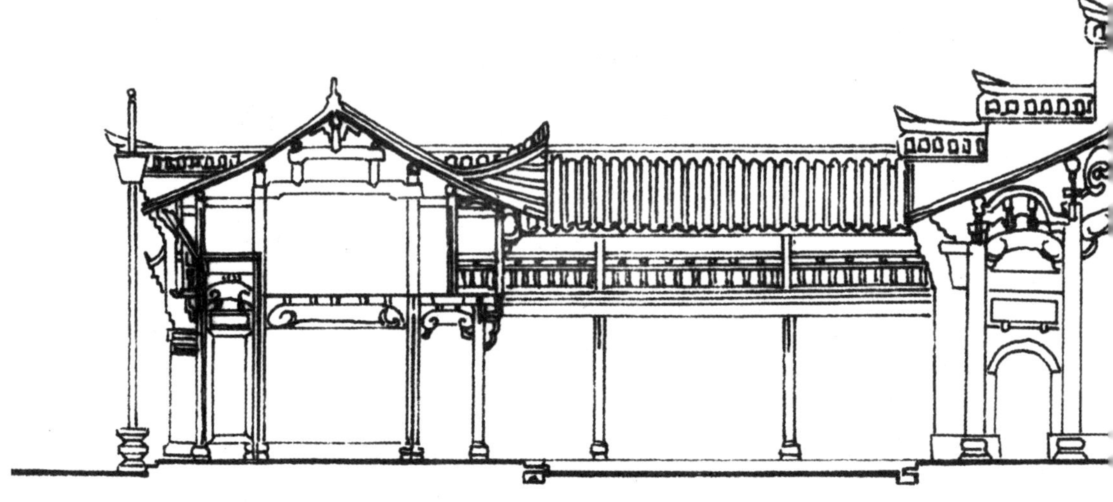

山东泰山碧霞祠（明、清）

泰山碧霞祠

碧霞祠是一组宏伟壮丽的古代高山建筑群，由大殿、香亭等十二座大型建筑物组成。整个建筑以照壁、南神门、山门、香亭为中轴，左右对称，南低北高，层层递进，高低起伏，参差错落，布局严谨。在道教宫观中极有代表性，显示出古代中国劳动人民建筑的科学精巧，智慧的高超绝伦。

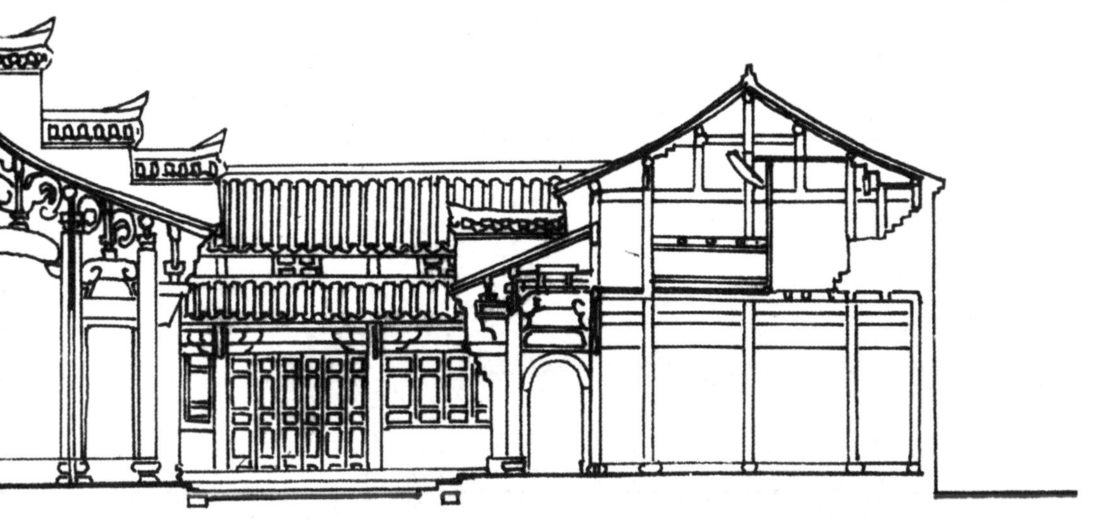

浙江金华东阳白坦乡务本堂剖面图

浙江金华东阳白坦乡务本堂外景

河北赵县关帝庙（明、清）

十八、碑、石人、石兽

云托天宫盘龙龟负碑（明）

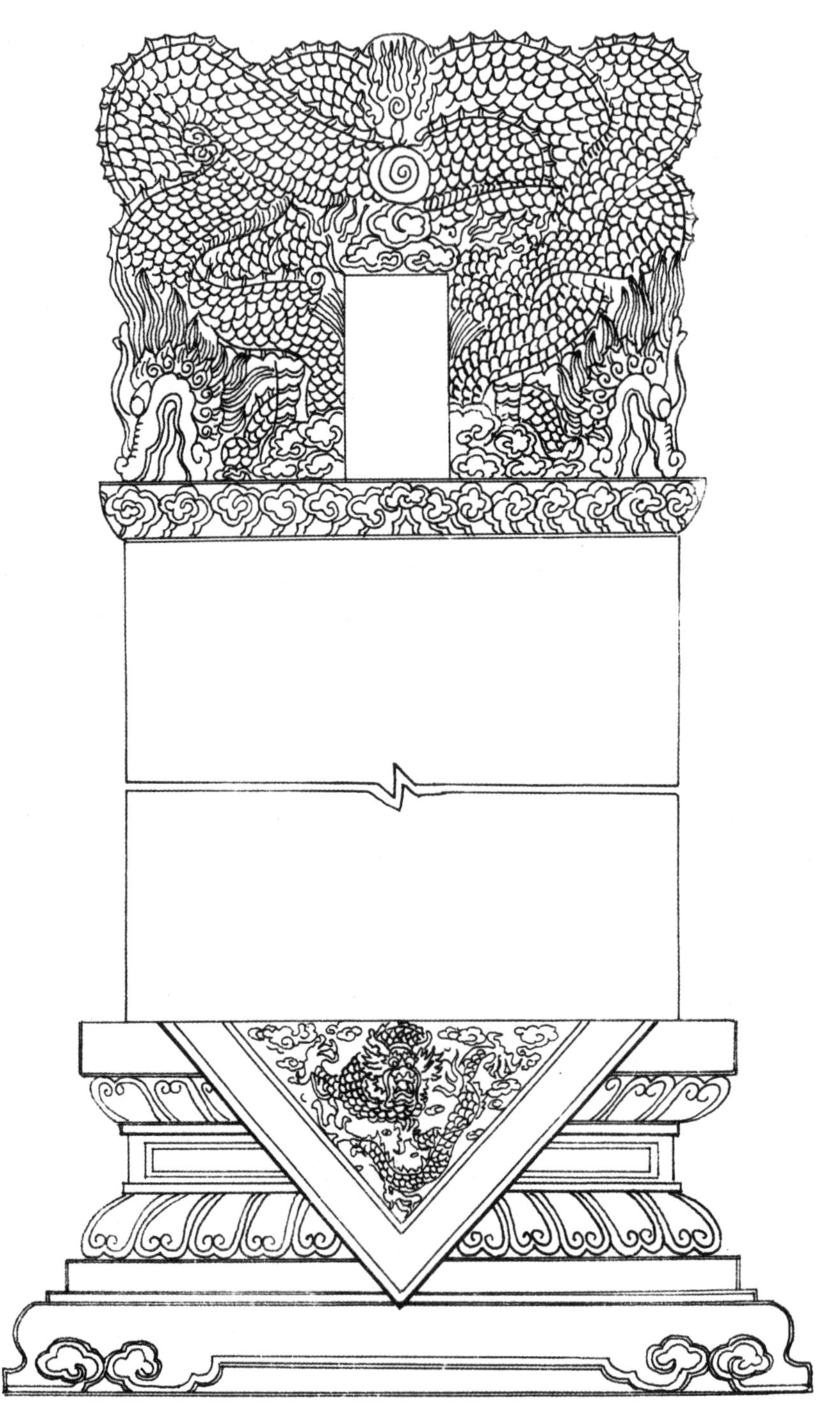

云托天宫盘龙须弥座圭角碑（清）

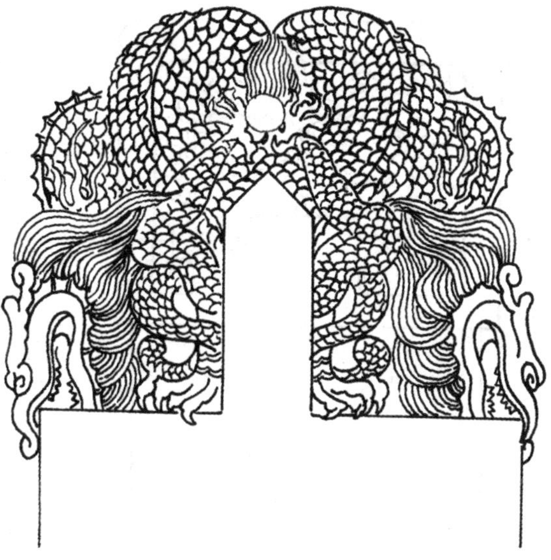

盘龙天宫碑（金）

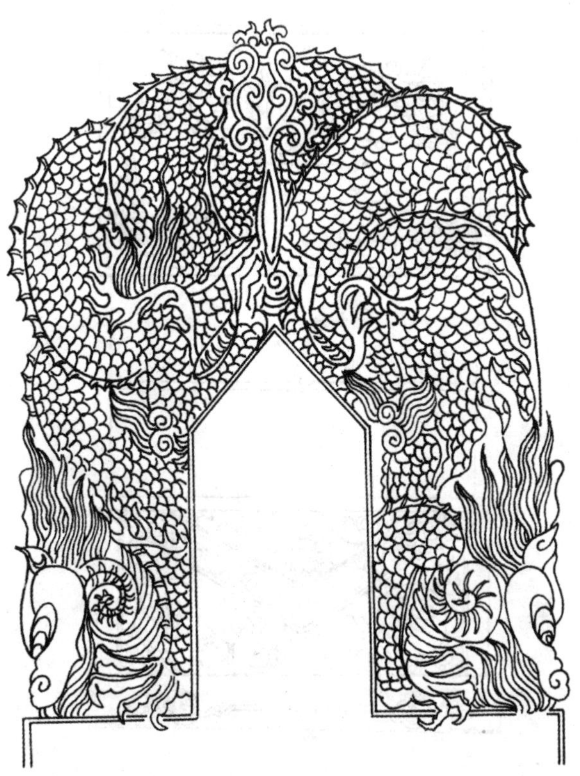

盘龙天宫碑（元）

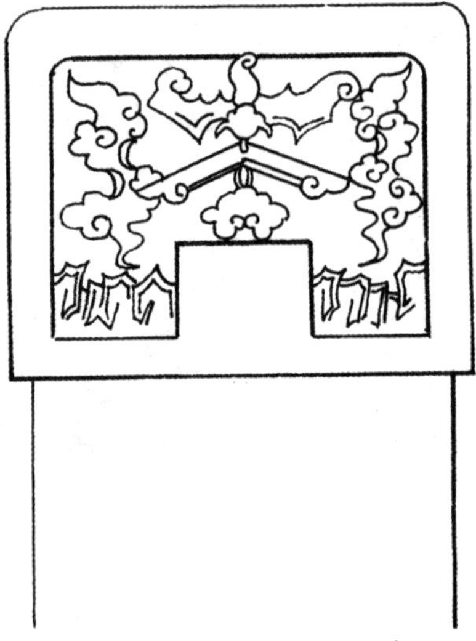

蝠度牙笏碑（清）

双狮戏球牙笏碑（清）

北京昌平长陵石翁仲（明）

北京昌平长陵石翁仲（明）

北京昌平长陵石麒麟（明）

北京昌平长陵石骆驼（明）

北京昌平长陵石马（明）

北京昌平长陵石象（明）

北京昌平长陵石獬（明）

北京昌平长陵石狮（明）

北京昌平长陵石础（明）

河北易县昌陵明楼内碑（清）

附录一

少数民族建筑装饰纹样

一、窗首、窗间、窗棂

窗首、窗间、窗棂纹饰

窗首、窗间、窗棂纹饰

窗首、窗间、窗棂纹饰

窗首、窗间、窗棂纹饰

二、方砖、瓷砖

瓷砖饰纹

瓷砖饰纹

方砖饰纹

方砖饰纹

三、横梁

横梁饰纹

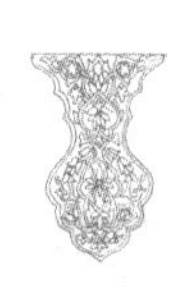

横梁饰纹

四、横梁方圆饰花

横梁圆饰花

横梁方饰花

横梁方饰花

横梁方饰花

横梁方饰花

横梁方饰花

横梁方饰花

五、梁首饰花纹样

梁首饰花纹样

梁首饰花纹样

梁首饰花纹样

梁首饰花纹样

六、门侧墙壁饰纹

门侧墙壁饰纹

门侧墙壁饰纹

七、门窗边框饰纹

门窗边框饰纹

门窗边框饰纹

门窗边框饰纹

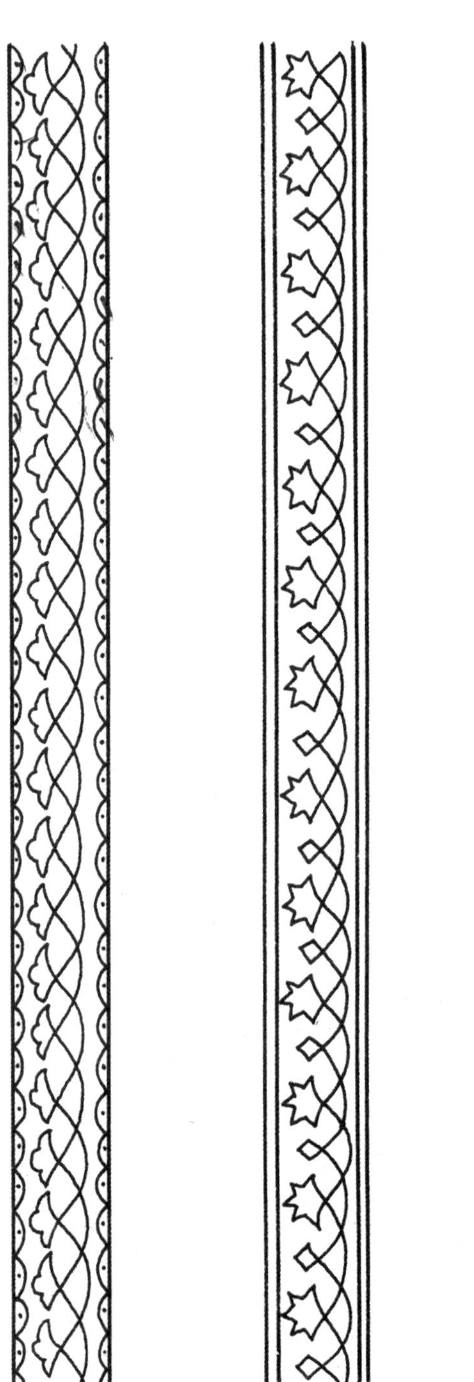

门窗边框饰纹

八、门及门首饰纹

门饰纹

门饰纹

门首饰纹

九、室内顶梁组合饰纹

室内顶梁组合饰纹

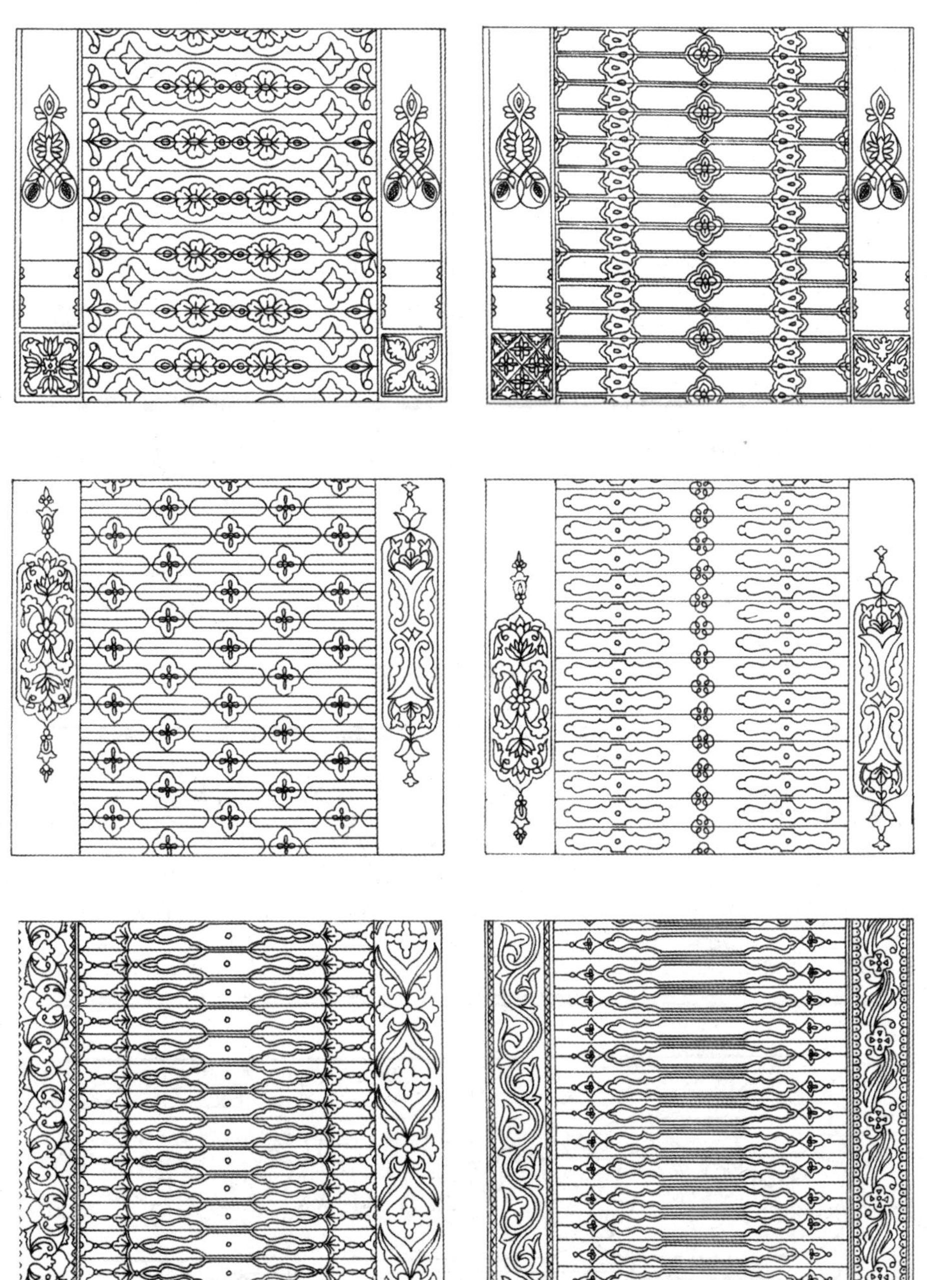

室内顶梁组合饰纹

十、室内墙壁上部饰纹

室内墙壁上部饰纹

室内墙壁上部饰纹

室内墙壁上部饰纹

室内墙壁上部饰纹

室内墙壁上部饰纹

室内墙壁上部饰纹

十一、室内墙壁中部龛形饰纹

室内墙壁中部龛形饰纹

室内墙壁中部龛形饰纹

室内墙壁中部龛形饰纹

室内墙壁中部龛形饰纹

室内墙壁中部龛形饰纹

室内墙壁中部龛形饰纹

十二、室内及室外墙壁饰纹

室内墙壁装饰

室内墙壁装饰

室内墙壁装饰

室内墙壁装饰

室内墙壁装饰

室外墙壁装饰

十三、墙顶部饰纹

墙顶部纹样

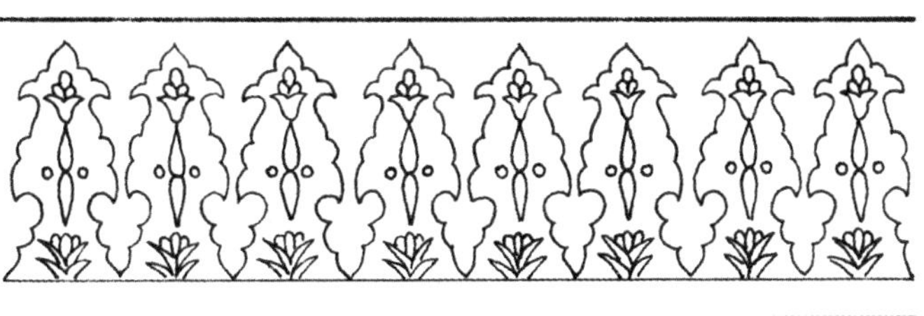

墙顶部纹样

十四、屋檐饰纹

屋檐饰纹

屋檐饰纹

屋檐饰纹

十五、柱基及柱身纹饰

柱基饰纹

柱基饰纹

柱身饰纹

柱身饰纹

柱身饰纹

柱身饰纹

柱身饰纹

柱身饰纹

十六、柱头及柱围纹饰

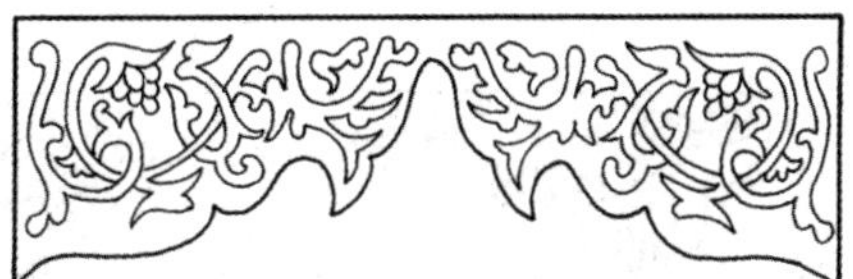

柱头饰纹

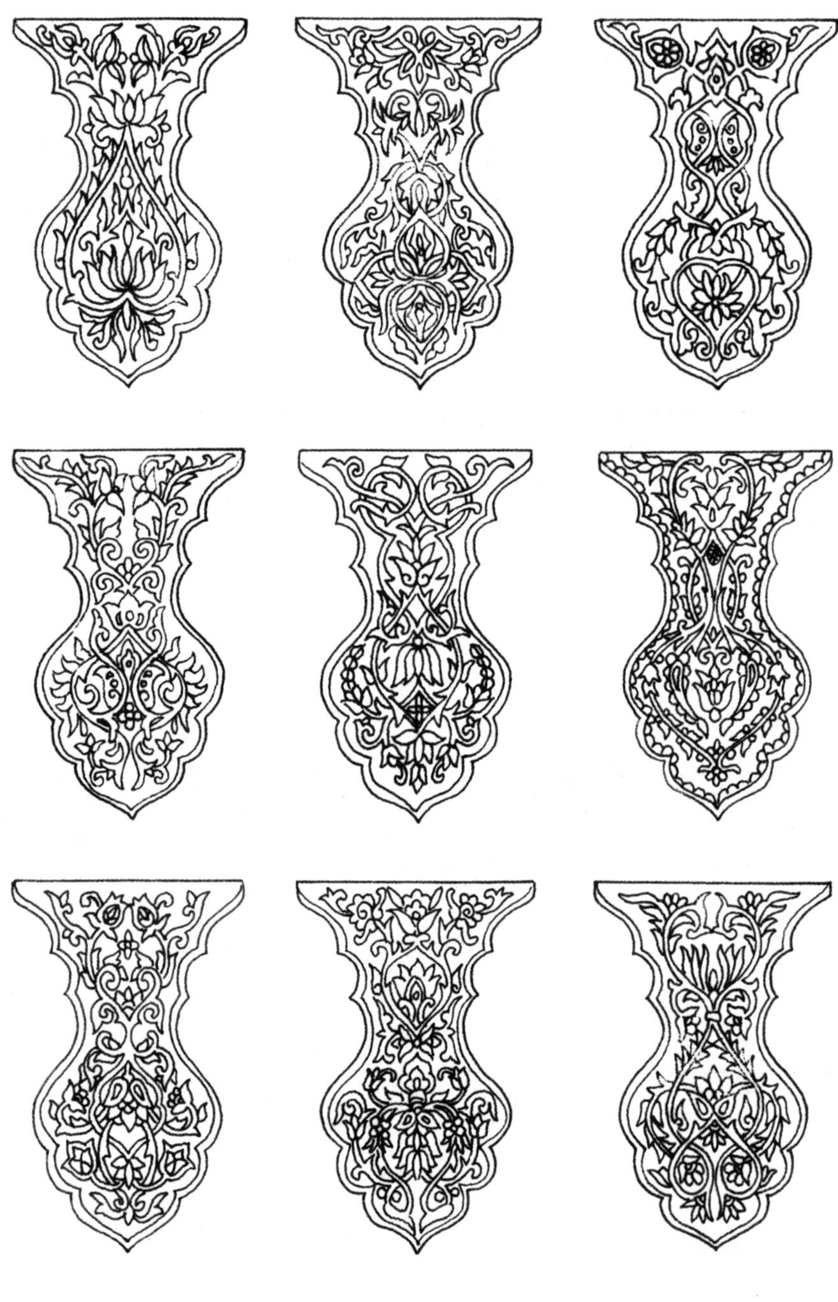

柱围饰纹

柱围饰纹

苏州园林建筑

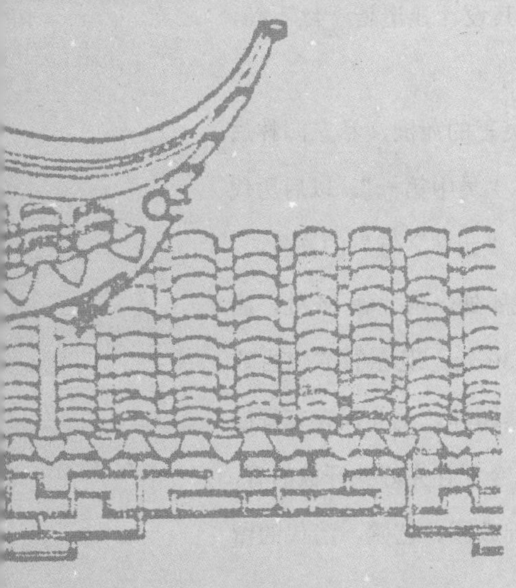

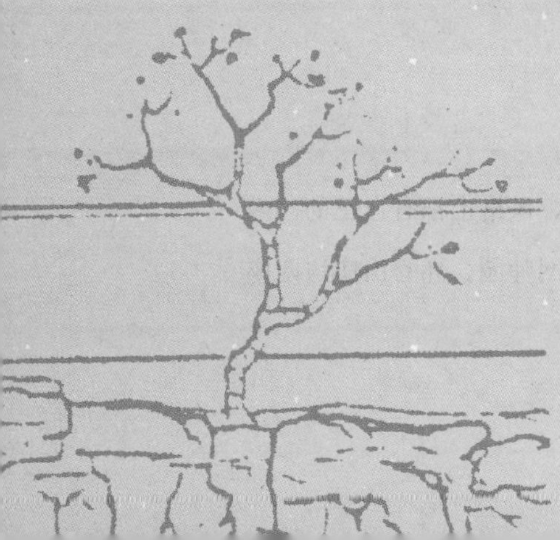

苏州园林，是世界文化遗产。苏州素有“园林之城”之称，享有“江南园林甲天下，苏州园林甲江南”之美誉，誉为“咫尺之内再造乾坤”。苏州古典园林始于春秋时期吴国建都姑苏时，形成于五代，成熟于宋代，鼎盛于明清。到清末苏州已有各色园林 170 多处，现保存完整的有 60 多处，对外开放的有 19 处，主要有沧浪亭、狮子林、拙政园、留园、网师园、怡园等园林。

苏州地处水乡，湖沟塘堰星罗棋布，极利因水就势造园，附近盛产太湖石，适合堆砌玲珑精巧的假山，可谓得天独厚；苏州地区历代百业兴旺，官富民殷，完全有条件追求高质量的居住环境；加之苏州民风历来崇尚艺术，追求完美，千古传承，长盛不衰，无论是乡野民居，还是官衙贾第，其设计建造皆一丝不苟，独运匠心。这些因素大大促进了苏州古典园林的发展。

苏州古典园林的历史可上溯至公元前 6 世纪春秋时吴王的苑囿，私家园林最早见于记载的是东晋（公元 4 世纪）的辟疆园，当时号称“吴中第一”。以后历代造园兴盛，名园日多，至明清建园之风尤盛，苏州赢得了“园林之城”的称号。

据《苏州府志》统计，苏州在周代有园林 6 处，汉代 4 处，南北朝 14 处，唐代 7 处，宋代 118 处，元代 48 处，明代 271 处，清代 130 处。现存的苏州古典园林大部分是明清时期的建筑，包括大大小小几百座古典园林，至今保存完好的尚存数十处，代表了中国江南园林风格。苏州古典园林至今保存完好并开放的有，始建于宋代的沧浪亭、网师园，元代的狮子林，明代的拙政园、艺圃，清代的留园、耦园、怡园、曲园、听枫园等。

苏州园林的艺术特色

据地方志记载，苏州城内大小园林，在布局、结构、风格上都有自己的艺术特色，产生于苏州古典园林鼎盛时期的拙政园、留园、网师园、环秀山庄这四座古典园林，充分体现了中国造园艺术的民族特色和水平。它们建筑类型齐全，保存完整。这四座园林占地面积不广，但巧妙地运用了种种造园艺术技巧和手法，将亭台楼阁、泉石花木组合在一起，模拟自然风光，创造了“城市山林”“居闹市而近自然”的理想空间。它们系统而全面地展示了苏州古典园林建筑的布局、结构、造型、风格、色彩以及装修、家具、陈设等各个方面内容，是明清时期（14—20世纪初）江南地区传统民间建筑的代表作品，反映了这一时期中国江南地区高度的居住文明，曾影响到整个江南城市的建筑格调，带动民间建筑的设计、构思、布局、审美以及施工技术向其靠拢，体现了当时城市建设科学技术水平和艺术成就。在美化居住环境，建筑美、自然美、人文美为一体等方面达到了历史的高度，在中国乃至世界园林艺术发展史上具有不可替代的地位。

苏州园林的艺术思想

中国的造园艺术与中国的文学和绘画艺术具有深远的历史渊源，特别受到宋文人写意山水画的影响，是文人写意山水模拟的典范。中国园林在其发展过程中，形成了包括皇家园林和私家园林在内的两大系列，前者集中在北京一带，后者则以苏州为代表。由于政治、经济、文化地位和自然、地理条件的差异，两者在规模、布局、体量、风格、色彩等方面有明显差别，皇家园林以宏大、严整、堂皇、浓丽称胜，而苏州古典园林则以小巧、自由、精致、淡雅、写意见长。由于后者更注意文化和艺术的和谐统一，因而发展到晚期的皇家园林，在意境、创作思想、建筑技巧、人文内容上，也大量地汲取了私家花园的写意手法。

苏州园林的文化韵味

苏州的造园家运用独特的造园手法，在有限的空间里，通过叠山理水，栽植花木，配置园林建筑，并用大量的匾额、楹联、书画、雕刻、碑石、家具陈设和

各式摆件等来反映古代哲理观念、文化意识和审美情趣，从而形成充满诗情画意的文人写意山水园林，使人“不出城郭而获山水之怡，身居闹市而得林泉之趣”，达到“虽由人作，宛若天开”的艺术境地。

历代园林各具自然的、历史的、文化的、艺术的特色。从宋代起经元、明、清的千余年来，苏州作为中国著名的历史文化名城，至今仍保存着许多独树一帜的私家园林。所有这些古典园林，其建筑布局、结构、造型及风格，都巧妙地运用了对比、衬托、对景、借景遗迹尺度变换、层次配合和小中见大、以少胜多等种种造园艺术技巧和手法，将亭、台、楼、阁、泉、石、花、木组合在一起，在城市中创造出人与自然和谐的居住环境，构成了苏州古典园林的总体特色。苏州古典园林占地面积小，采用变幻无穷、不拘一格的艺术手法，以中国山水花鸟的情趣，寓唐诗宋词的意境，在有限的空间内点缀假山、树木，安排亭台楼阁、池塘小桥，使苏州古典园林以景取胜，景因园异，给人以小中见大的艺术效果。拙政园便享有“江南名园精华”的盛誉。

苏州古典园林，一向被称为“文人园林”。白居易在《草堂记》中说“覆篑土为台，聚拳石为山，环斗水为池”，这是文人园林的范式。苏州古典园林充分体现了自然美的主旨，在设计构筑中，采用因地制宜，借景、对景、分景、隔景等种种手法来组织空间，造成园林中曲折多变、小中见大、虚实相间的景观艺术效果。通过叠山理水，栽植花木，配置园林建筑，形成充满诗情画意的文人写意山水园林，在都市内创造出人与自然和谐相处的“城市山林”。

在中国传统建筑中独树一帜，有重大成就的是古典园林建筑。苏州古典园林历史绵延2 000余年，在世界造园史上有其独特的历史地位和价值，它以写意山水的高超艺术手法，蕴含浓厚的中国传统思想和文化内涵，展示东方文明的造园艺术典范。苏州古典园林是城市中充满自然意趣的“城市山林”，身居闹市的人们一进入园林，便可享受到大自然的“山水林泉之乐”。

苏州古典园林是文化意蕴深厚的“文人写意山水园”。古代的造园者都有很高的文化修养，能诗善画，造园时多以画为本，以诗为题，通过凿池堆山、栽花种树，创造出具有诗情画意的景观，被称为“无声的诗，立体的画”。在园林中游赏，犹如在品诗，又如在赏画。为了表达园主的情趣、理想、追求，园林建筑

与景观又有匾额、楹联之类的诗文题刻，有以清幽的荷香自喻人品（拙政园“远香堂”），有以清雅的香草自喻性情高洁（拙政园“香洲”），有追慕古人似小船自由漂荡怡然自得的怡园“画舫斋”，还有表现园主企慕恬淡的田园生活的网师园“真意”、留园“小桃源”等，不一而足。这些充满着书卷气的诗文题刻与园内的建筑、山水、花木自然和谐地糅合在一起，使园林的一山一水、一草一木均能产生出深远的意境，徜徉其中，可得到心灵的陶冶和美的享受。苏州古典园林虽小，但古代造园家通过各种艺术手法，独具匠心地创造出丰富多样的景致，在园中行游，或见“庭院深深深几许”，或见“柳暗花明又一村”，或见小桥流水、粉墙黛瓦，或见曲径通幽、峰回路转，或是步移景易、变幻无穷。至于那些形式各异、图案精致的花窗，那些如锦缎般的在脚下迁伸不尽的铺路，那些似不经意散落在各个墙角的小品更使人观之不尽，回味无穷。

苏州古典园林是时间的艺术、历史的艺术。园林中大量的匾额、楹联、书画、雕刻、碑石、家具陈设、各式摆件等等，无一不是点缀园林的精美艺术品，无不蕴含着中国古代哲理观念、文化意识和审美情趣。苏州古典园林宅园合一，可赏，可游，可居，可以体验让人舒畅的生活，这种建筑形态的形成，是在人口密集和缺乏自然风光的城市中，人类依恋自然，追求与自然和谐相处，美化和完善自身居住环境的一种创造。

一、鸟瞰及单体建筑式样

拙政园鸟瞰图（局部）

拙政园壶园园景鸟瞰

拙政园书房庭院剖视

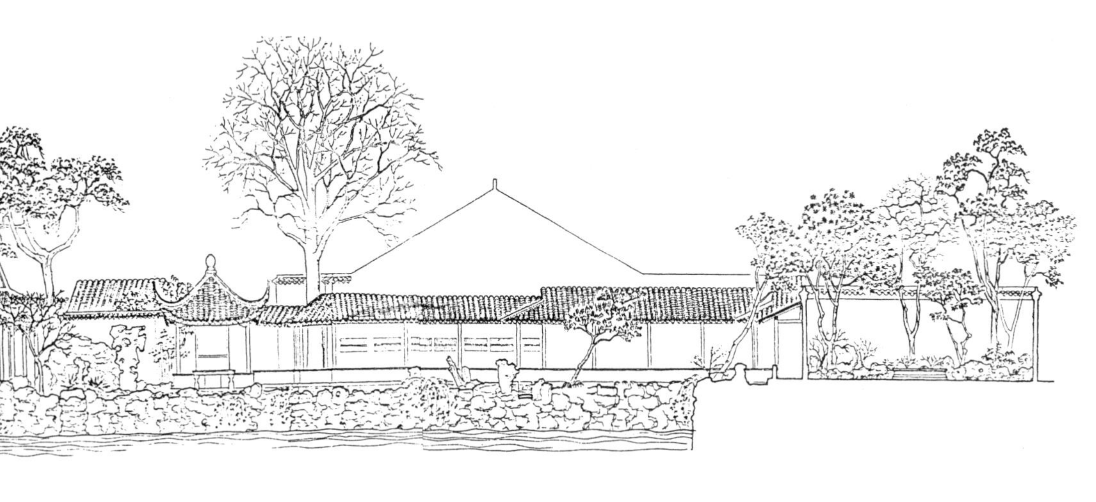

怡园

二、园亭纵横图

怡园沧浪亭

拙政园塔形亭剖面

拙政园绣绮亭剖面

留园远翠阁剖面

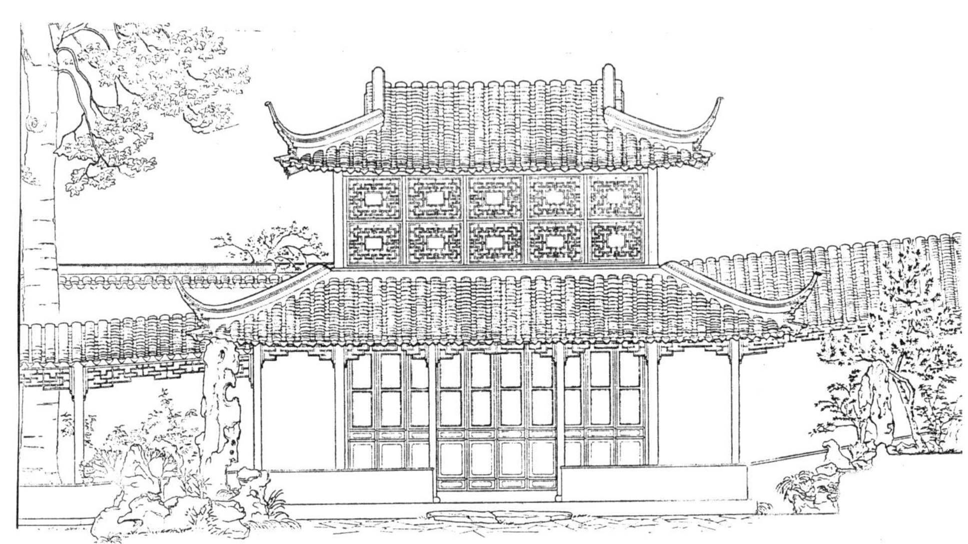

留园远翠阁立面

拙政园三十六鸳鸯馆

三、单体建筑剖面图

拙政园倚虹亭立面

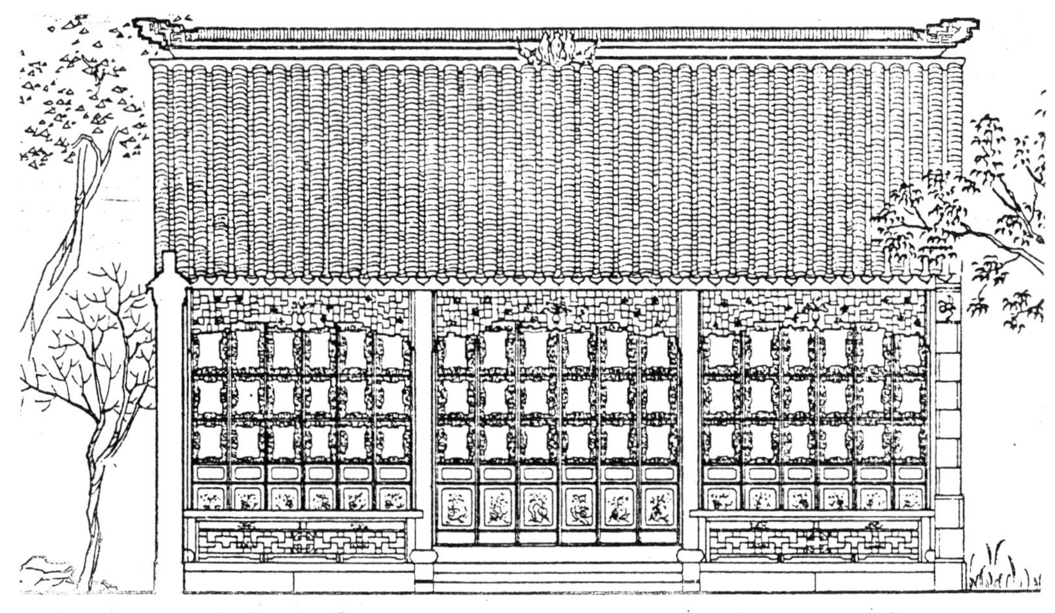

马巷花厅立面

涵碧山房

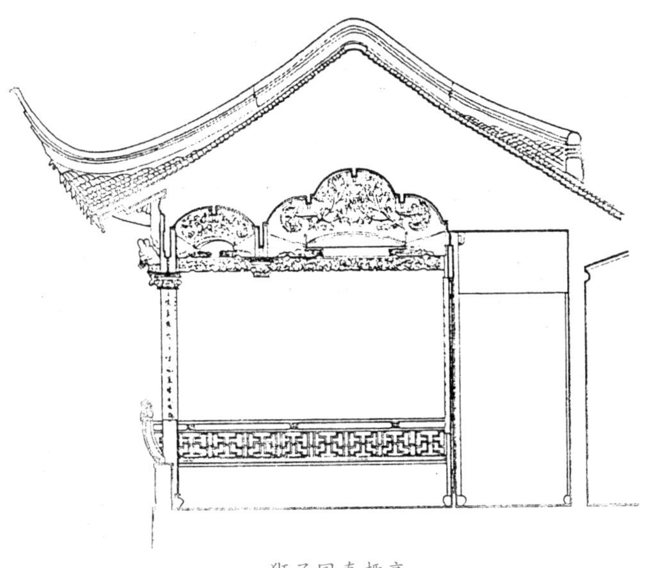

狮子园真趣亭

拙政园倒影楼立面

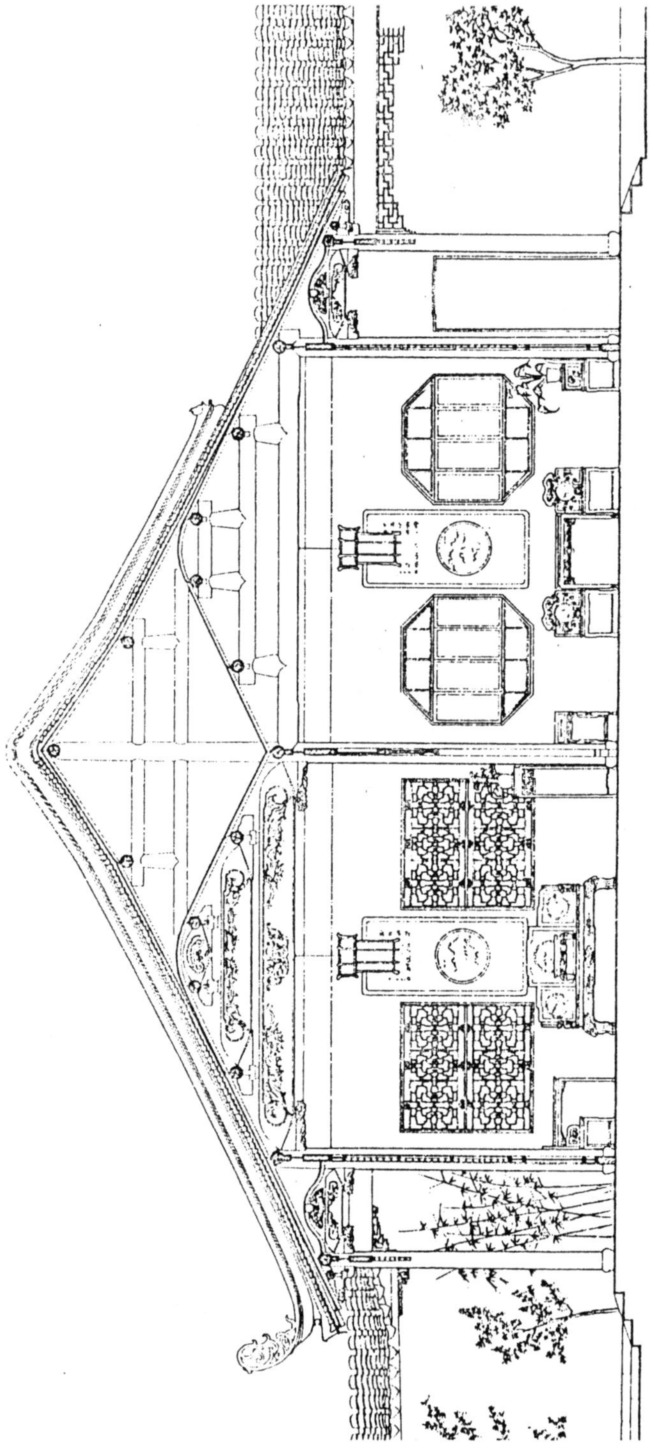

留园临泉耆硕之馆剖面

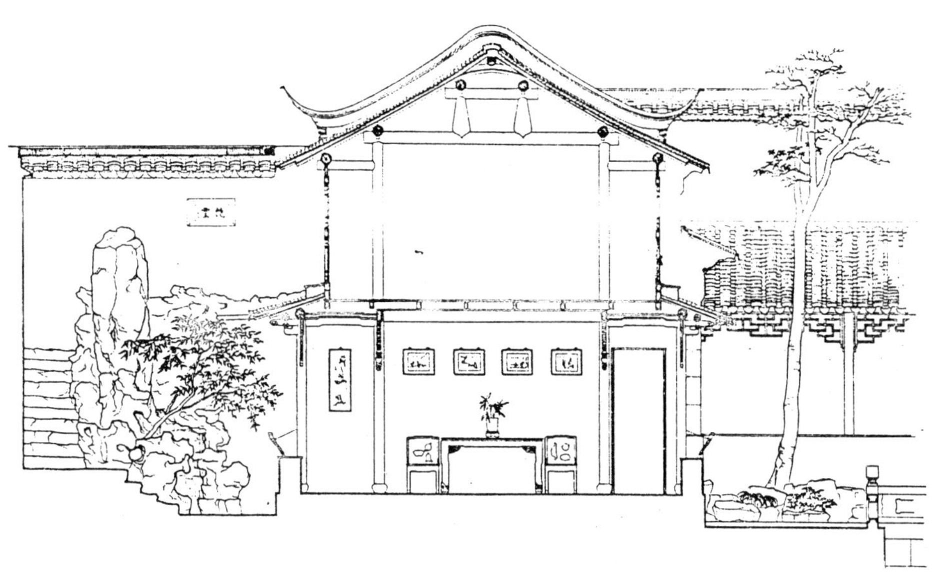

留园瑟楼剖面

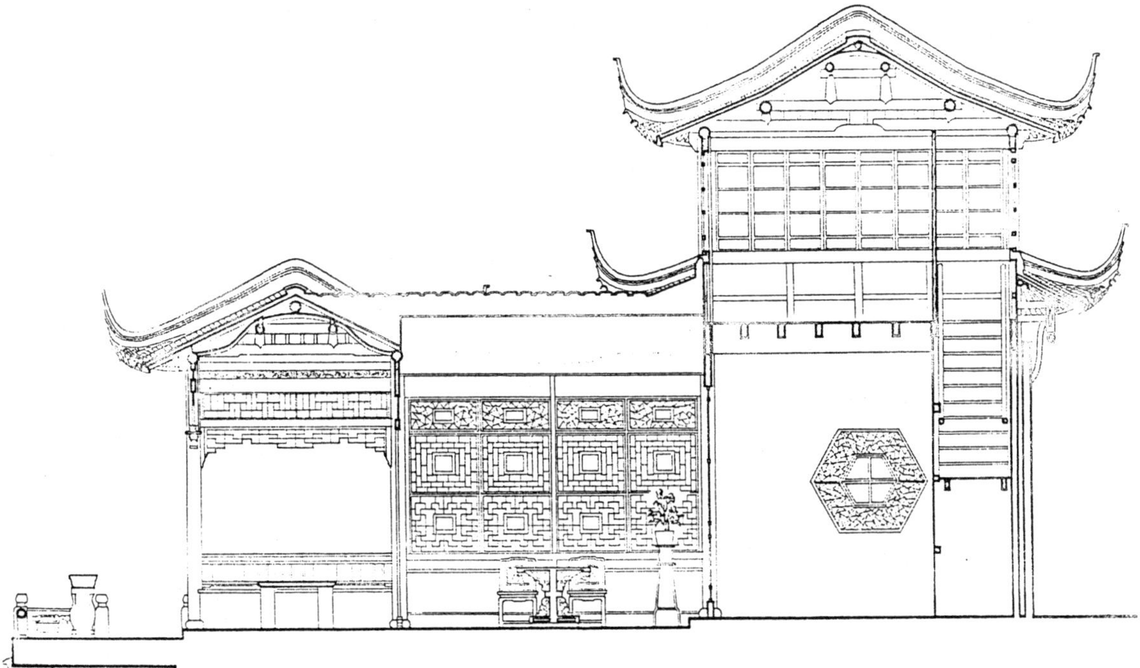

留园瑟楼剖面

四、建筑结构与构件

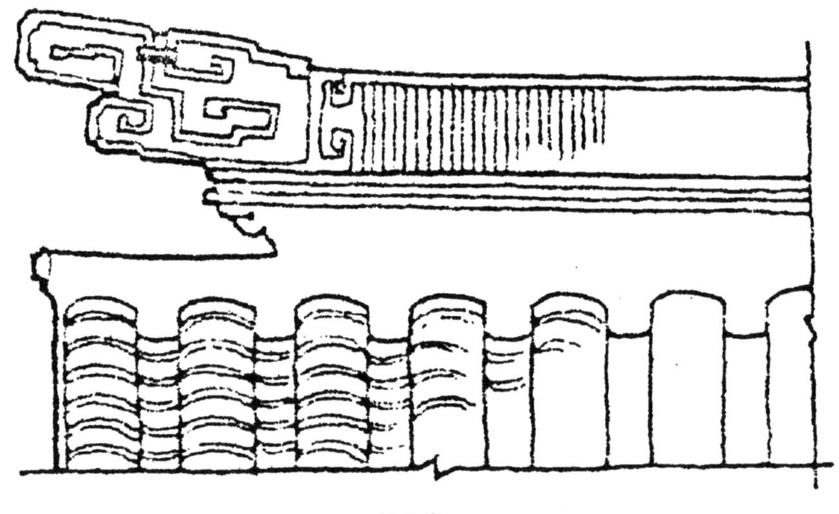

纹头脊

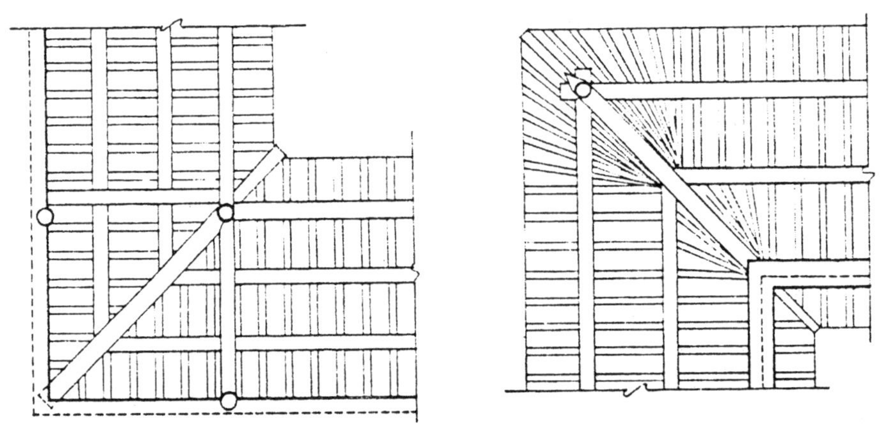

走廊梁架仰视平面图

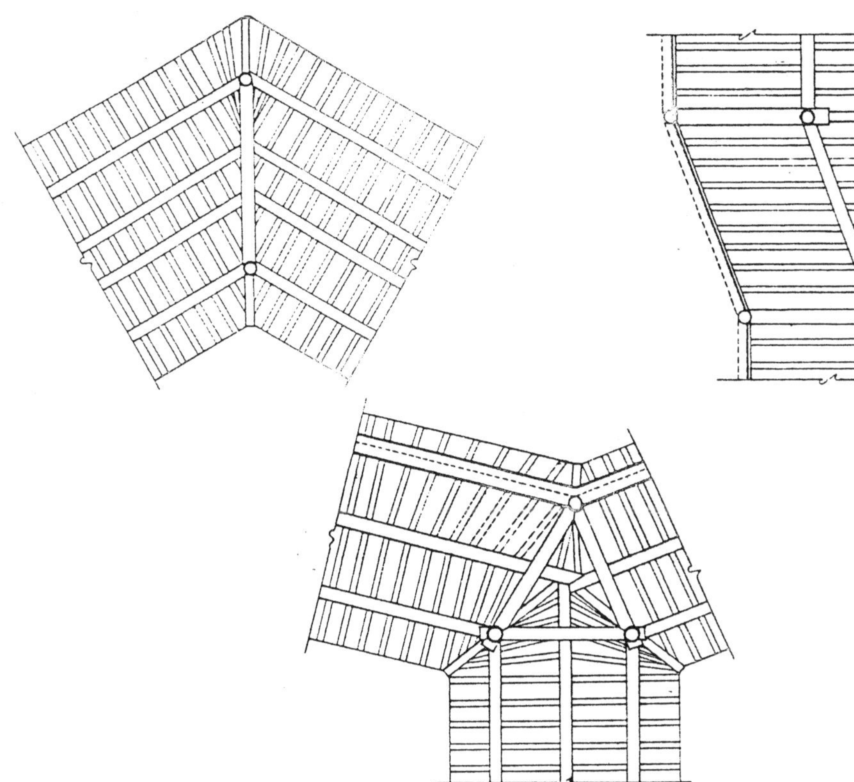

走廊梁架仰视平面图

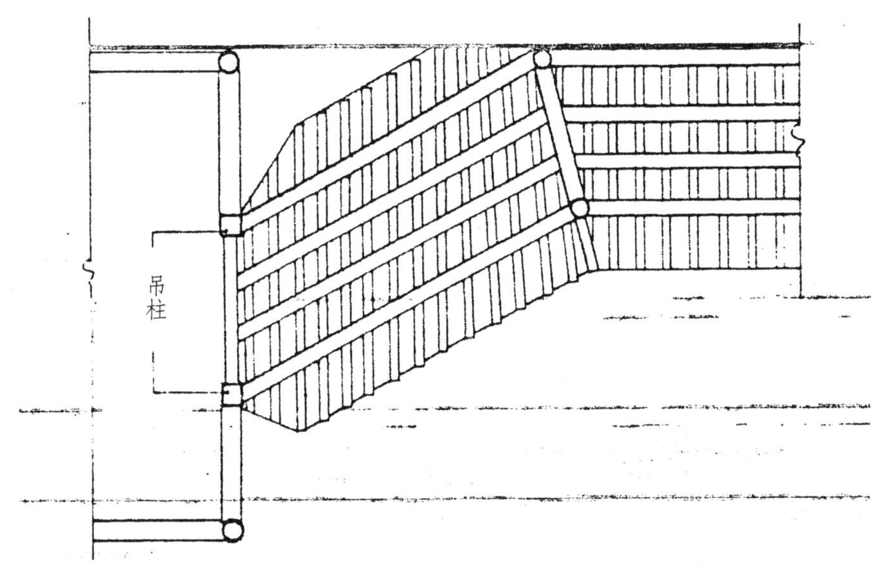

走廊梁架仰视平面图

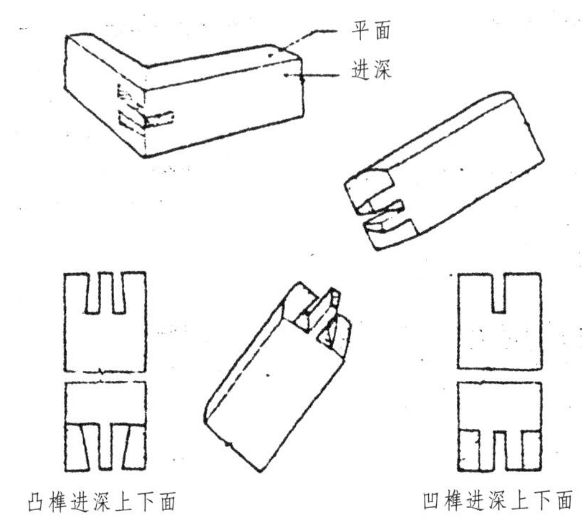

直角相合

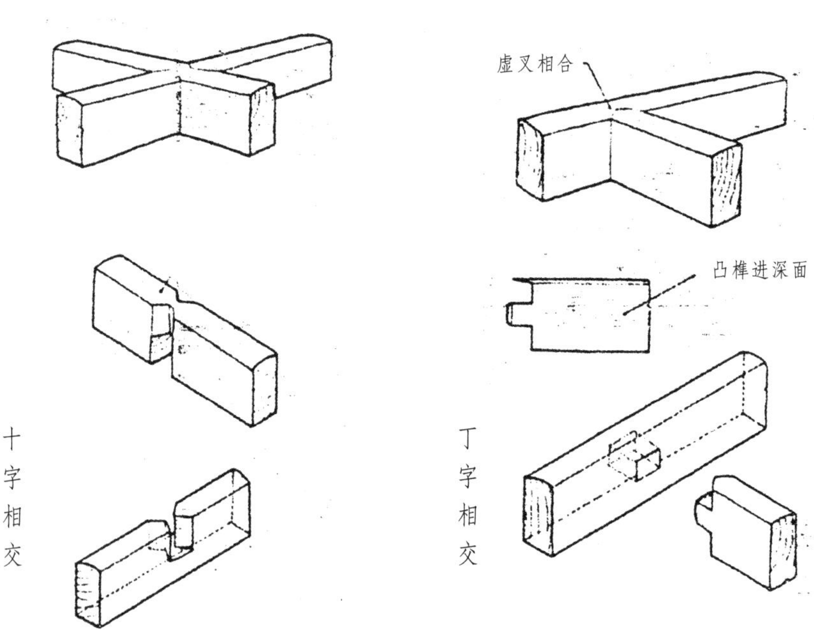

木结构榫卯详图

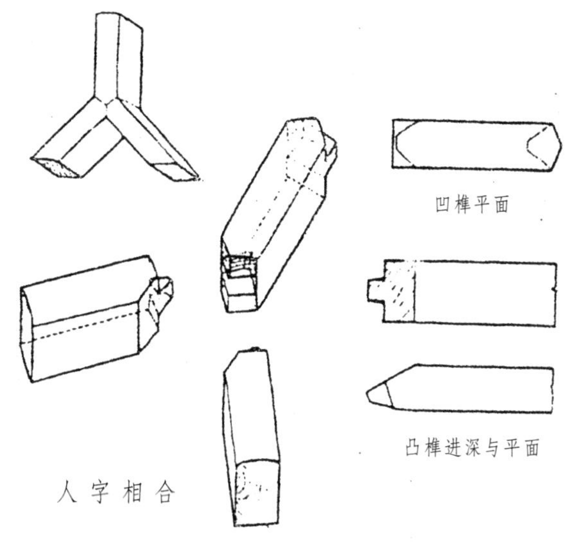

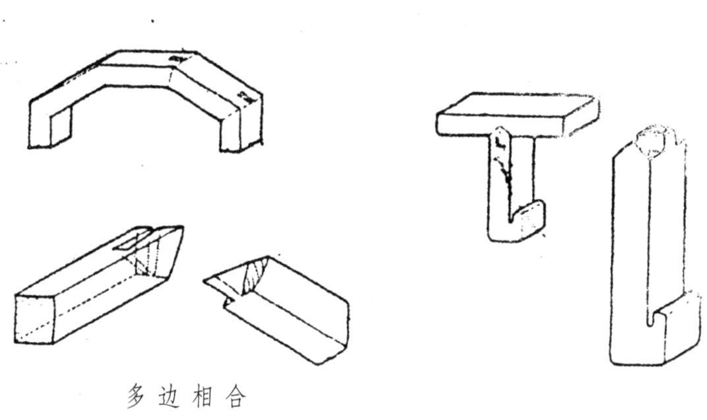

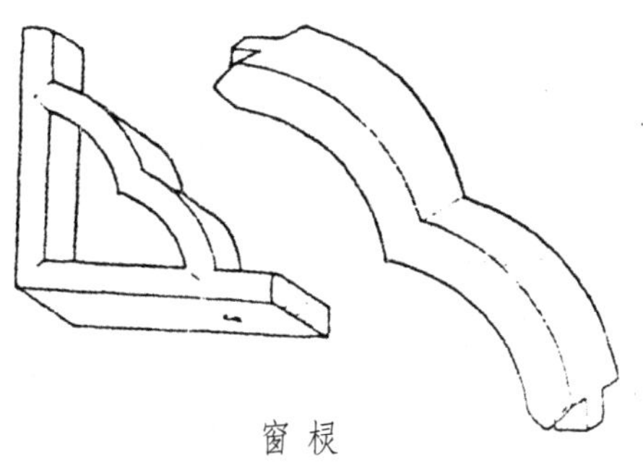

木结构榫卯详图

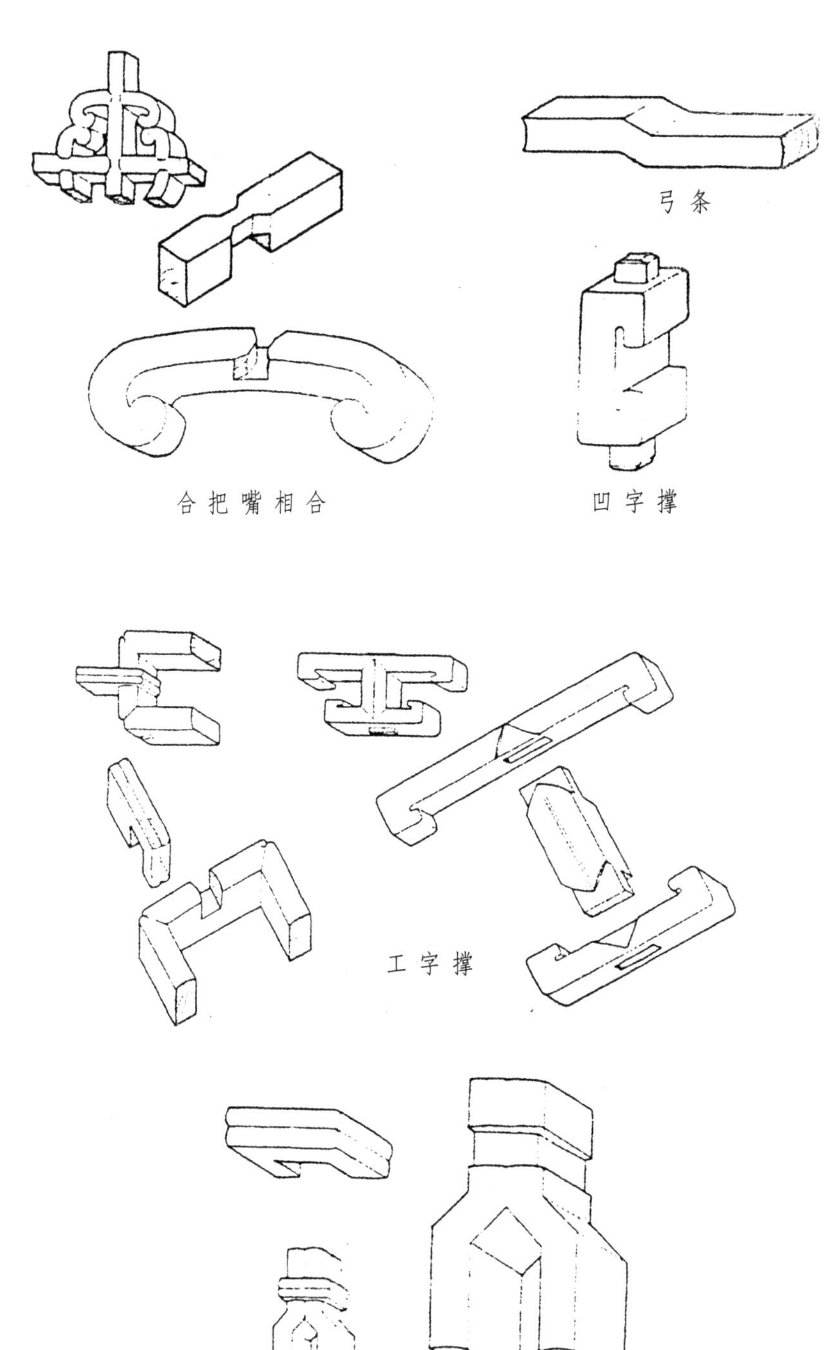

木结构榫卯详图

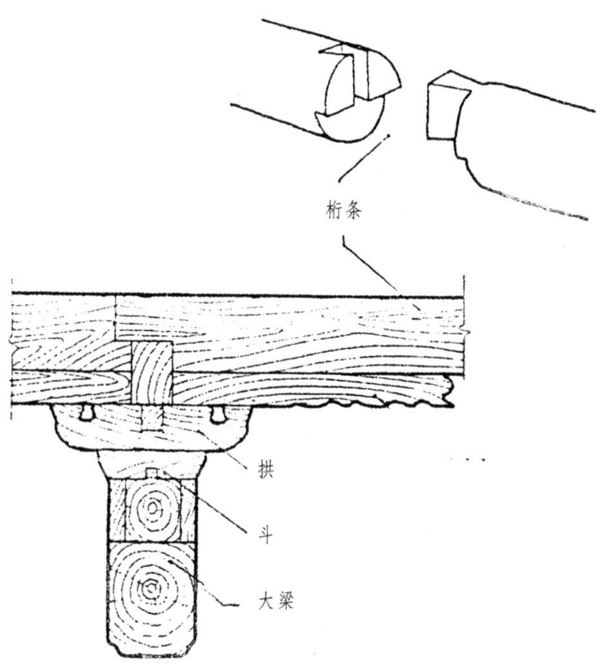
桁条
拱
斗
大梁

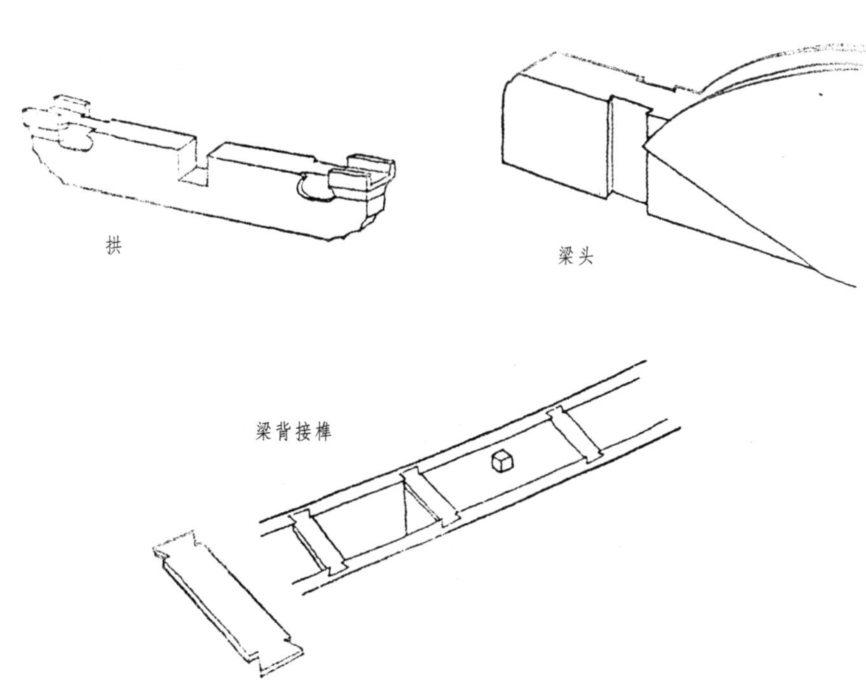
拱
梁头
梁背接榫

五、格门、洞门、透窗

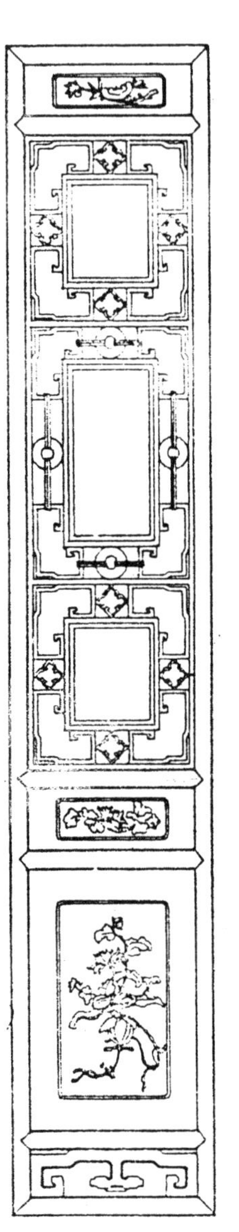
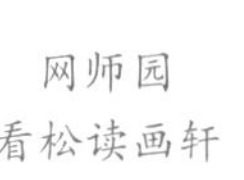

网师园
看松读画轩

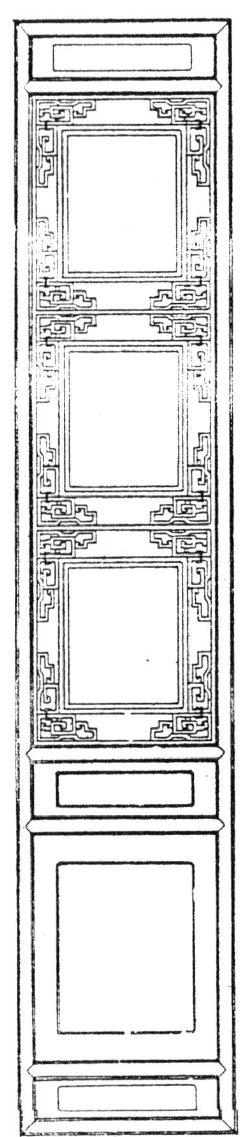

网师园
看松读画轩

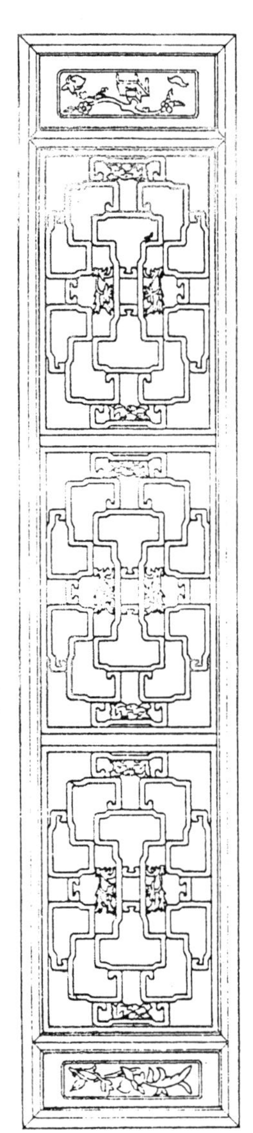

留园
临泉耆硕之馆

沧浪亭
明道堂

网师园
园集虚齐

拙政园
三十六鸳鸯馆

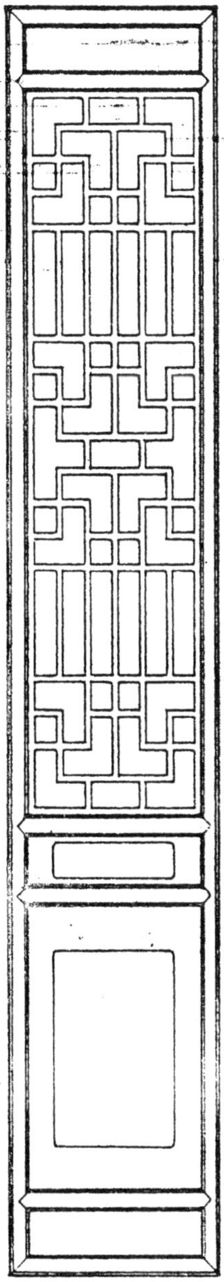

拙政园
玉兰堂

网师园
殿春簃西堂

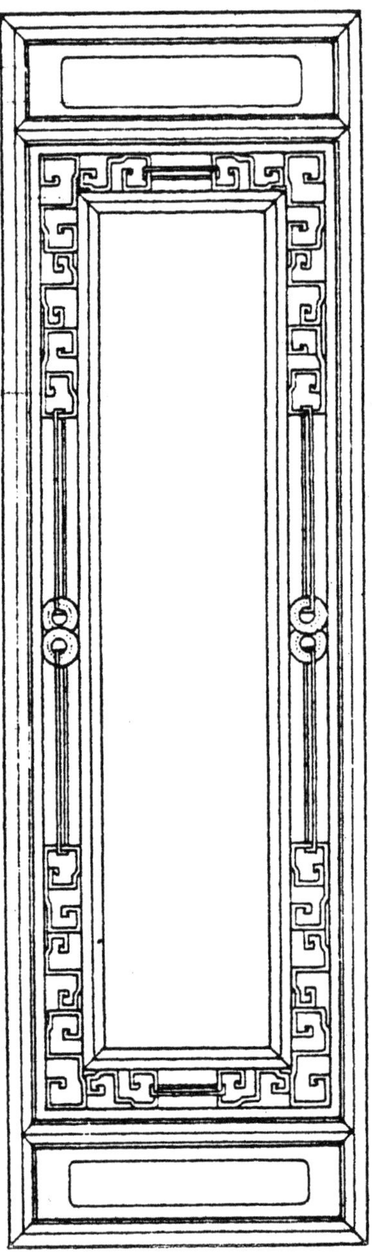

网师园
殿春簃西屋

网师园
看松读画轩

狮子林
立雪堂

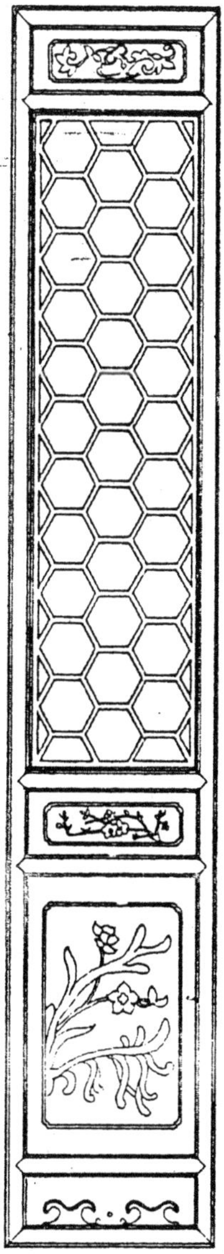

留园
伫云庵

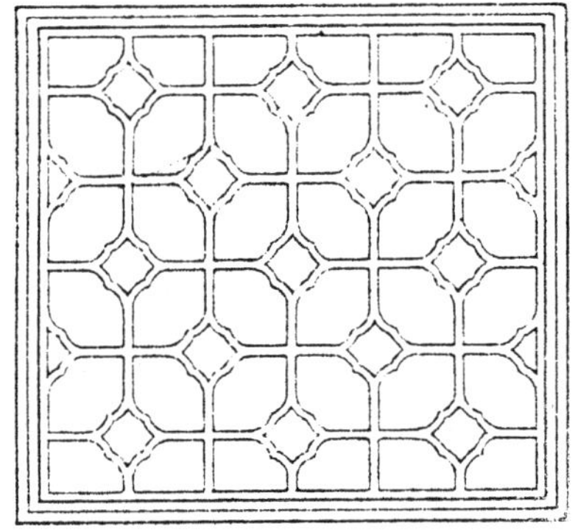

留园古木交柯前走廊

留园古木交柯前走廊

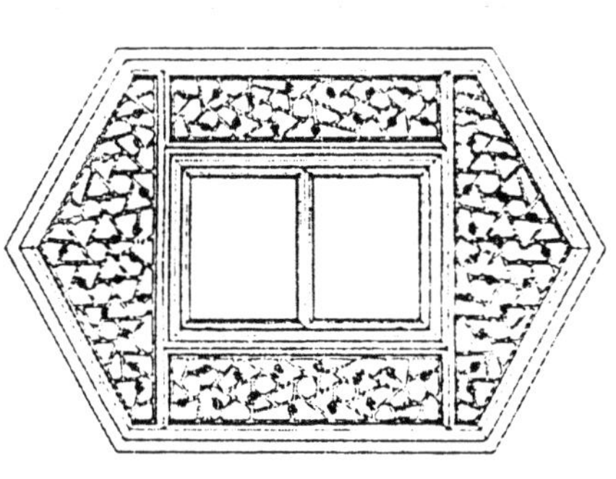

留园远翠阁

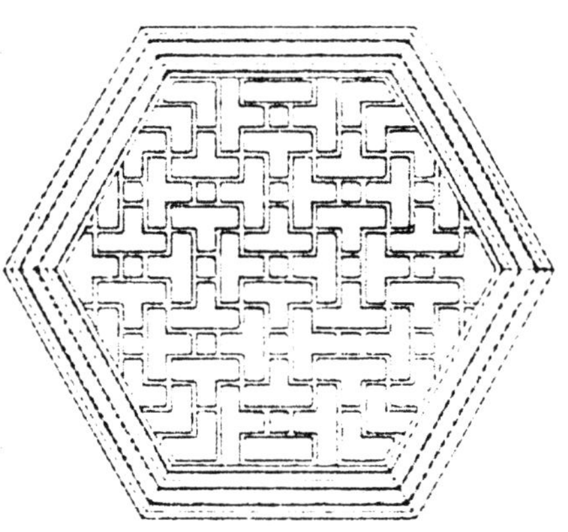

拙政园海棠春坞

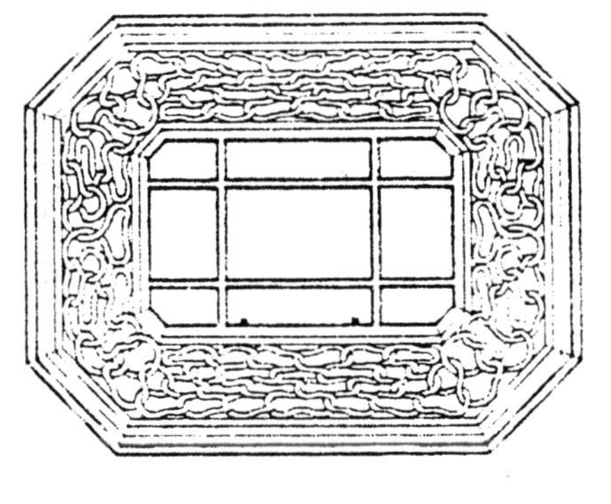

网师园蹈和馆

留园

留园古木交柯前走廊

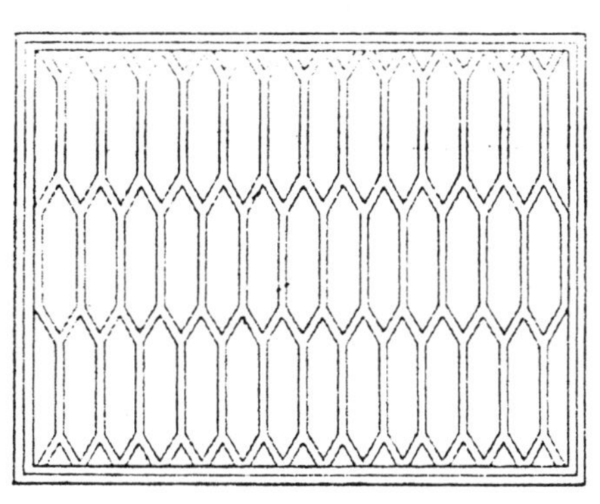

怡园拜石轩南院院墙

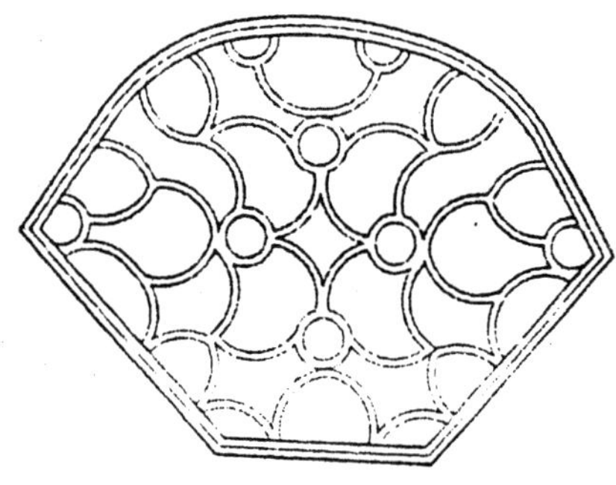

沧浪亭假山北游廊

沧浪亭假山北游廊

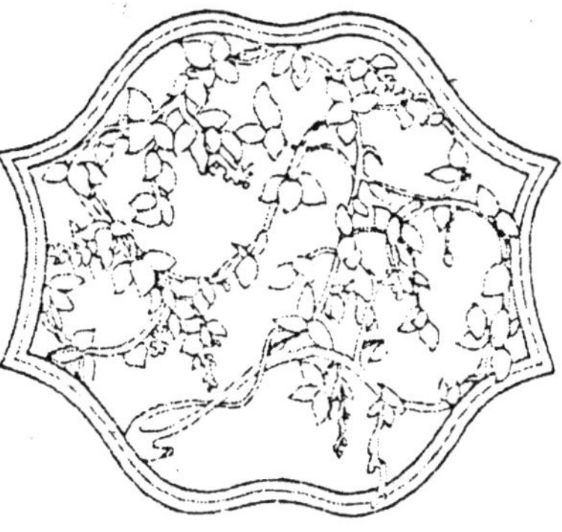

沧浪亭假山北游廊

狮子林间梅阁后游廊

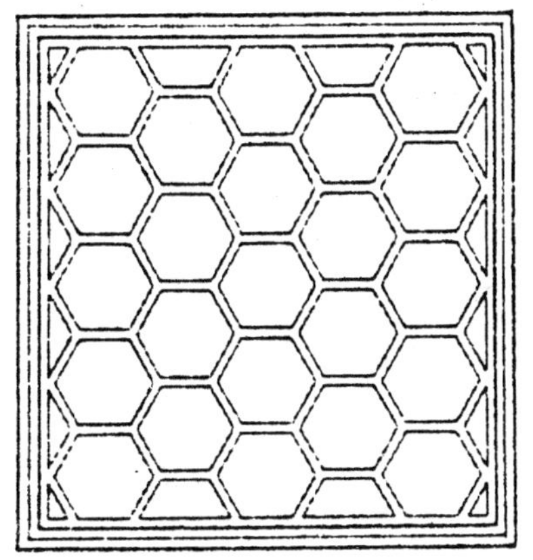

留园古木交柯前走廊

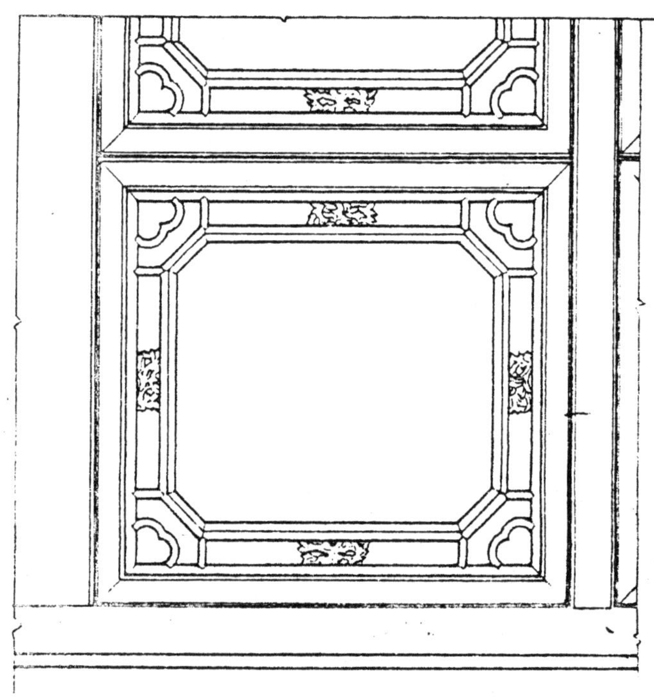

半窗

半窗

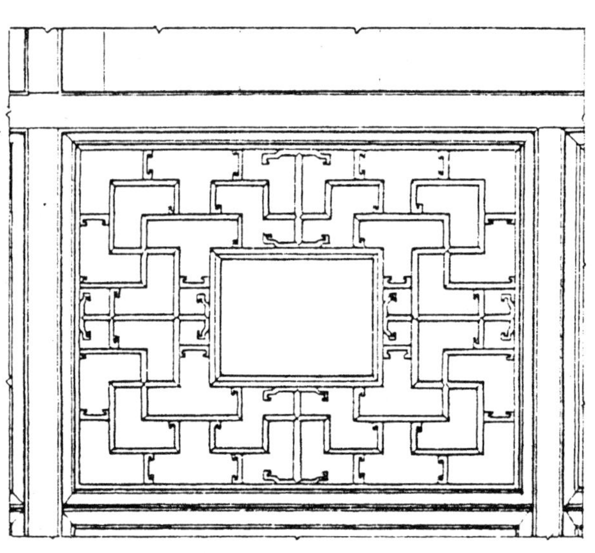

网师园濯缨水阁

网师园濯缨水阁

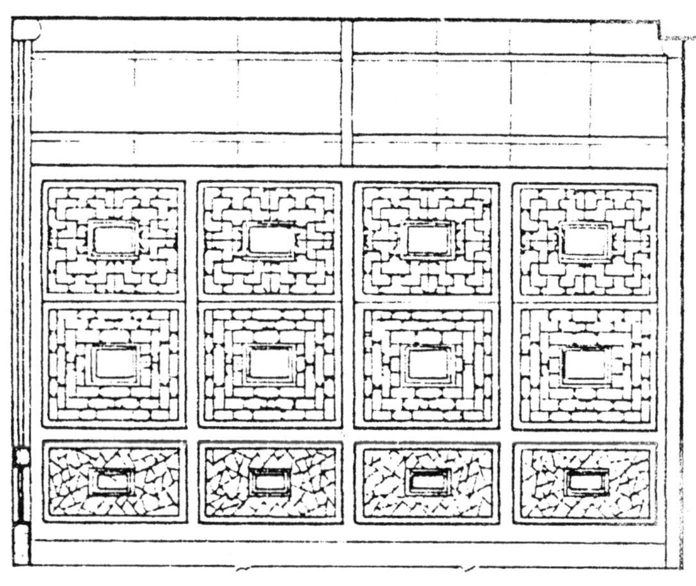

怡园画舫斋

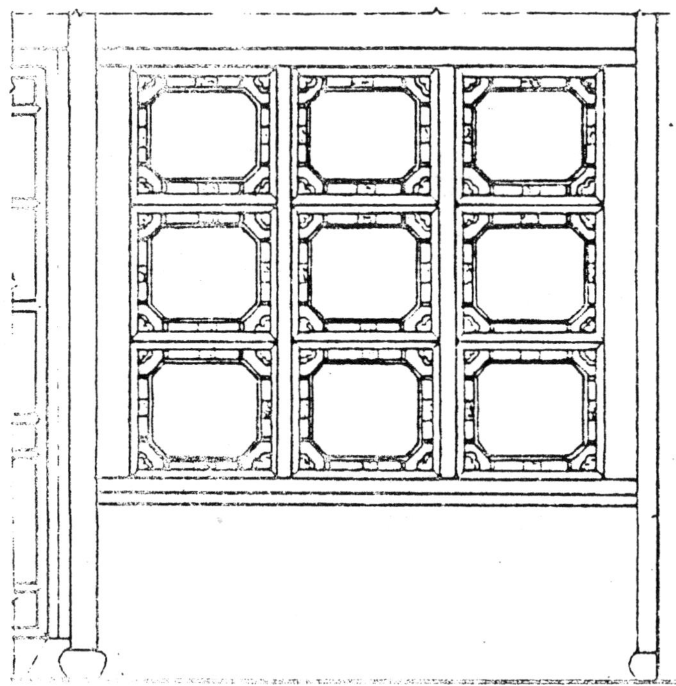

网师园梯云室

网师园殿春簃

留园古木交柯前走廊

狮子林燕誉堂北廊东端

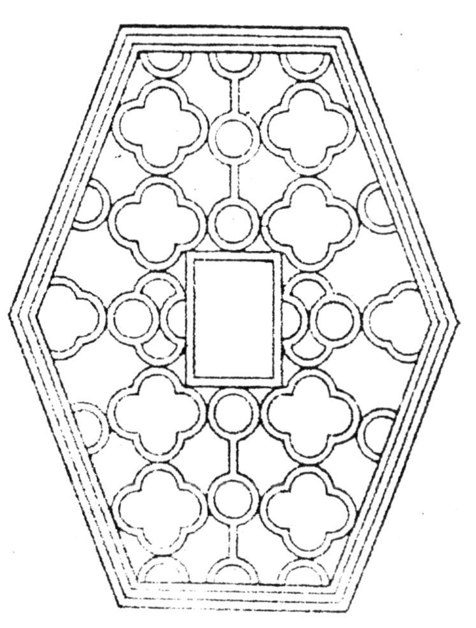

东走廊

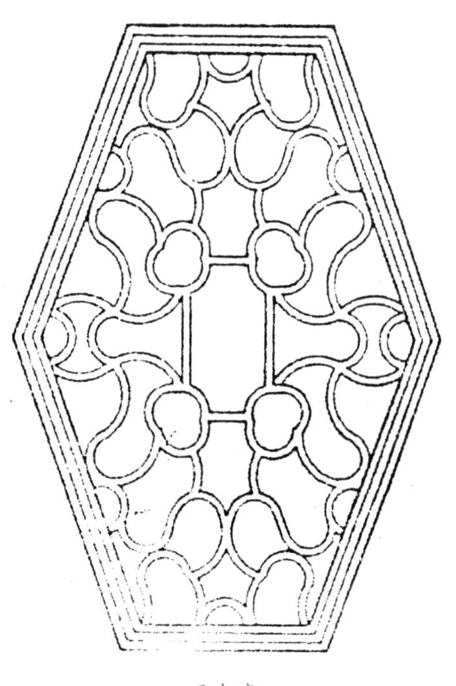

西走廊

沧浪亭

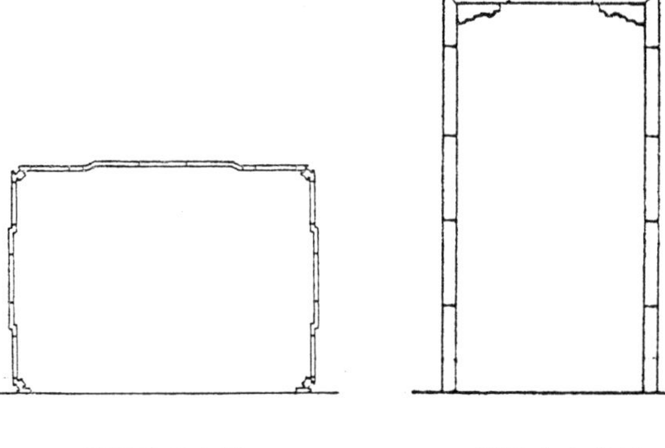

留园清风池馆　留园古木交柯

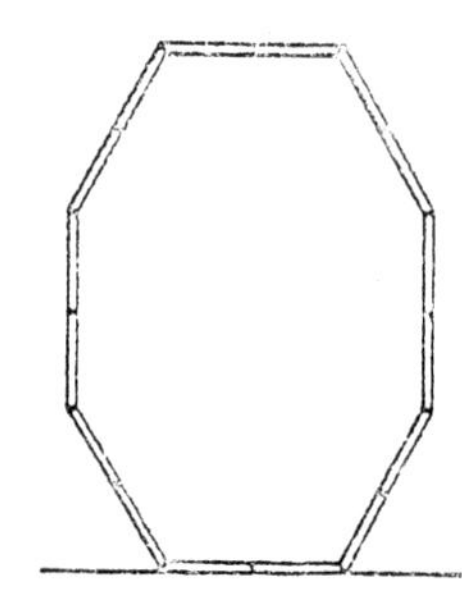

拙政园澂观楼

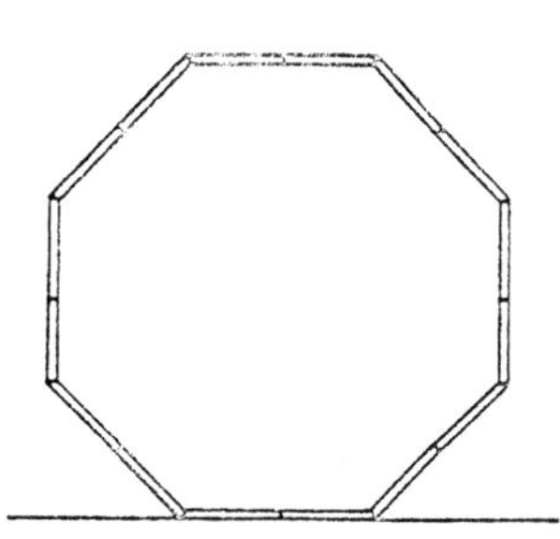

怡园锁绿轩

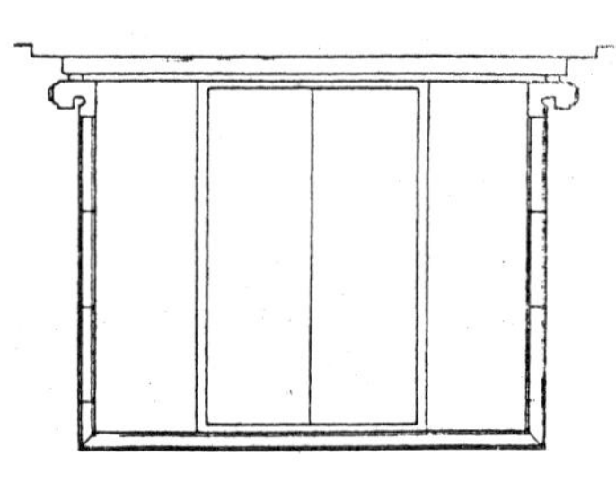

留园林泉耆硕之馆前

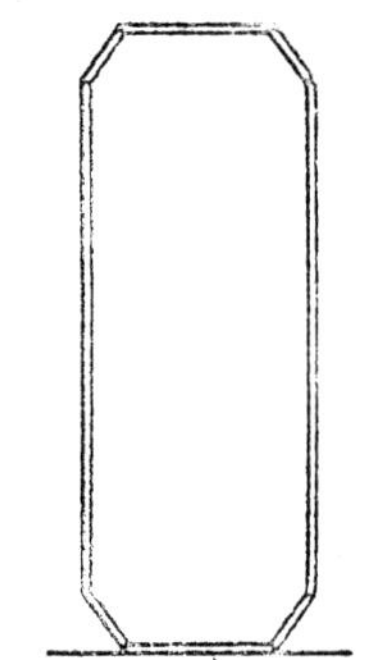

拙政园三十六鸳鸯馆

狮子林小方厅后院

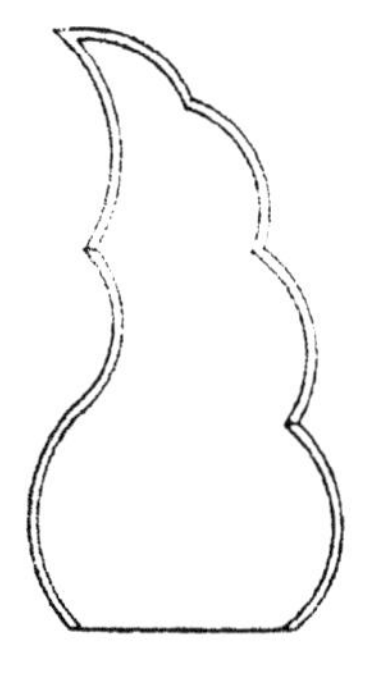

狮子林御碑亭东

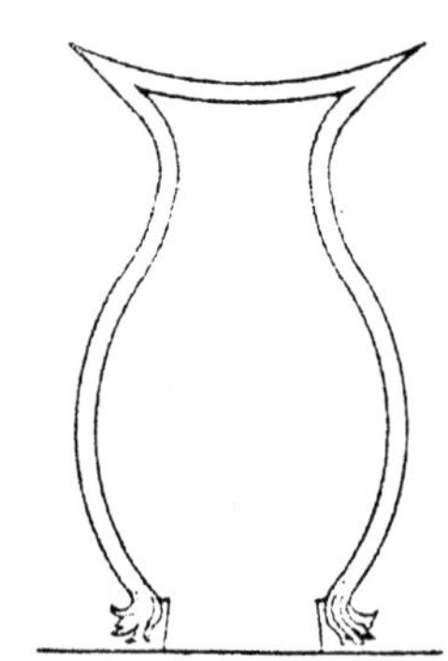

狮子林荷花厅西走廊

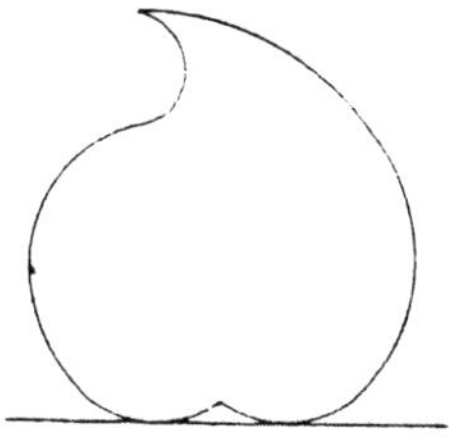

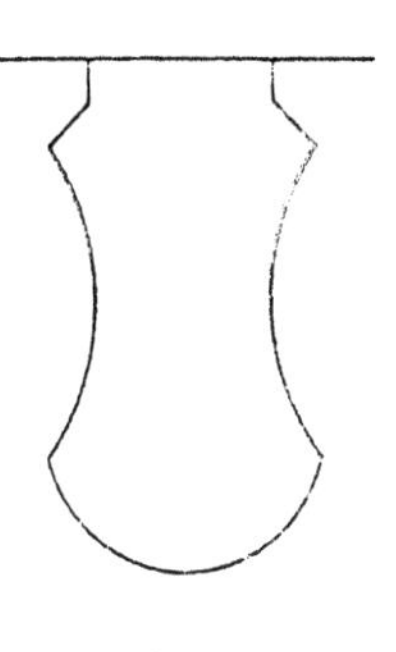

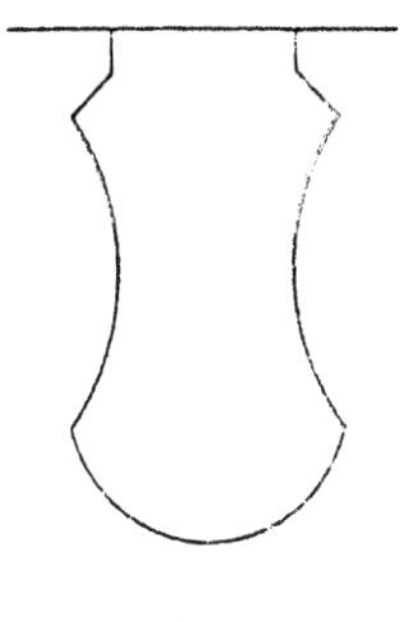

悬桥巷王宅　沧浪亭御碑亭　鹤园

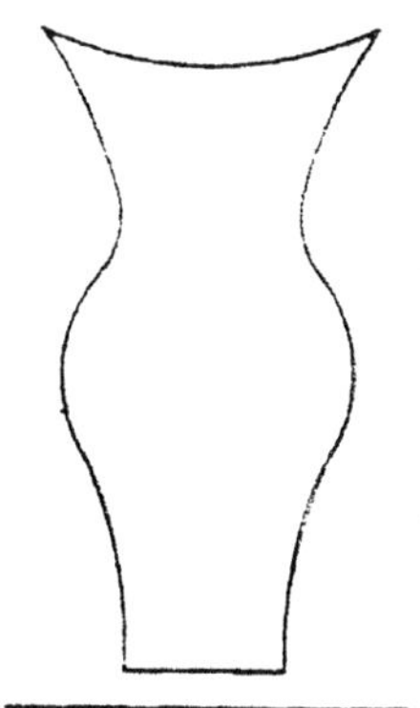

怡园碧梧栖凤馆

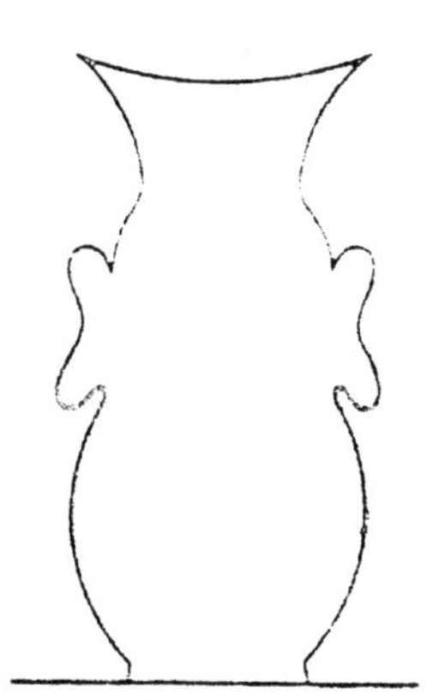

沧浪亭明道堂西走廊

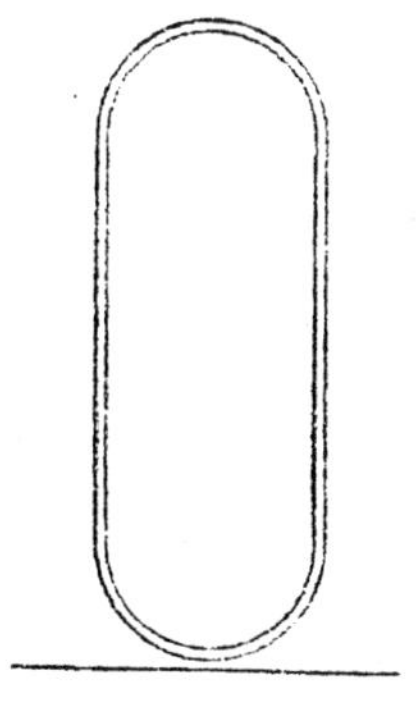

史家巷厅宅

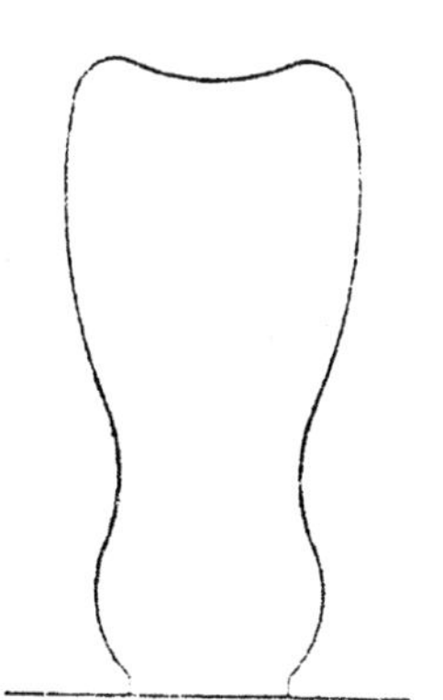

狮子林小方厅

六、木雕地罩

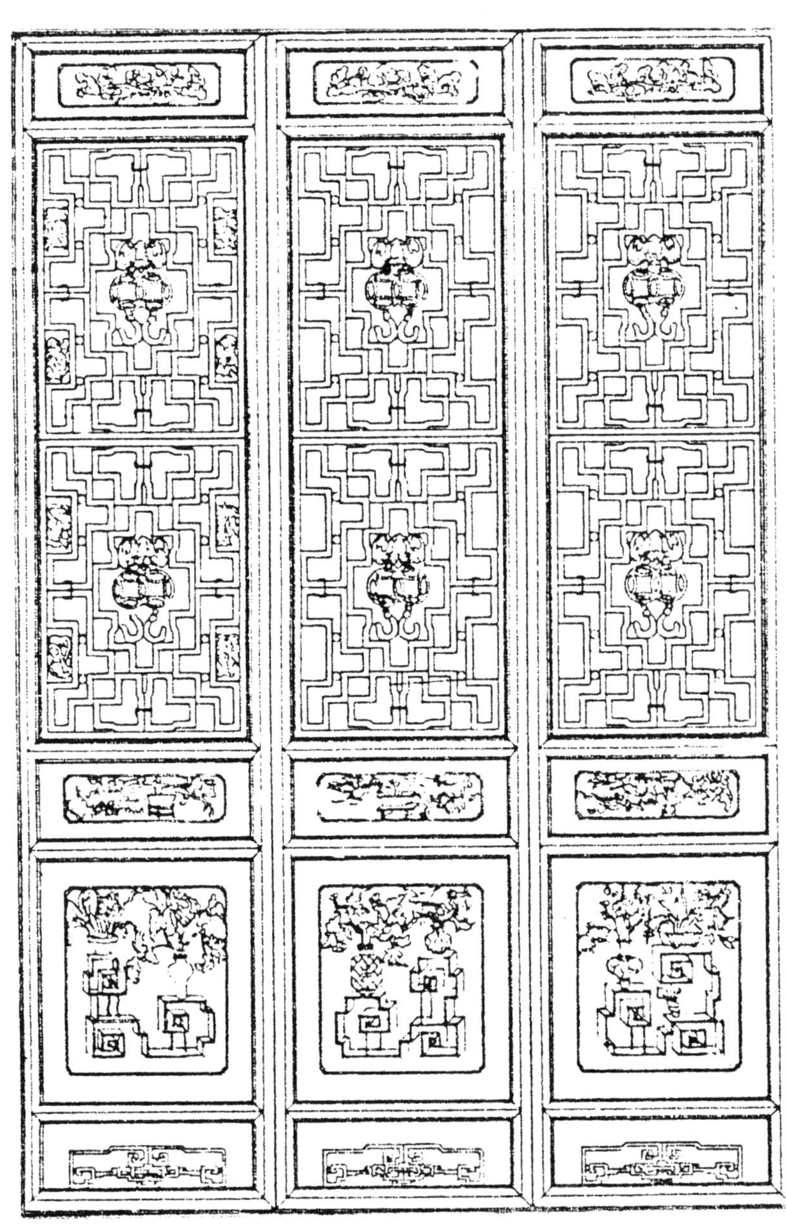

门格及地罩细部纹样

门格及地罩细部纹样

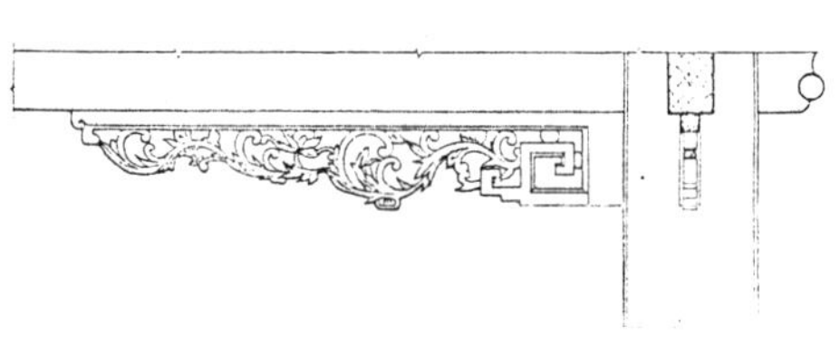
怡园金粟亭

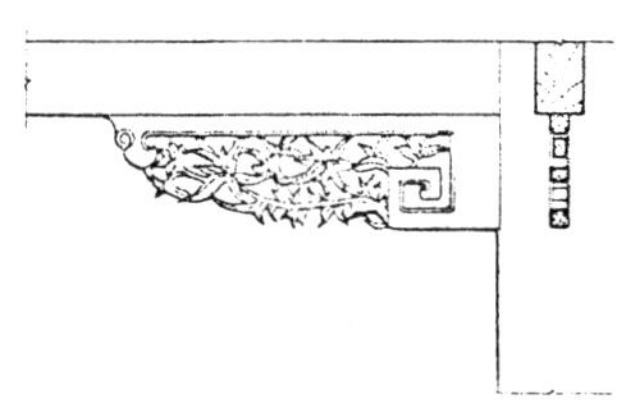
怡园小沧浪

网师园走廊

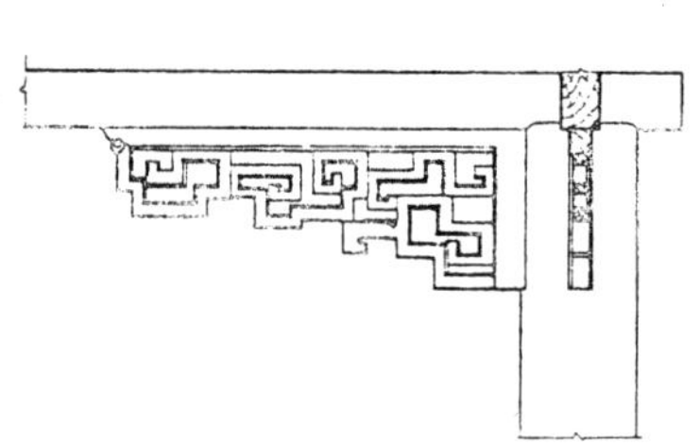
网师园走廊

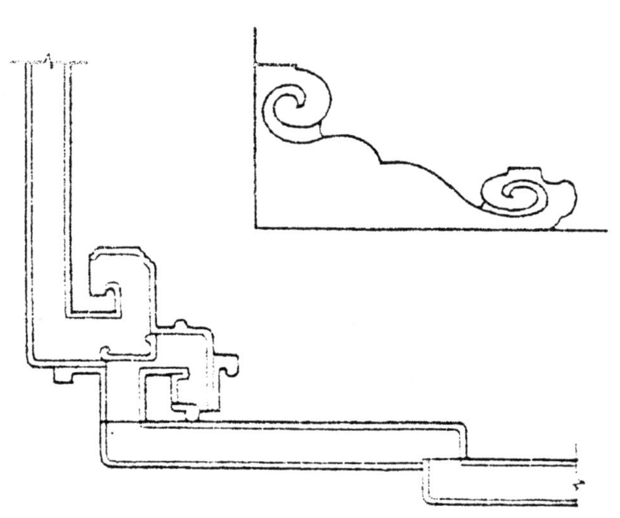

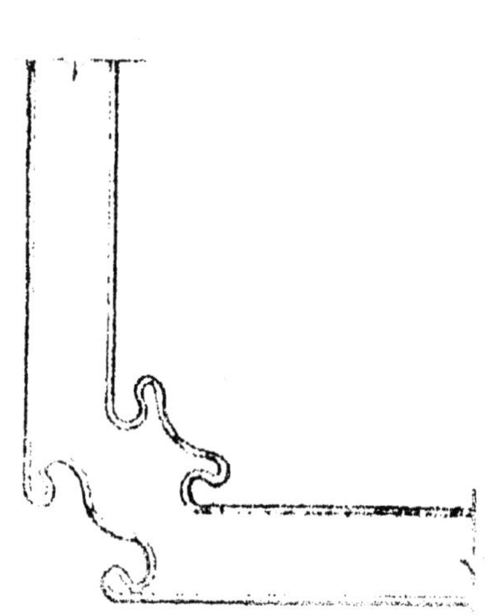
网师园走廊

七、栏杆及栏板

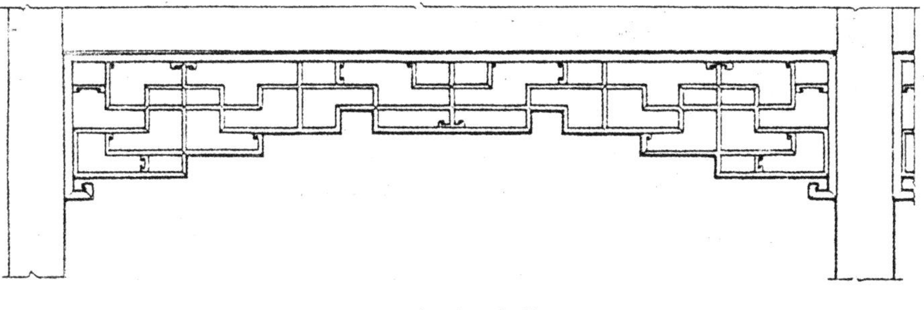

网师园殿春簃

网师园集虚斋

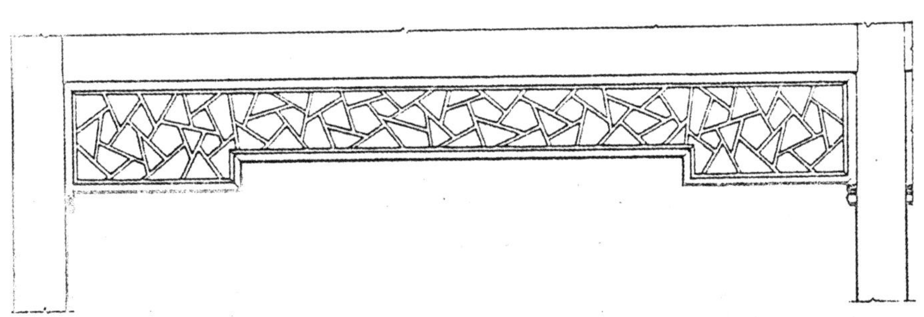

王洗马巷万宅海屋添筹亭南廊

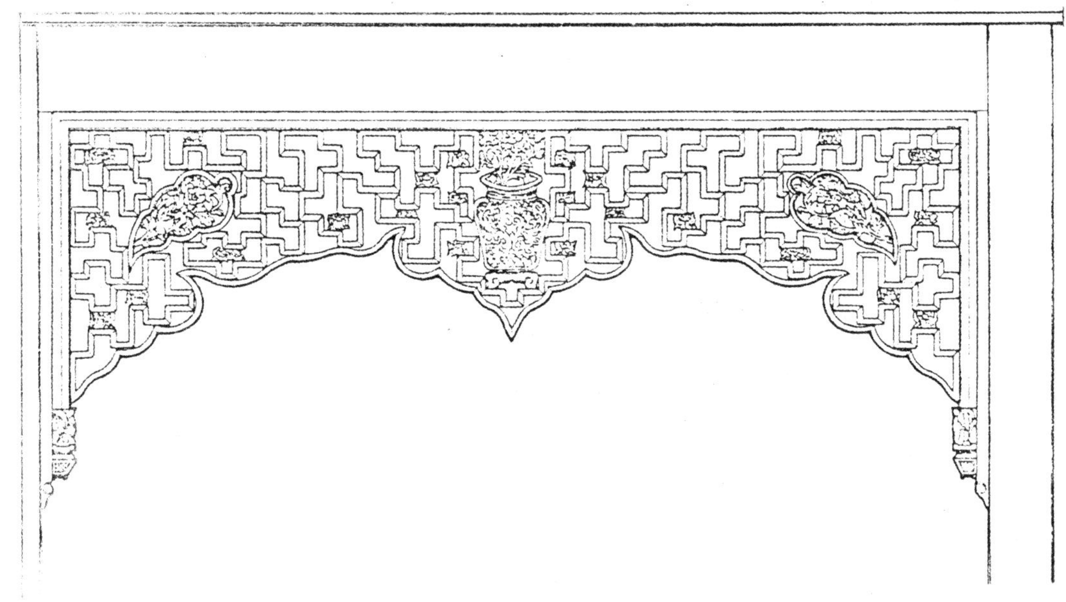

狮子林燕誉堂

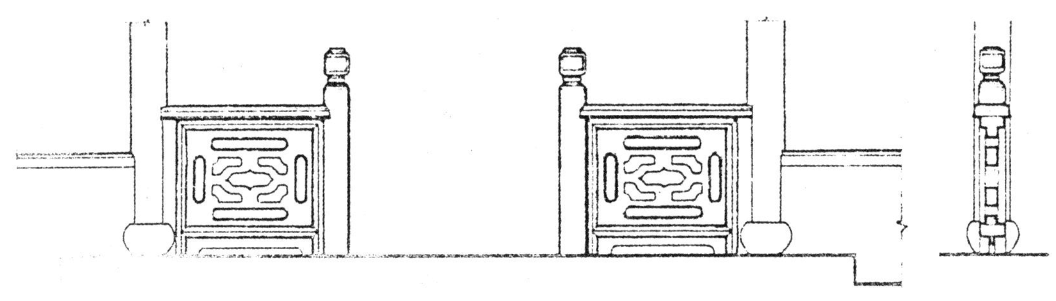

拙政园钓鱼台

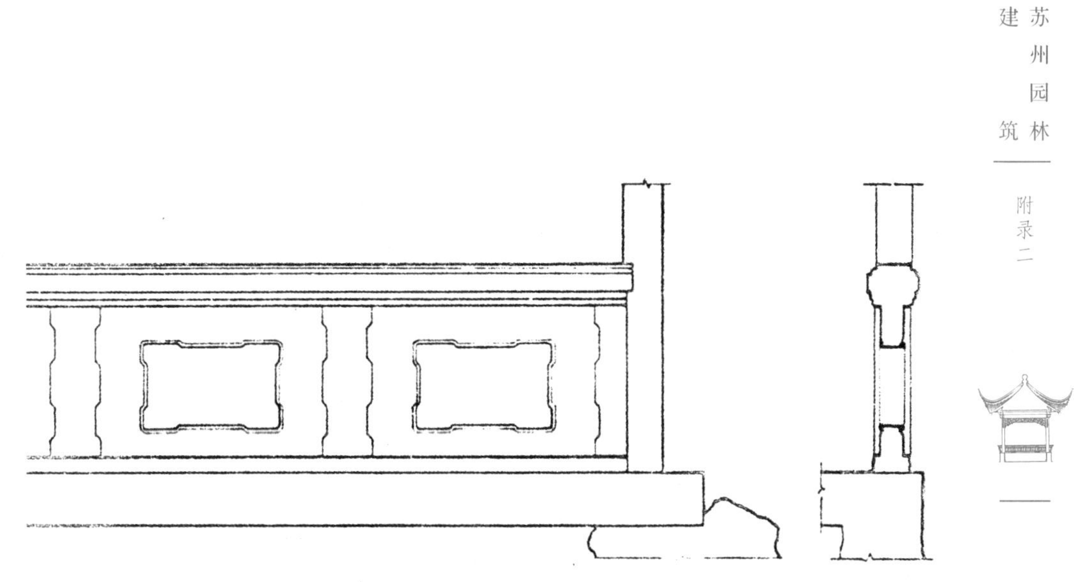

留园濠濮亭（局部）

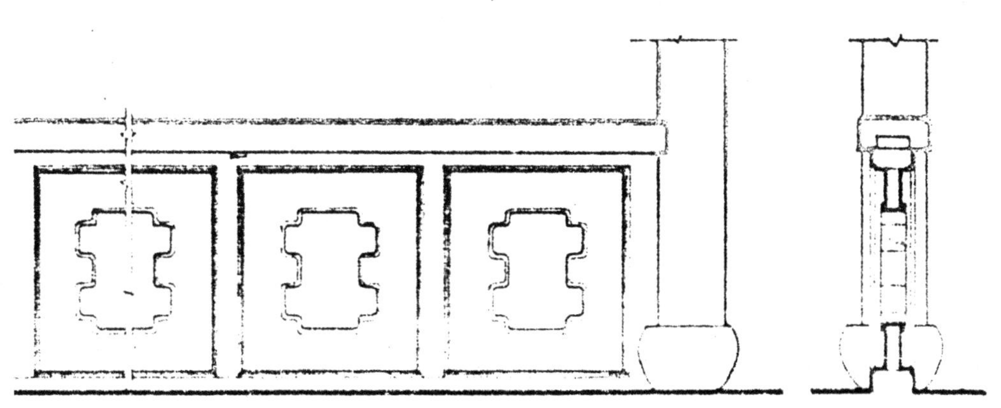

铁瓶巷任宅东花园船厅（局部）

狮子林卧云室

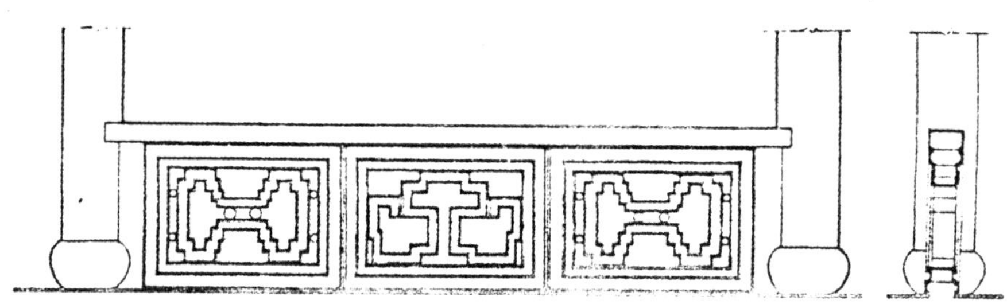

半圆五角半亭

拙政园钓鱼台

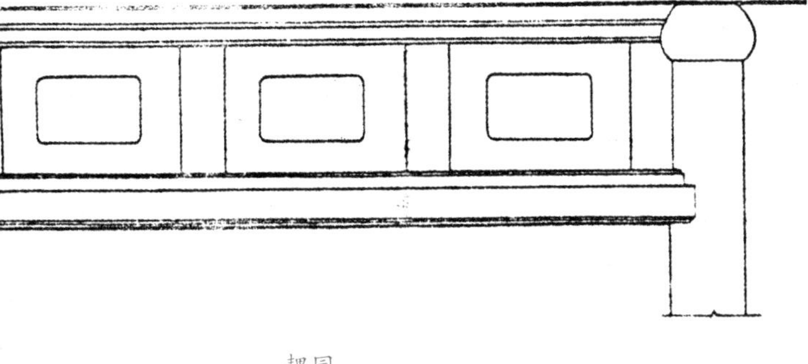

耦园

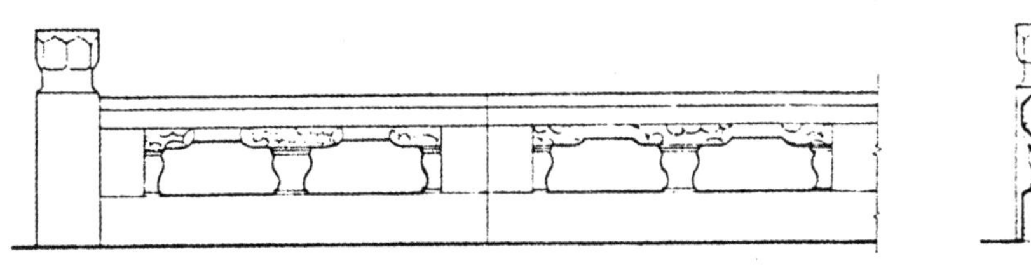

拙政园倚虹亭

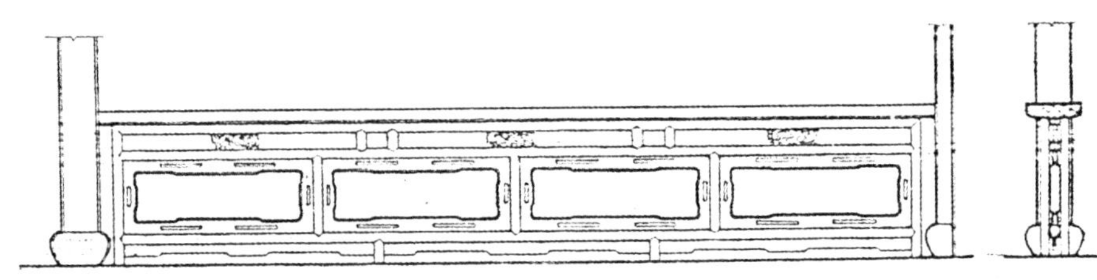

王洗马巷万宅

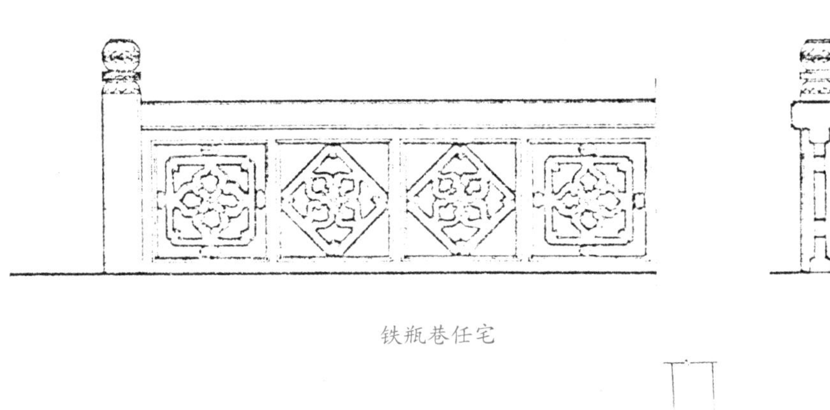

铁瓶巷任宅

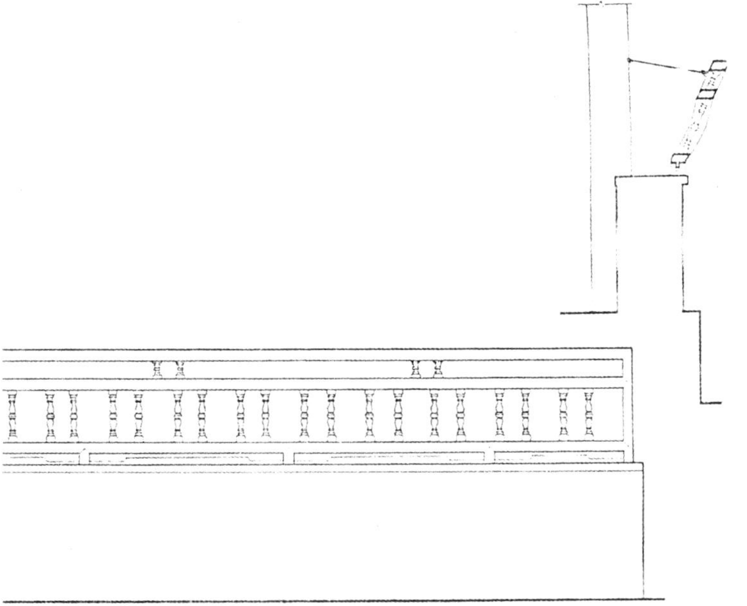

拙政园绿漪亭（局部）

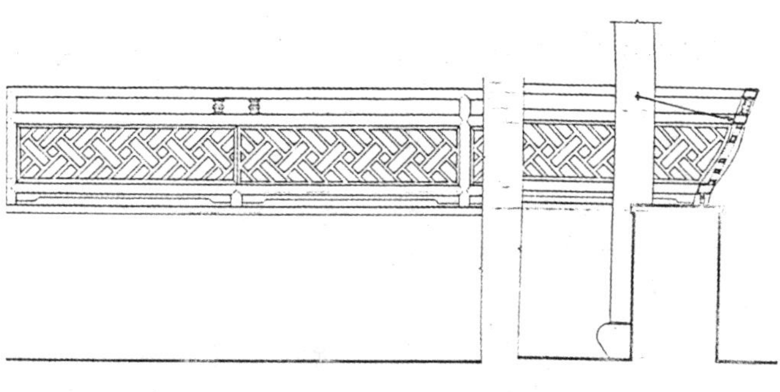

留园明瑟楼（局部）

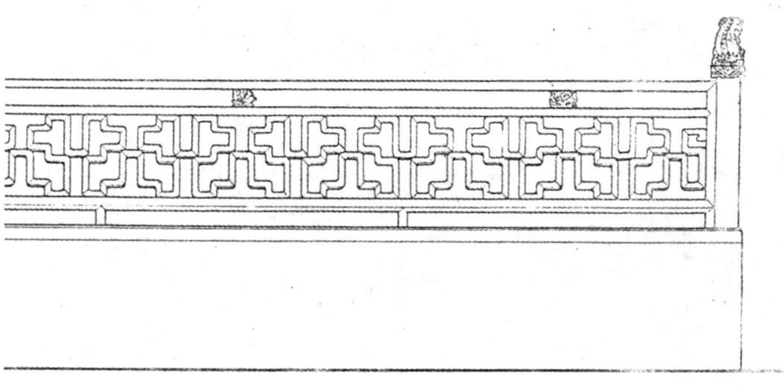

狮子林真趣亭（局部）

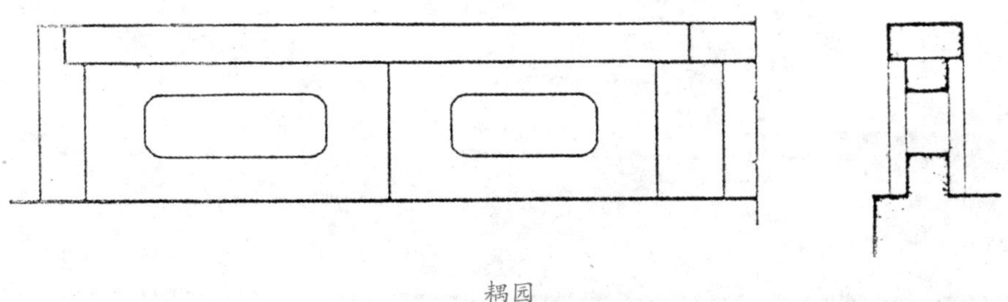

耦园

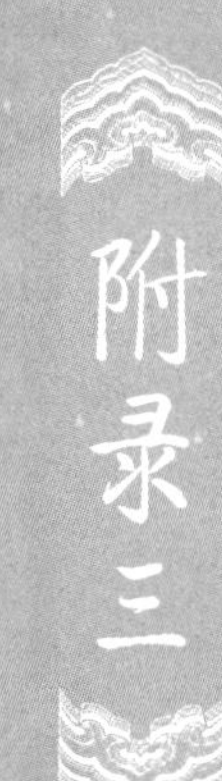

部分手稿

漢画构栏

汉画勾栏

四川成都畫像砖闕屋脊上鳳

四川成都画像砖阙屋脊上凤

河南南阳汉画像石
（阙立于万堂两侧之前）

南阳汉画像砖拱桥几种
（新野出土）

摘自《中国建筑类型及结构》漢画像石
劉致平（著）

汉画像石
［摘自《中国建筑类型及结构》
刘致平（著）］

出自南阳新野县漢画像磚（山東五梁祠）

汉画像砖［出自南阳新野县（山东五梁祠）］

两阙以门屋相連、
江苏徐州画像石之局部

两阙以门屋相连
江苏徐州画像石之局部

四川双闕（樓閣形）

四川双阙（楼阁形）

山東嘉祥武氏祠東漢石刻（部分）摘自《中國古橋梁》

山东嘉祥武氏祠东汉石刻（部分）（摘自《中国古桥梁》）

四川芦山王暉墓石棺石刻

四川芦山王晖墓石棺石刻

陝西綏德漢墓左室門框石刻。

陕西绥德汉墓
左室门框石刻

四川成都市新都区马车过桥

（三黄）
趙多·四灵私印

赵多·四灵私印（汉）

山東沂南漢代画像石建筑纹
摘自《中國古代石刻紋樣》

山东沂南汉代画像石建筑纹

山東臨沂县自沂南漢代画象石花卉紋
《中國古代石刻紋様》

河南汉代
画像石花卉纹

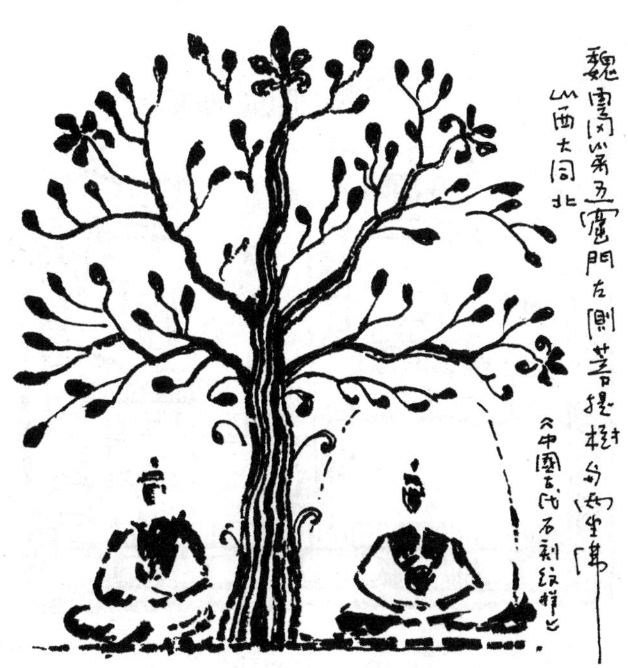

山西大同云冈
石窟第5窟门左侧菩提树与两
坐佛（北魏）

四川新都区出土汉代
画像砖“武库”

四川彭州市出土“仓房”

四川成都市郊出土
汉代“庭院”

《鳳闕》四川大邑县出土（漢代）
四川漢代畫像磚

四川大邑县出土
画像砖“凤阙”（汉）

江苏睢宁
画像石建筑群

江蘇睢宁畫像石
建築组群

江苏睢宁
画像石建筑组群

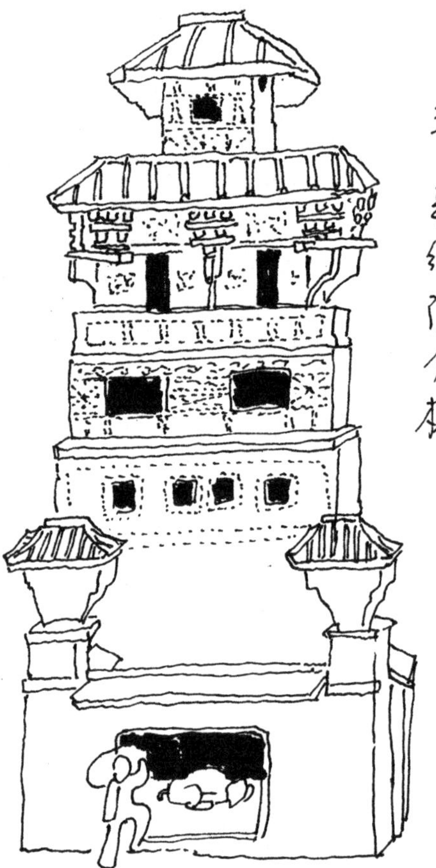

彩绘陶仓楼（东汉）

河南绿釉陶望楼（东汉）

一、河南信阳木椁墓出土雕花（龙）

《中国古代建筑史》

1—3

二、河南辉县木雕纹饰

三陕西绥德汉墓门石刻

"自由"卷草饰纹不规则

木雕纹样

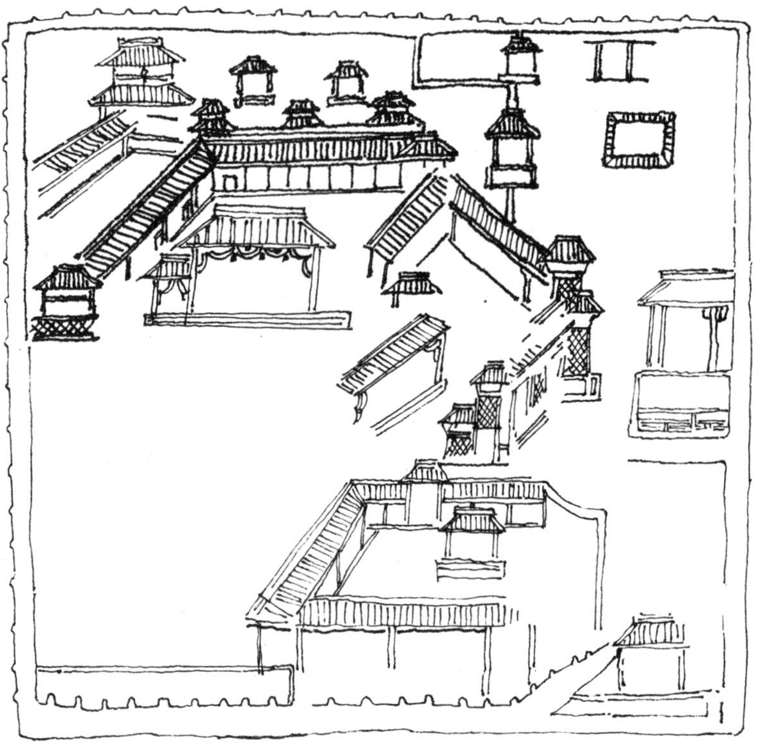

東漢宁城图（内蒙自治区“和林格尔漢墓壁画”）

东汉宁城图（内蒙古自治区“和林格尔汉墓壁画”）

“街市阁楼” 四川漢畫像磚

四川汉画像砖（“街市阁楼”）

北周天和三年（五六八年）
老君像
《摘自道教文化画观》

老君像
（北周）

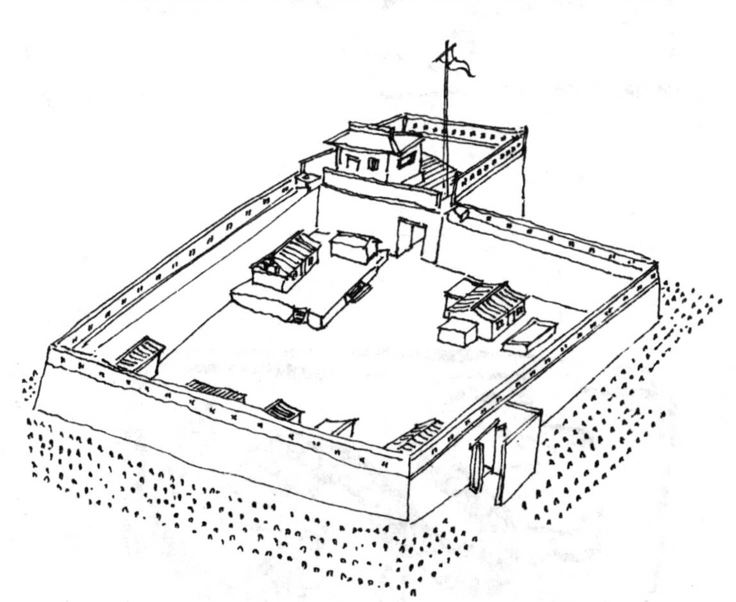

甘肃居延破城子汉代城障遗址复原图
《中国古代建筑史话》

甘肃居延破城子汉代
城障遗址复原图

南阳畫像石"蒼龍食魚"(漢)

南阳画像石"苍龙食鱼"(汉)

南阳漢畫石蒼龍

(其後龍纹摘自龍纹画百例)

南阳汉画石"苍龙"(汉)

陕西咸阳市空心磚

漢墓出土龍纹

陕西咸阳空心砖(汉墓出土龙纹)

陕西出土漢瓦當兩种

陕西出土汉瓦当两种

"中國古代建築史"
雕花——（漢）

雕花（汉）

玄武（磚刻）漢
四川漢畫像磚

玄武（砖刻）汉

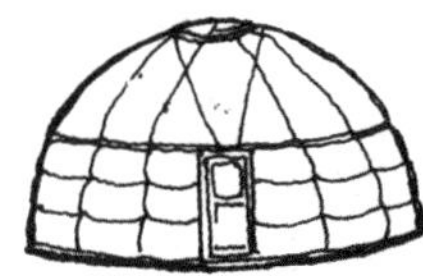
内蒙古蒙古族民居

吉林朝鲜族民居

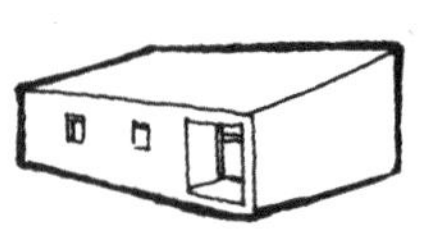
甘肃民居

四川民居

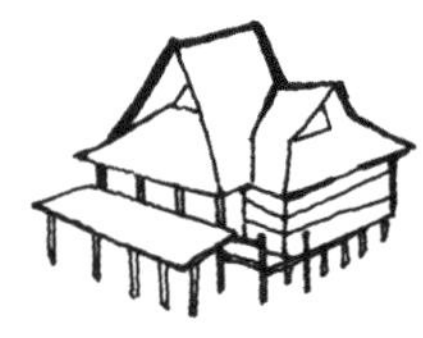
云南傣族民居

安徽民居

西藏藏族民居

云南民居

四川藏族民居

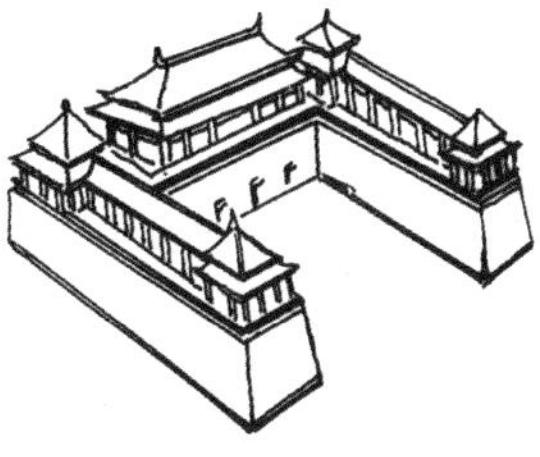

北京宫殿午门

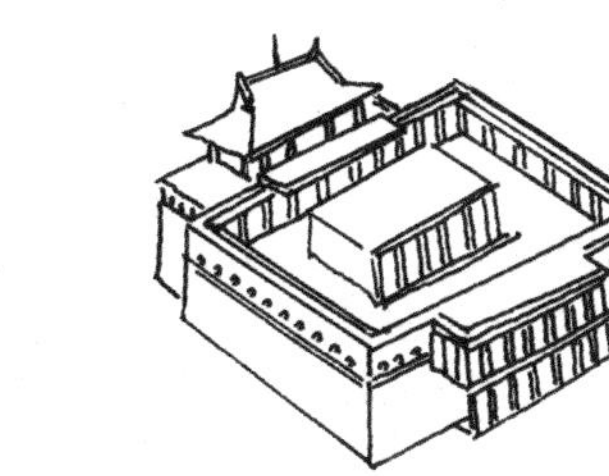

甘肃夏河拉卜楞寺

西藏日喀则扎会伦布寺

四川成都清真寺

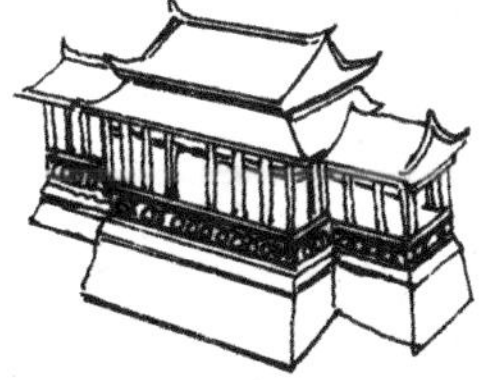

金明池园中临水殿

内蒙古百灵庙大经当

福建某寺庙

河北承德普宁寺大乘阁

滕王阁

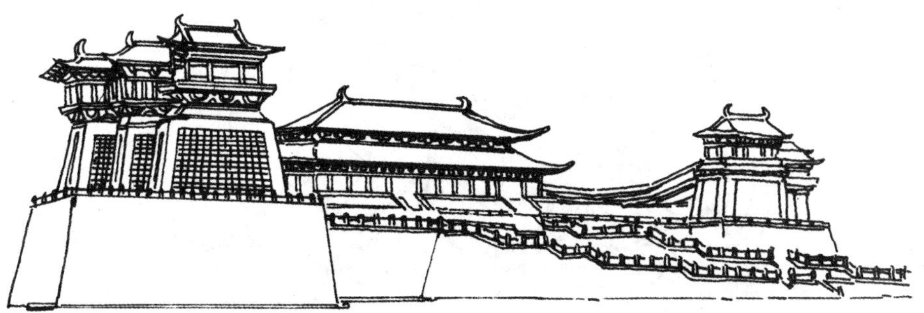

中国古代建筑屋顶组合

风火山墙

穹隆顶

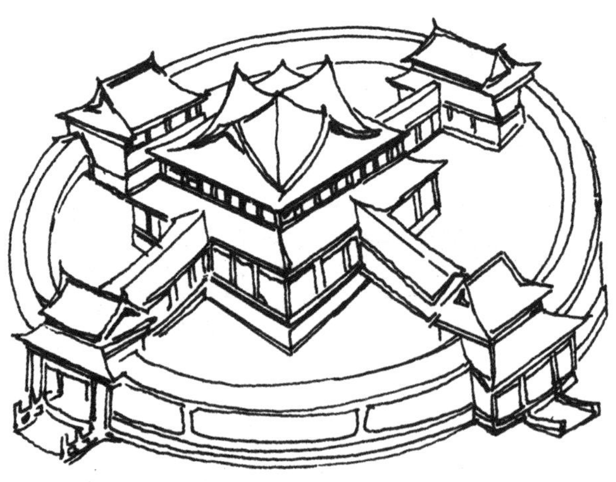

金明池图中圆形水殿

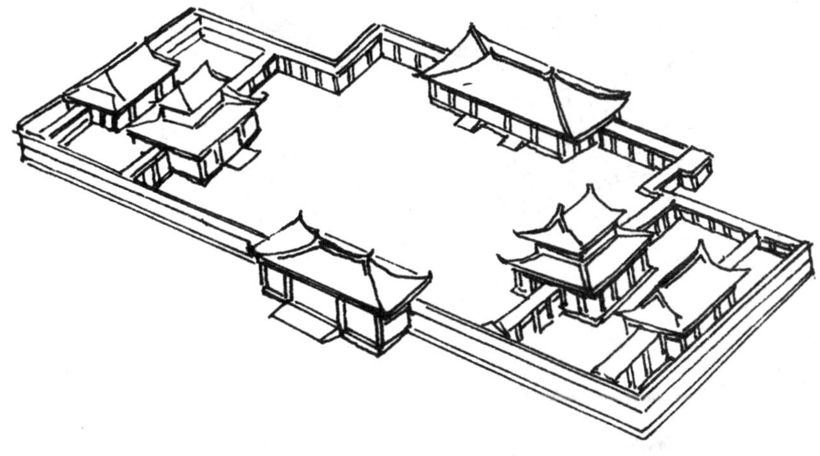

甘肃敦煌莫高窟第 148 窟画庭院

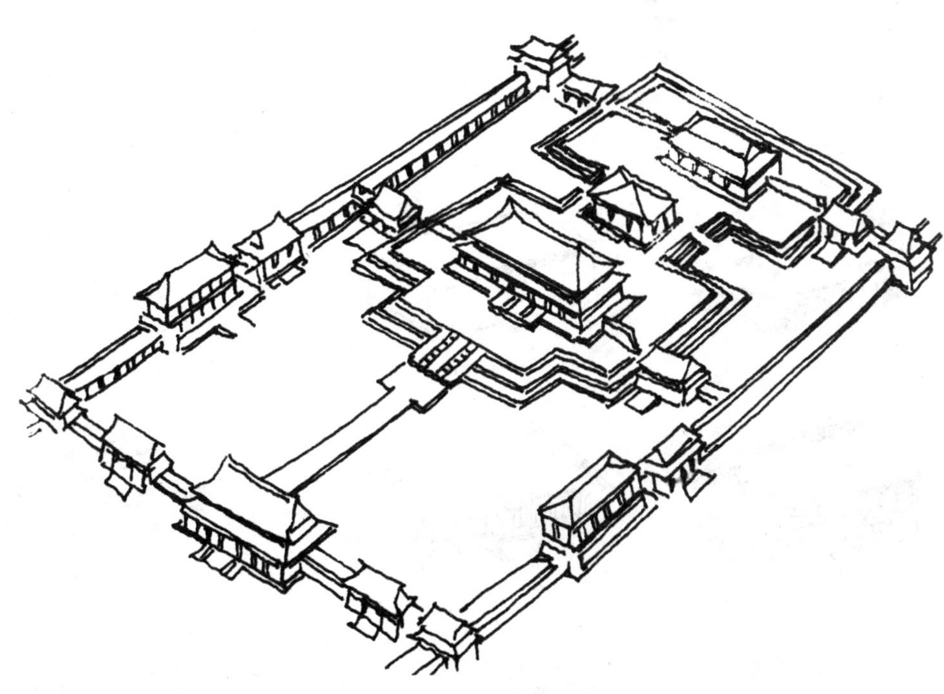

北京故宫三大殿

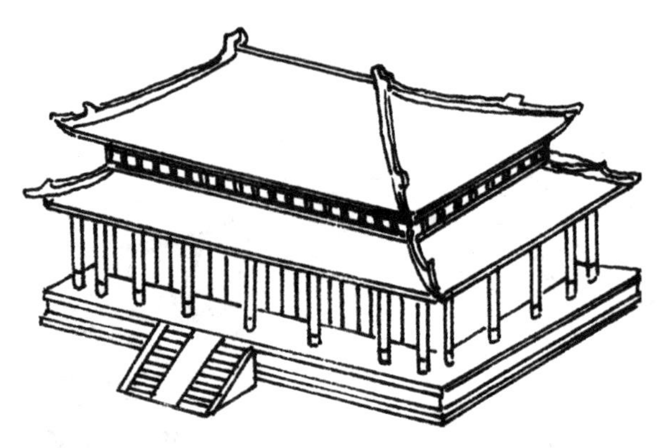

重檐

三角攒顶

四角攒顶

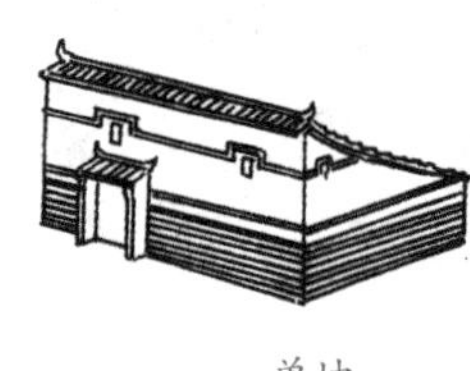

单坡

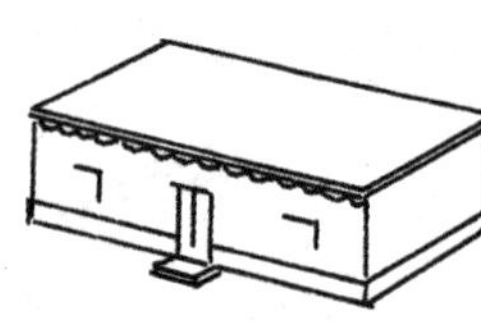

平顶

囤顶

硬山

悬山

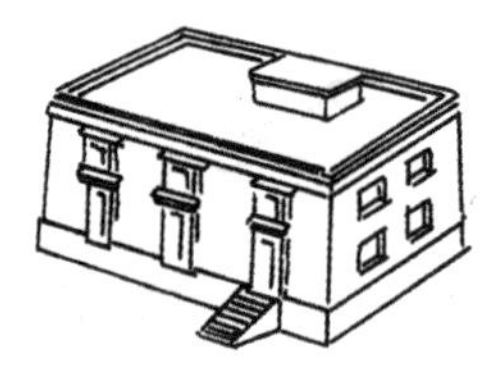

藏式平顶

中国古代建筑屋顶——单体形式

毡包式圆顶

拱顶

庑殿

歇山

卷棚

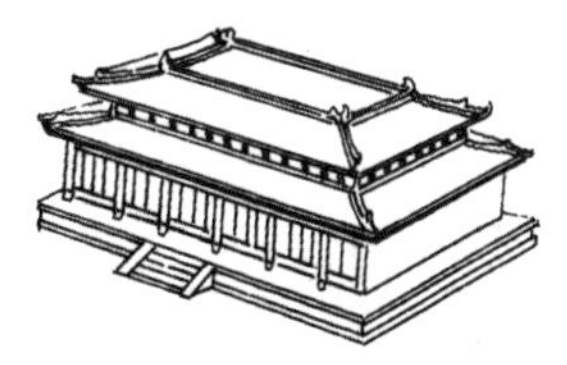
袭顶

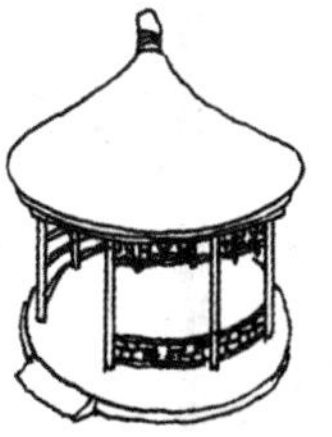
圆攒尖

盔顶

扇面

八角攒尖

中国古代建筑屋顶——单体形式

吻兽

斗拱／卷杀

雀替、彩画

匾额

瓦当、滴水
博风、墀头
门簪、门钉
棱格

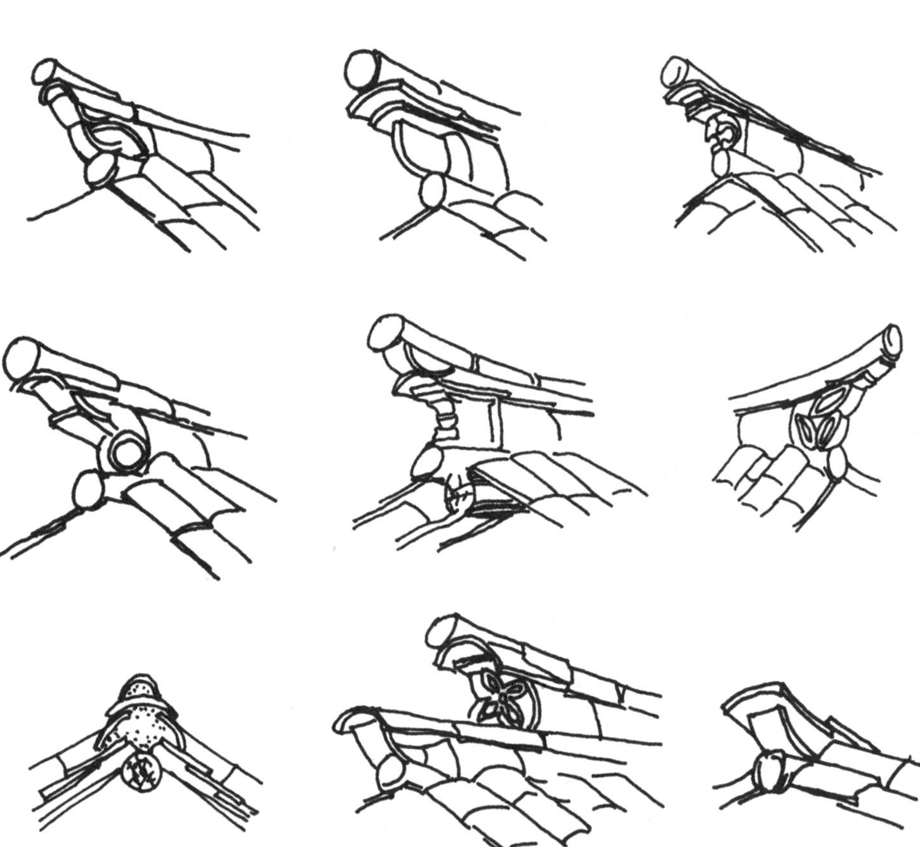

九种屋脊端部起翘图

浙江阁楼的基本形式

浙江阁楼的基本形式

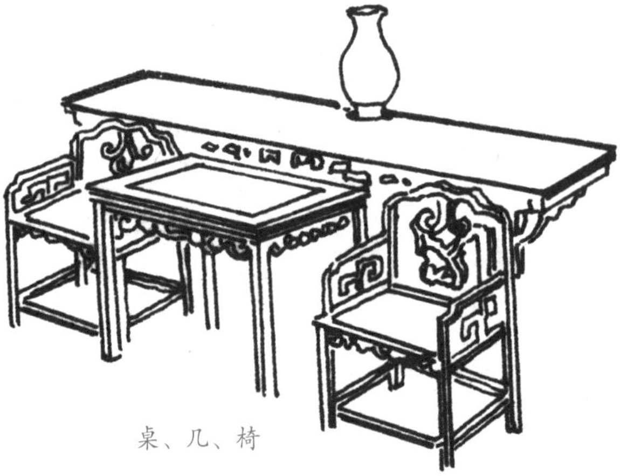

桌、几、椅

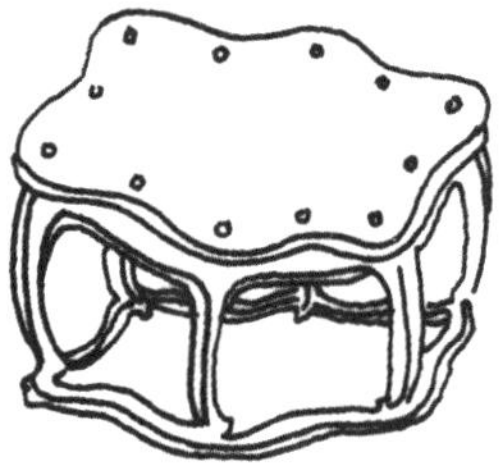

凳

几、椅

陕西西安清真寺内景

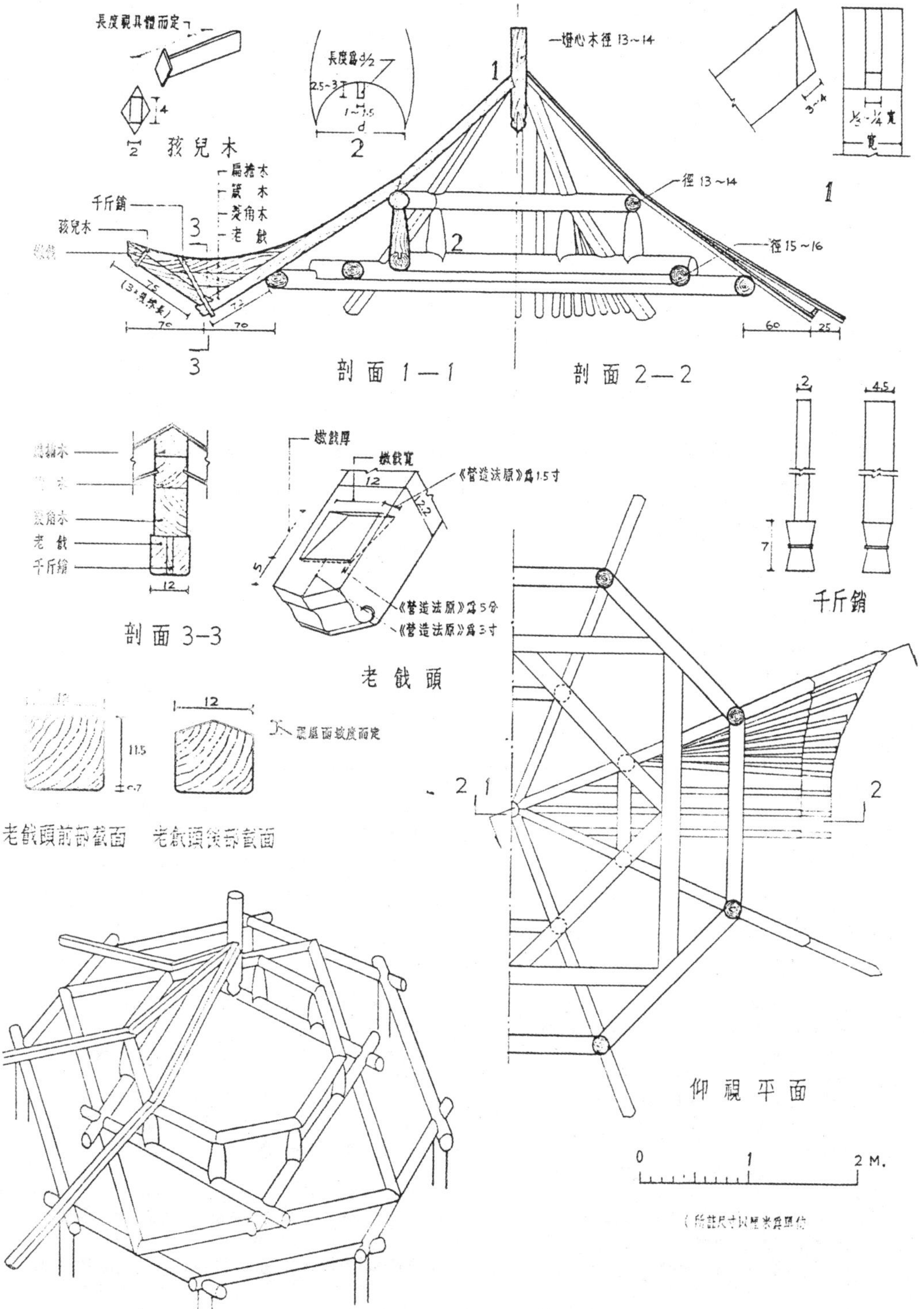
長度視具體而定
孩兒木
長度爲d/2
燈心木徑 13~14
徑 13~14
徑 15~16
扁擔木
千斤銷
孩兒木
嫩戗
老戗
剖面 1—1
剖面 2—2
千斤銷
剖面 3—3
嫩戗厚
嫩戗寬
《營造法原》爲1.5寸
《營造法原》爲5分
《營造法原》爲3寸
老戗頭
視屋面坡度而定
老戗頭前部截面
老戗頭後部截面
仰視平面
0
1
2 M.
（所註尺寸以厘米爲單位）

参考文献

1. 梁思成．中国建筑史 [M]. 北京：生活·读书·新知三联书店，2011.
2. 梁思成．图像中国建筑史 [M]. 北京：生活·读书·新知三联书店，2011.
3. 梁思成．中国古建筑调查报告 [M]. 北京：生活·读书·新知三联书店，2011.
4. 刘敦桢．中国古代建筑史 [M]. 北京：中国建筑工业出版社，1984.
5. 梁思成．梁思成全集 [M]. 北京：中国建筑工业出版社，2001.
6. 刘敦桢．刘敦桢全集 [M]. 北京：中国建筑工业出版社，2007.
7. 罗哲文．中国古代建筑 [M]. 上海：上海古籍出版社，2001.
8. 傅熹年．中国科学技术史·建筑卷 [M]. 北京：科学出版社，2008.
9. 周维权，楼庆西．中国建筑艺术全集·明代陵墓建筑 [M]. 北京：中国建筑工业出版社，2000.
10. 王绍周．中国民族建筑 [M]. 南京：江苏科学技术出版社，1999.
11. 贺业钜．中国古代城市规划史 [M]. 北京：中国建筑工业出版社，1996.
12. 蒋维乔．中国佛教史 [M]. 北京：团结出版社，2009.
13. 楼庆西．中国古建筑二十讲插图（珍藏本）[M]. 北京：生活·读书·新知三联书店，2001.
14. 张杰．中国古代空间文化溯源 [M]. 北京：清华大学出版社，2012.
15. 中国科学院自然科学史研究所．中国古代建筑技术史 [M]. 北京：科学出版社，2000.
16. 马炳坚．中国古建筑木作营造技术 [M]. 北京：科学出版社，1991.
17. 刘大可．中国古建筑瓦石营法 [M]. 北京：中国建筑工业出版社，1993.
18. 姚承祖，张至刚．营造法原 [M]. 北京：中国建筑工业出版社，1986.
19. 吴钊肇．夺天工——中国园林理论、艺术、营造文集 [M]. 北京：中国建筑工业出版社，1992.
20. 钱君匋，张星逸，许名农．瓦当汇编 [M]. 上海：上海人民出版社，1988.
21. 贺业钜．考工记营国制度研究 [M]. 北京：中国建筑工业出版社，1985.
22. 朱文一．空间、符号、城市：一种城市设计理论 [M]. 北京：中国建筑工业出版社，1993.
23.〔战国〕吕不韦．吕氏春秋 [M]. 长沙：岳麓书社，1989.
24.〔汉〕司马迁．史记 [M]. 北京：中华书局，2006.
25.〔汉〕班固．汉书 [M]. 北京：中华书局，1997.
26.〔晋〕葛洪．西京杂记 [M]. 西安：三秦出版社，2006.
27.〔唐〕道世．法苑珠林 [M]. 上海：上海古籍出版社，1991.
28.〔宋〕司马光．资治通鉴 [M]. 北京：中国友谊出版公司，1994.
29.〔宋〕孟元老．东京梦华录 [M]. 北京：中华书局，1982.
30.〔明〕沈德符．万历野获编 [M]. 北京：中华书局，1959.
31.〔明〕计成．园冶 [M]. 北京：中国建筑工业出版社，1988.
32.〔明〕陆容．菽园杂记 [M]. 北京：中华书局，1985.
33.〔明〕黄忠昭．八闽通志 [M]. 福州：福建人民出版社，1996.
34.〔清〕张廷玉．明史 [M]. 北京：中华书局，1974.
35.〔清〕于敏中等．日下旧闻考 [M]. 北京：北京古籍出版社，1985.
36. [英] 李约瑟．中国科学技术史 [M]. 北京：中华书局，1975.
37. [日] 尹东忠太．中国建筑史 [M]. 北京：中国画报出版社，2018.
38. 程建军，孔尚朴．风水与建筑 [M]. 南昌：江西科学出版社，1997.
39. 中国建筑技术发展中心历史研究所．浙江民居 [M]. 北京：中国建筑工业出版社，1984.
40. 单德启．安徽民居 [M]. 北京：中国建筑工业出版社，2009.
41. 戴志坚．福建民居 [M]. 北京：中国建筑工业出版社，2009.
42. 吴庆洲．广州建筑 [M]. 广州：广东地图出版社，2000.
43. 曹春平．闽南传统建筑 [M]. 厦门：厦门大学出版社，2006.
44. 陆琦．岭南园林艺术 [M]. 北京：中国建筑工业出版社，2004.
45. 方光华．宗族文化的标本——江村 [M]. 合肥：合肥工业大学出版社，2005.
46. 汪昭义．书院与园林的胜境——雄村 [M]. 合肥：合肥工业大学出版社，2005.
47. 伍江．上海百年建筑史 [M]. 上海：同济大学出版社，2008.
48. 刘敦桢．苏州古典园林 [M]. 北京：中国建筑工业出版社，1979.
49. 杨鸿勋．江南园林论 [M]. 上海：上海人民出版社，1996.
50. 顾凯．江南私家园林 [M]. 北京：清华大学出版社，2013.
51. 周维权．中国古典园林史 [M]. 北京：清华大学出版社，1999.
52. 陈从周．园林谈丛 [M]. 上海：上海文化出版社，1980.
53. 夏昌世．园林述要 [M]. 广州：华南理工大学出版社，1995.
54. 苏州园林管理局．苏州园林 [M]. 上海：同济大学出版社，1991.
55. 陈宗蕃．燕都丛考 [M]. 北京：北京古籍出版社，1991.
56. 贾珺．北京四合院 [M]. 北京：清华大学出版社，2009.